Mein Grundwissen

7./8. Klasse

Deutsch

Mathe

Englisch

Realschule

Cornelsen
Power Learning

Die Autoren:
Deutsch: Thomas Brand, Dietrich Berger, Karl-Dieter Bünting, Wolfgang Eichler, Marion Holwas, Manfred Kienzler, Peter Kohrs
Mathe: Hans Karl Abele, Reiner Böttcher, Fritz Kammermeyer, Günter Lorenz, Wilhelm Mann, Benno Mohry, Udo Quak, Manfred Rehm, Siegfried Schneider, Edmund Wallis, Roland Zerpies
Englisch: David Clarke

Cornelsen online http://www.cornelsen.de

Bibliografische Information: Die Deutsche Bibliothek verzeichnet diese Publikation in der Deutschen Nationalbibliografie; detaillierte bibliografische Daten sind im Internet über http://dnb.ddb.de abrufbar.

Dieser Band folgt den Regeln der deutschen Rechtschreibung, die von August 2006 an gelten.

7.	6.	5.	4.	3.	Die letzten Ziffern bezeichnen
10	09	08	07	06	Zahl und Jahr der Auflage.

Projektleitung: Stefan Giertzsch, Berlin
Redaktion: Heike Friauf, Markus Holm, Christiane Grosskopf, alle Berlin
Herstellung: Uwe Pahnke, Berlin
Umschlaggestaltung und typografische Konzeption des Inhalts:
Magdalene Krumbeck, Wuppertal
Layout: Carola Fuchs, Dagmar & Torsten Lemme, alle Berlin
Sachzeichnungen: Simone Büchner, Berlin
Druck und Bindung: Westermann Druck Zwickau GmbH
Printed in Germany
ISBN-13: 978-3-589-22336-7
ISBN-10: 3-589-22336-7

Gedruckt auf säurefreiem Papier,
umweltschonend hergestellt aus chlorfrei gebleichten Faserstoffen.

Vorwort

Liebe Schülerin, lieber Schüler!
Dieser Band bietet dir, worauf es heute immer stärker ankommt: das Grundwissen der drei Hauptfächer **Deutsch, Mathe, Englisch** – und zwar für zwei Schuljahre. Er hilft dir für Vergleichsarbeiten und Tests ebenso wie bei Hausaufgaben, Referaten und der Vorbereitung auf Klassenarbeiten.

Das Buch eignet sich zum Lernen, Nachschlagen und Wiederholen. Du findest viele Merksätze, Regeln und Beispiele, die dich beim Lernen unterstützen.

Wie kannst du mit diesem Buch arbeiten?

1. Zu Beginn jedes Faches gibt es ein ausführliches **Inhaltsverzeichnis**. Dort kannst du dir das Thema aussuchen, das du gerade brauchst. Arbeite dann das Kapitel durch.
2. Die eingestreuten **Übungen** helfen dir, den Stoff zu wiederholen und zu festigen.
3. Der **Test** am Ende des Kapitels bietet dir die Gelegenheit zur Selbstkontrolle: Was habe ich verstanden? Was muss ich wiederholen?
4. Das **Stichwortverzeichnis** am Ende des Buches dient dir als Wegweiser zu den Themen aller drei Fächer.

Und noch ein paar praktische Tipps zum Lernen mit diesem Buch:

- Nimm dir nicht zu viel auf einmal vor. Bearbeite lieber kleinere Abschnitte, aber dafür regelmäßig.
- Bist du beim Lösen der Übungsaufgaben nicht ganz sicher, sieh dir die Beispiele noch einmal genau an.
- Vergleiche deine Ergebnisse mit dem Lösungsteil am Ende jedes Faches. Überprüfe bei Fehlern genau, was du falsch gemacht hast.

Viel Erfolg!
Die Grundwissen-Redaktion
von Cornelsen Scriptor

Deutsch

7./8. Klasse

Inhaltsverzeichnis

Aufsatz

Grammatik

Rechtschreibung und Zeichensetzung

Literatur, Sachtexte, Medien

Aufsatz

1 Erzählen

1.1 Allgemeine Merkmale

■ Man erzählt anderen eine Geschichte, weil man sie für interessant hält und weil man seine Gesprächspartner **unterhalten** will. Deshalb muss die Geschichte **spannend** und anschaulich sein.

■ Stärker als in der mündlichen Erzählung kommt es beim **schriftlichen Erzählen** auf einen **überlegten Aufbau** (die Gliederung) an.

■ Für schriftliche Erzählungen aller Art gelten die folgenden Merkmale:
- in **Einleitung, Hauptteil, Schluss** gliedern
- in deutlich unterscheidbaren **Erzählschritten** vorgehen (mindestens drei)
- **Höhepunkt** deutlich ausgestalten
- **Schluss** bedenken (abgerundet oder offen)
- die Bedeutung des **Raums** bzw. des **Orts** bedenken
- **Figuren** anschaulich darstellen (**Namen!**): Charaktereigenschaften, Beziehungen der Figuren untereinander überlegen und ausgestalten
- **Tempus** (Zeitform) ist normalerweise das **Präteritum** (→ S. 55 f.); **Erzählhöhepunkte** können auch im **Präsens** (→ S. 55 f.) geschrieben werden
- eine **Erzählperspektive** wählen (Ich-Erzähler bzw. auktoriale Erzählsituation, → S. 11)

■ Sprachliche Mittel sind:
- **wörtliche Rede**
- **Fragen** und **Ausrufe**
- Darstellung von **Gefühlen**

Beispiel: Er weinte vor Wut.
- Einbeziehen von **Sinneseindrücken**

Beispiel: Die regennassen Kleider klebten auf der Haut.

- Unterbrechungen des Zeitstroms (**Rückblenden, Andeutungen**)

Beispiel: „Während ich auf sie wartete, fiel mir noch einmal ein, wie wir uns kennen gelernt hatten. **Es war an einem regenverhangenen Tag Mitte Oktober, als ich, um meinen Freund Marcel zu besuchen, nach Köln fuhr. Ich hatte mich sehr auf die Reise und den Aufenthalt gefreut …**" (Unterbrechung durch Rückblende)

- **Abwechslung** in der **Wortwahl**

1.2 Vorgegebene Texte ändern

■ Beim Erzählen ist man oft vor die Aufgabe gestellt, **mit vorgegebenen Texten umzugehen,** d. h. sie zu verändern oder zu ergänzen. Dabei gelten auch immer die oben genannten Grundsätze.

Erzählsituation/Erzählperspektive verändern

■ Man unterscheidet drei Erzählsituationen, auch Erzählperspektiven genannt.
Bei der **Ich-Erzählsituation** wird das Geschehen aus der Sicht einer Person wiedergegeben, die selbst an der Handlung beteiligt ist. Entsprechend kann der **Ich-Erzähler** nur wiedergeben, was er selbst erlebt, weiß oder von anderen Figuren erfahren hat. Dadurch herrschen subjektive Eindrücke bei der Wahrnehmung des Geschehens vor.

Beispiel: „Ich wartete noch, da kam Hans schon um die Ecke gebogen. Unglaublich, wie er das immer schaffte. Im Stillen beneidete ich ihn um die Fähigkeit, im entscheidenden Moment pünktlich zur Stelle zu sein."

Ein Erzähler, der die Figuren sowohl von außen beobachten als auch ihr Inneres schildern kann, wird **„allwissender Erzähler" (auktorialer Erzähler)** genannt. Er kann „in die Personen hineinblicken" und das Geschehen voraussagen.

Beispiel: „Als Gerhard sich noch darauf einstellte, länger zu warten, kam Hans schon um die Ecke gebogen. Überrascht schaute Gerhard ihn an."

Eine Zwischenform ist die **personale Erzählsituation** bzw. **-perspektive**. Der Erzähler tritt hinter eine der handelnden Figuren zurück und erzählt aus deren Sicht, ohne aber als Ich-Erzähler aufzutreten. Er ist damit mehr am Geschehen beteiligt als der auktoriale Erzähler, aber nicht so subjektiv wie der Ich-Erzähler.

Beispiel: „Gerhard wartete noch, da kam Hans schon um die Ecke gebogen. Unglaublich, wie der das immer schaffte. Im Stillen beneidete Gerd ihn um die Fähigkeit, im entscheidenden Moment pünktlich zur Stelle zu sein."

▶ **BEACHTE** In allen drei Erzählsituationen kann die innere Beteiligung des Erzählers unterschiedlich stark ausgeprägt sein.

■ Wechselt man also die Perspektive, ist darauf zu achten,
- inwiefern sich der Grad der Beteiligung oder der Neutralität ändert,
- in welchem Maße Gefühle, Gedanken und Empfindungen eingebunden werden,
- ob sich das Verhältnis der handelnden Personen untereinander mit dem Wechsel der Perspektive ändert.

Figuren hinzuerfinden oder verändern

■ Beim Erfinden einer neuen Figur muss man besonders darauf achten, dass diese **möglichst gut in den vorgegebenen Text passt.** Es sollte im Idealfall so wirken, als gehöre sie von Beginn an dazu. Man sollte also versuchen, **konstante Beziehungen zu den anderen Figuren** und einen **Bezug zur Handlung herzustellen.**

■ Beim Verändern von Figuren genügt es nicht, die entsprechenden **Namen und Personalpronomen auszutauschen,** sondern man muss wirklich die **Sicht** der betreffenden anderen Figur einnehmen:
- Was fühlt und erlebt die/der Betreffende?
- Inwiefern ergibt sich aus der veränderten Sicht auch eine andere Bewertung des Geschehens?

■ Zugleich geht es darum, **Charaktermerkmale** von Figuren eines vorgegebenen Textes zu **verändern.** Der veränderte Charakter muss sich möglichst gut in das übrige Geschehen einpassen. Das folgende Geschehen muss möglicherweise auch geändert werden.

Varianten des Schlusses

■ Die Aufgabe ist, ein **anderes Ende als das vorgegebene** zu schreiben. Dafür muss man nicht nur den Schlussabschnitt der vorgegebenen Geschichte abändern, sondern

- den **geeigneten Punkt zum Übergang** finden
- darauf achten, dass die Charaktere und die vorausgegangene Handlung **gut zu dem neuen Schluss passen**
- aufpassen, dass das neue Ende **nicht eine zu große Ähnlichkeit mit dem alten** aufweist.

Handlungsmerkmale der Geschichte ändern

■ Ein Handlungsmerkmal einer Geschichte soll geändert werden.

Beispiele:

Ein wichtiges Zusammentreffen zweier Figuren	→	die Figuren verfehlen sich
eine wichtige Bahn- oder Autofahrt	→	die Fahrt fällt aus, z. B. weil der Zug große Verspätung hat oder das Auto nicht anspringt
ein Streit mit schwer wiegenden Folgen	→	es gibt keinen Anlass zum Streit

■ Auch hier ist es wichtig, dass die Änderungen, die sich ergeben, gut zum Rest der Geschichte passen.

▶ **BEACHTE**

- keine generelle Veränderung der Charaktere
- Beibehaltung des Spannungsaufbaus/der Gliederung

In eine andere Textsorte umschreiben

■ Ein Comic kann zu einer Kurzgeschichte werden, eine Erzählung zu einer Reportage, ein Märchen zu einem Gedicht usw. Wichtig ist, dass man die Merkmale der neuen Textsorte kennt und sich beim Schreiben daran hält (Textsorten → S. 94–96).

2 Schildern

■ Wenn man schildert, versucht man mit Wörtern zu „malen“, mit Sprache ein **stimmungsvolles Bild** zu entwerfen. Im Unterschied zum nüchternen Beschreiben und zum Erzählen will das Schildern den Lesern etwas **eindringlich nahe bringen,** sie **in eine Handlung oder eine Situation hineinziehen.** Dabei wird in besonderer Weise die **Fantasie** angeregt. Schilderungen verbinden meist die Darstellung der Außenwelt mit den Gedanken und Empfindungen des Betrachters.

■ Grundlage für die Schilderung ist, dass man Sinneswahrnehmungen ganz genau aufnimmt:

Was ist zu sehen, hören, riechen, was empfindet man?

■ Zur Gestaltung der Eindrücke verwendet man einen besonderen Sprachstil. Dieser Stil wird geprägt durch anschaulich machende **Adjektive,** handlungsorientierte **Verben, Vergleiche** und **Metaphern** (übertragener, bildlicher Sprachgebrauch, z. B. „Konsumtempel“ für Warenhaus, „Baumriese“ für großer Baum). Es werden besonders Mittel des Erzählens eingesetzt: **ausdrucksstarke Wörter, sprachliche Bilder, Abwechslung im Satzbau.** Erst mit diesen sprachlichen Mitteln wird die Schilderung anschaulich.

FEHLERQUELLE
Zwar darf man bei der Schilderung seine Fantasie spielen lassen, doch muss man aufpassen, dass man nicht in eine klischeehafte, übertriebene oder unglaubwürdige Sprache abgleitet.

■ Entsprechend der Vielfalt von möglichen Eindrücken gibt es verschiedene Arten der Schilderung:
- die Momentaufnahme („Spotlight“)
- die Landschafts- und Naturschilderung
- die schildernde Beschreibung einer Person
- die schildernde Darstellung eines Erlebnisses, einer bestimmten Situation

■ **Zeitform** der Schilderung ist das **Präsens.**

■ Eine wichtige Anforderung bei der Schilderung ist es, den **Zusammenhang von einem äußeren Eindruck und dem dazugehörigen inneren Erleben** zum Ausdruck zu bringen.

Beispiel: **Also nicht:** „Im Urwald waren viele Töne zu hören", wenn man schreiben will, wie großartig das wirkt. Man soll das, was man erlebt oder sich vorstellt, mit den Gefühlen verbinden, die es auslöst: „Die Töne, die aus allen Ecken des Waldes kamen, wirkten (auf mich) wie eine großartige Sinfonie."

■ Noch besser ist es, wenn man seine eigene Person in der Schilderung etwas zurücknimmt: *„Die Töne, die aus allen Ecken des Waldes kamen, wurden zu einer wunderbaren Sinfonie."* Damit wird der **Schwerpunkt auf das Ereignis** selbst gelegt, und das, was man erlebt, wirkt **allgemein gültig.** Der Leser wird dann richtig in den Bann dessen gezogen, was man schildert.

■ Wie äußere Wahrnehmung und innere Eindrücke miteinander zusammenhängen, und wie man das formulieren kann, zeigt auch das folgende

Beispiel:

Äußerer Eindruck	Innerer Eindruck	Mögliche Formulierung
ein Gang durch den Wald	Ruhe, Einsamkeit, Beschwingtheit durch das Vogelgezwitscher	Schon nach kurzer Zeit greift die Ruhe des Waldes auf einen über. Wie in einem Dom bewegt man sich: Die Baumstämme gleichen den Säulen, die Baumkronen dem Gewölbe. Durch das Blätterdach fallen fein gefiltert die Sonnenstrahlen. Fast nichts ist zu hören als ein paar Vogelstimmen, deren Urheber sich versteckt halten. Ab und zu das Knacken von Ästen, das fast zart wirkt. Andere Spaziergänger, die dort hinten ihren Weg durch die Ruhe gehen.

Äußerer Eindruck	Innerer Eindruck	Mögliche Formulierung
ein Gang in einem Kaufhaus	Ruhe, Stress, Nervosität, Anziehung durch Warenberge	Sieht man nur die Menschen auf den Rolltreppen dahingleiten, man könnte glauben, es handle sich um einen Ort der Ruhe. Doch wird man schnell geweckt. „Kann ich mal vorbei?“ – Aus dem Lautsprecher: „Meine Damen und Herren, kaufen Sie heute besonders günstig …“ „Frau Hartwig, bitte auf 28.“ Das vertraute Knistern von Tüten, die sachlichen Geräusche der digitalen Kassen, laute und leise Stimmen, aneinander vorbei. Dicht gestaffelte Warenberge, als ob sie mich erschlagen wollten. In der Luft der Duft von tausendundeinem Parfüm, aber auch der Schweiß des Alltags.

Übung

Zum besonderen Stil einer Schilderung gehören vier sprachliche Mittel: Verben, Adjektive, Vergleiche, Metaphern (→ S. 14).

■ **Schreibe aus den vorangegangenen Beispielschilderungen zu jedem der vier sprachlichen Mittel mindestens drei Formulierungen auf.**

■ Ein wirkungsvolles sprachliches Mittel ist die Personifizierung. Dabei wird ein Gegenstand mit einer menschlichen Eigenschaft belegt.

Beispiel: So würde man z. B. anstelle des sachlichen Eindrucks aus dem Kaufhaus: „Überall stehen große Mengen Waren aufgetürmt“ schreiben: Dicht gestaffelte Warenberge, als ob sie mich erschlagen wollten.

Personifiziert wird vor allem mit Verben, aber auch mit Adjektiven und Adverbien.

Beispiel: **Quicklebendig** springen die Kassen auf und zu.

TIPP Um bei der Schilderung an **Sicherheit in der Wortwahl** zu gewinnen, kann man zu wichtigen Verben und Substantiven **Wortfelder** bilden. Dazu trägt man alle Verben und Substantive zusammen, die denselben oder einen ähnlichen Vorgang in anderen „Schattierungen" wiedergeben.

Beispiel: gehen: schleichen, pirschen, sich vorwärtstasten, laufen, sich bewegen, vom Fleck kommen, spazieren, wandern, laufen, wandeln …

■ Satzbau: Bei einer Schilderung hat man eine größere Freiheit in der Wortwahl wie auch im Satzbau. Diese Freiheit sollte man nutzen:

- auf Abwechslung in der **Satzlänge** achten
- die Reihung von Aussagesätzen ab und zu durch **Fragen** und **Ausrufe** unterbrechen
- ab und zu einen **ungrammatischen Satz** verwenden, besonders geeignet ist die **Ellipse** (Auslassung eines Satzglieds)

Beispiel: „Mit der Rolltreppe lautlos davongleiten. Sich über die Warenberge erheben."

■ Checkliste: **Wie man bei der Schilderung vorgeht**

- intensiv beobachten, auch eine bekannte Situation genau vergegenwärtigen
- charakteristische Eindrücke stichwortartig festhalten
- sich die Wirkung der Eindrücke klar machen
- Eindrücke so ordnen, dass ein Gesamtbild entsteht, das der Situation und der beabsichtigten Wirkung entspricht
- auf eine zeitlich und räumlich begrenzte Situation achten
- die Schilderung ausarbeiten und dabei auf die charakteristischen sprachlichen Mittel achten
- den Text auf „schiefe Bilder", Übertreibungen und Kitsch kritisch überprüfen

Übungen

Lies den folgenden Text.

1 Welche Ausdrucksfehler enthält der Text? Mache Verbesserungsvorschläge.

2 Gestalte den Text zusammenhängend um, indem du die Hinweise zu Wortwahl und Satzbau (➔ S. 17) beachtest.

3 Verfasse eine eigene Schilderung zum Thema „Im Regen durch die Stadt".

Am Wasser

Er sitzt am Ufer und beobachtet das Wasser. Das Aufleuchten der glitzernden Punkte kommt ihm vor wie der Widerschein kleiner Goldstücke. Das Plätschern kleiner Wellen vor ihm beruhigt ihn. Der See liegt da, spiegelblank poliert. Am Ufer neigen die Bäume verträumt und vertraut ihre Köpfe gegeneinander. Was sie sich wohl zuflüstern? Aber ihr Rascheln ist so undurchdringlich dicht wie eine exotische Fremdsprache. Alles wirkt wie eine friedliche Vollversammlung der Natur. Draußen fahren Segelschiffe vorbei. Er freut sich darüber, zu sehen, wie sich die Segel stolz aufblasen. Ein Motorboot fährt schnell vorbei. Es wirkt, verglichen mit den Seglern und dem ruhigen Paddeln der Schwäne, nervös. Er fühlt sich gestört. Aber bald ist es vorüber und wird hoffentlich so bald nicht mehr zurückkommen. So kann er weiter am Wasser sitzen und träumen.

3 Argumentieren

■ In zahlreichen Situationen im Alltag wird man vor die Notwendigkeit gestellt, seinen eigenen Standpunkt darzustellen und zu begründen: Man will einen Antrag, z. B. für eine Klassenfahrt, begründen. Man bezieht Stellung zu einem aktuellen Problem, zum Beispiel wenn es um die Bewertung eines Referats geht. Oder man führt eine Auseinandersetzung um ein bestimmtes Thema, z. B. um die Pausenordnung der Schule.

■ Beim Argumentieren verfolgt man ein bestimmtes Ziel: Man möchte jemanden **überzeugen.** Aus diesem Grund muss das argumentierende Schreiben sowohl **subjektiv** als auch **objektiv** sein. Es soll die **eigene Meinung** widerspiegeln, diese soll aber auch **sachlich nachvollziehbar begründet** werden.

■ Aufsatzformen, in denen das Argumentieren eine zentrale Rolle spielt, sind die **begründete Stellungnahme** und die **Erörterung.**

■ Merkmale der Argumentation

Ziel: jemanden überzeugen
Form: Kommentar, Brief, Leserbrief, (mündlich:) Diskussion
Weg: Gründe für oder gegen einen Sachverhalt, eine Meinung oder ein Anliegen darlegen

■ Sprachlich-formale Anforderungen:

- richtiger **Aufbau eines Arguments**
- **Zusammenhänge** sprachlich verknüpfen
- **Anschaulichkeit** im Ausdruck

■ Aufbau/Gliederung:

- kurze **Einleitung:** Umreißen des Themas, Einführung in die Fragestellung

  Beispiel: „Schon oft haben sich Schülerinnen und Schüler über die bestehende Pausenordnung geärgert und beschwert. Im Moment ist es bekanntlich so, dass die 5. – 8. Klassen das Klassenzimmer verlassen und auf den Hof gehen müssen, während die älteren Schüler drin bleiben können. Das wird von vielen als ungerecht empfunden. Sie fordern, dass alle Schüler gleich behandelt werden. Und deshalb möchte ich noch einmal erklären, was dafür spricht, dass auch die Schüler der Klassen 5 – 8 in den Pausen in ihren Räumen bleiben können."
- **Hauptteil:** Darlegung der Argumente, Unterteilung in Absätze
- **Schluss:** Zusammenfassung/Schlussfolgerung

■ Ein Argument setzt sich zusammen aus

- einer These in Form von Behauptung, Meinungsäußerung, Forderung sowie
- deren Begründung, die wieder die Form einer These, also einer Behauptung, haben kann. Als Begründung kann auch ein Beleg dienen: Beispiel, Statistik, Zitat, eigene Erfahrung.

Beispiel: Im Namen der Geschäftsleute fordert Herr Maier ein Verbot für Inline-Skater in der Fußgängerzone. *(These)* Immer wieder komme es zu Unfällen, so dass inzwischen die Kunden ausblieben. *(Begründung)* Allein in der letzten Woche sei es zu vier Unfällen zwischen Inlinern und älteren Mitbürgern gekommen, die nun so verunsichert seien, dass sie woanders einkauften. *(Beleg)*

■ Für eine begründete Stellungnahme müssen die einzelnen Argumente gut erkennbar sein. Dazu ist es sinnvoll, sie durch **Absätze** voneinander zu trennen.

■ Damit die Argumentation wirklich **schlüssig** formuliert ist, müssen die **Zusammenhänge** zwischen These, Begründung bzw. Beleg deutlich werden. Dazu verwendet man vor allem

- **konjunktionale Nebensätze** (Adverbialsätze → S. 71 f.),
- Hauptsätze, die durch eine **Konjunktion** (→ S. 65) eingeleitet werden.

3.1 Kausalsatz und Konzessivsatz

■ Beim Argumentieren ist der Kausalsatz, der **Begründungen** angibt, der am häufigsten verwendete Gliedsatz (Nebensatz). Man sollte aber seine Begründungen nicht zu oft mit *weil* einleiten, denn das wirkt schnell langweilig. Eine weitere Konjunktion für die Begründung ist *da*.

■ Aber auch ein Hauptsatz, **der mit *denn* eingeleitet wird,** kann einen Sachverhalt begründen.

■ Aus Gründen der Abwechslung sollte man die Reihenfolge von Haupt- und Nebensatz öfter umdrehen.

Beispiel: Inlineskater haben in der Fußgängerzone nichts zu suchen, *weil* sie die älteren Menschen stören und massiv behindern.
Inlineskater haben in der Fußgängerzone nichts zu suchen, *da* sie die älteren Menschen stören und massiv behindern.
Weil sie die älteren Menschen stören und massiv behindern, haben Inlineskater in der Fußgängerzone nichts zu suchen.
Inlineskater haben in der Fußgängerzone nichts zu suchen, *denn* sie behindern die älteren Menschen massiv und stören sie. (Satzreihe aus zwei Hauptsätzen)

- Im Gegensatz zum Kausalsatz schränkt der Konzessivsatz eine Behauptung ein, widerlegt aber nicht.

Beispiel: *Obwohl* es verboten ist, fahren viele Inlineskater in der Fußgängerzone.

- Als Hauptsatz wird die Einräumung durch ***trotzdem*** eingeleitet.

Beispiel: Inlineskaten ist in der Fußgängerzone verboten. Trotzdem fahren dort viele Inlineskater.

3.2 Weitere wichtige Gliedsätze (Nebensätze)

- Der **Finalsatz** bringt einen **Zweck** oder eine **Absicht** zum Ausdruck.

Beispiel: Wir beantragen eine Überwachung, *damit* das Verbot endlich durchgesetzt wird.

- Der **Konditionalsatz** enthält eine **Bedingung.**

Beispiel: *Wenn* alle Inlineskater diszipliniert fahren, brauchen wir kein Verbot.

- Der **Konsekutivsatz** drückt eine **Folge** aus.

Beispiel: Vor meinem Geschäft kam es schon zu drei Unfällen, *sodass* einige Kunden weggeblieben sind.

> **TIPP** Für alle Satzgefüge aus Haupt- und Gliedsatz gilt, dass man die **Reihenfolge** zwischen beiden **austauschen** kann. Damit erreicht man Abwechslung.

3.3 Weitere Mittel für eine wirkungsvolle Argumentation

- **Appell:** Durch den Appell wird der **Zuhörer direkt angesprochen** und mit einbezogen.

Beispiel: So kann es nicht weitergehen!
Diese Verhältnisse müssen ein Ende haben!

- **Rhetorische Frage:** ist eine **Frage, auf die man eigentlich keine Antwort erwartet,** weil man die Antwort als selbstverständlich voraussetzt.

Beispiel: Würden Sie sich gern von einem Inlineskater zuerst anfahren und dann noch beschimpfen lassen?

- **Pointe:** ist eine überraschende sprachliche Wendung, die die streng argumentierende Gestalt der begründeten Stellungnahme etwas auflockern kann.

Beispiel: Vielleicht sollten wir aus dem Problem eine Tugend machen und uns zur Inlineskater-freundlichsten Stadt Deutschlands ausrufen lassen.

▶ **BEACHTE** Alle drei Mittel dürfen nicht in übertriebenem Maße eingesetzt werden, da sie sonst leicht an Wirkung verlieren.

Übungen

1 **Unter der Überschrift „Jugend raucht – eine deutsche Spitzenleistung" berichtete die Presse darüber, dass von den 12- bis 17-Jährigen inzwischen 40 Prozent zumindest gelegentlich rauchen. Das durchschnittliche Einstiegsalter liege in Deutschland bei 11,6 Jahren. Der Artikel rief ein großes Echo hervor mit vielen Gedanken über mögliche Gründe für das frühe Einstiegsalter und mit Hinweisen, wie dem begegnet werden könne. Bei den folgenden vier Argumenten passen aber These und Begründung nicht mit dem Beleg zusammen. Setze die Argumente richtig zusammen.**

These	Begründung mit Beleg
a Tabakwerbung soll verboten werden.	Vorbildwirkung (Statistik: Kinder von Rauchern werden zum Großteil selbst welche)

b	In Schulen soll ein Rauchverbot verhängt werden.	Wirkt verführerisch (Ergebnis von Schülerbefragungen)
c	Stärkere Aufklärung über die gesundheitlichen Risiken und Folgen würde helfen, den Trend zum Rauchen einzudämmen.	Nachahmung der „Großen“ durch die „Kleinen“ (Kinder und Jugendliche wollen „cool“ sein – das bekommen sie auf Bildern und in Filmen vorgemacht)
d	Es muss ein Appell an die erwachsenen Bezugspersonen gerichtet werden, das Rauchen zu unterlassen.	Abschreckende Beispiele zeigen Wirkung

2 Verfasse einen Leserbrief zum Thema „Maßnahmen gegen das Rauchen“, in den du die genannten Argumente einbringst. Du kannst auch weitere hinzufügen.

Gehe nach folgender Gliederung vor:

1 **Einleitung** (Bezug zur Meldung)

2 **Hauptteil** (Absicht/Ziel: Maßnahmen gegen das Rauchen vorschlagen und begründen, Argumentation)

3 **Schlussfolgerung/Zusammenfassung**

4 Inhaltsangabe

■ Oft sieht man sich vor die Aufgabe gestellt, anderen den Inhalt eines Textes, eines Briefes, eines Buches oder eines Films wiederzugeben. In der Schule ist die Inhaltsangabe ein wichtiger Bestandteil von Aufsätzen über literarische Texte. In ihr kann man sich über das eigene **Textverständnis** und über die wesentlichen Aussagen des Textes klar werden.

■ Von der **Nacherzählung** unterscheidet sich die Inhaltsangabe im Wesentlichen durch die **Schreibhaltung.** Es kommt darauf an, über einen Text zu **informieren, nicht** darauf, ihn so lebendig und spannend wie möglich **nachempfinden** zu lassen.

4.1 Besonderheiten der Inhaltsangabe

■ **Merkmale der Inhaltsangabe:**
- sachliche Sprache
- kurz und knapp, Beschränkung auf das Wesentliche
- in der 3. Person geschrieben
- mit eigenen Worten
- Tempus (Zeitform): Präsens
- keine wörtliche Rede

■ **Arbeitsschritte:**
1. den Text in Sinnabschnitte gliedern
2. zu jedem Abschnitt eine Überschrift formulieren
3. überlegen, welche Informationen und Inhalte für das Gesamtverständnis wichtig sind; Unwesentliches nicht mit in die Inhaltsangabe aufnehmen
4. Einleitungssatz formulieren

■ Man sollte also abschnittweise vorgehen, Informationen zusammenstellen und zu einem zusammenhängenden Text verbinden. Dabei ist auf die **Reihenfolge des Geschehens** zu achten. Auch inhaltliche Beziehungen zwischen den Teilen sind zu beachten, z. B. ob ein Teil einen anderen begründet.

■ **Aufbau/Gliederung:**
Einleitung (einleitender Satz): Textart/Textsorte, Titel, Autor/in, Thema, evtl. Entstehungsjahr
Hauptteil: Wiedergabe der wesentlichen Punkte

> **MERKE** Die **Reihenfolge** der Vorlage muss **nicht zwingend** eingehalten werden, Vorausdeutungen und Rückblenden können aufgelöst werden. Der Ausgang der Handlung kann, wenn es sinnvoll erscheint, bereits am Anfang mitgeteilt werden.
> **Keine wörtliche Rede! Keine Zitate!**

Schluss: Ein Schlussteil ist nicht zwingend erforderlich. Es ist aber möglich, ein **Fazit** zu ziehen, **das auf das Thema Bezug nimmt.**

Beispiel: Die Geschichte zeigt gut auf, dass Vorurteile und Intoleranz schlimme Folgen für die Menschen und ihr Zusammenleben haben und sich auch tödlich auswirken können.

4.2 Indirekte Rede

- In der Inhaltsangabe verwendet man keine wörtliche Rede. So kann man den sachlichen Gesamteindruck des Textes wahren. Man kann Dialoge entweder ganz weglassen oder, wenn man sie wichtig findet, knapp zusammenfassen. Das geschieht mit der indirekten Rede.

Beispiele: Michael sagt: „Wenn es regnet, kann ich nicht kommen."
Michael sagte, wenn es regne, könne er nicht kommen. (indirekte Rede/ Aussagesatz)
Friederike fragt Karl: „Gibst du mir die Aufgaben von letzter Woche?"
Friederike fragte Karl, ob er ihr die Aufgaben von letzter Woche gebe. (indirekter Fragesatz)

- Für die richtige **Bildung der indirekten Rede** muss man sich **drei Regeln** merken:

1 Zur Bildung der indirekten Rede verwendet man den **Konjunktiv I** (→ S. 57). Er wird gebildet aus dem Stamm des Infinitivs und der jeweiligen Personalendung (→ S. 55).

Beispiel:

Indikativ	Konjunktiv I	Konjunktiv II
ich schreibe	ich schreibe	ich schriebe, ich würde schreiben
du schreibst	du schreibest	du schriebest, du würdest schreiben
er, sie, es schreibt	er, sie, es schreibe	er, sie, es schriebe
wir schreiben	wir schreiben	wir schrieben, wir würden schreiben
ihr schreibt	ihr schreibet	ihr schriebet, ihr würdet schreiben
sie schreiben	sie schreiben	sie schrieben, sie würden schreiben

2 Häufig stimmt die 3. Person des Konjunktivs I mit der 3. Person des Indikativ Präsens (→ S. 56) überein.

Beispiel: Sophie meint: „Wir haben genug Proviant eingepackt."
Sophie meinte, sie haben genug Proviant eingepackt.

In diesem Fall kann man, jedenfalls in der mündlichen Wiedergabe, direkte und indirekte Rede nicht auseinander halten. Deshalb verwendet man dann für die indirekte Rede den **Konjunktiv II** (→ S. 57–59). Er wird gebildet aus dem **Stamm des Präteritums** (oder auch der zweiten Stammform) plus **Personalendungen des Konjunktivs.** Bei den Verben, deren Präteritumformen nicht mit dem Präsensstamm gebildet werden, verwendet man den Umlaut.

Beispiele: kommen, kamen → *er käme,*
wachsen, wuchs → *sie wüchse*

3 Wenn die Inhaltsangabe zu umständlich klingt, weil man zu oft Konjunktiv II verwendet hat, kann man die Ersatzform mit *würde + Infinitiv* verwenden.

MERKE Die Form mit *würde* bietet sich umgangssprachlich (und sicherheitshalber) als leichtester Weg für die indirekte Rede an. Das gilt besonders für den mündlichen Sprachgebrauch. Aus Gründen des Stils muss darauf geachtet werden, dass die Form mit *würde* nicht zu oft auftaucht.

5 Berichte und Reportagen untersuchen und schreiben

5.1 Bericht

■ Berichte kennt man vor allen Dingen aus Zeitungen, Rundfunk und Fernsehen. Aber auch im Gespräch kann man sich etwas berichten. Gegenstand des Berichts sind **einmalige und besondere Tagesereignisse, Veranstaltungen** und **Handlungen.** Mit dem Bericht will man den Leser genau **informieren** und ihm etwas **erklären.** Das gefühlsmäßige Erleben spielt nur in Ausnahmefällen eine Rolle.

■ Der Aufbau eines Berichts (die Gliederung) besteht aus **Einleitung, Hauptteil** und **Schluss.** Die **Einleitung** gibt Antwort auf die „W-Fragen“ (Wer? Was? Wann? Wo?). Sie hat die Aufgabe, den Lesern einen **schnellen Überblick** über das Geschehen zu verschaffen.
Der **Hauptteil** beschreibt den **genauen Ablauf** des Geschehens in chronologischer Abfolge (Wie? Warum?). Er vermittelt nähere Einzelheiten. Dabei stehen die wichtigsten Informationen am Anfang.
Der **Schluss** behandelt das **Ergebnis** bzw. den **Ausgang** des Geschehens und gegebenenfalls die **Folgen.**

■ **Stellungnahmen Betroffener** werden in der **direkten** oder **indirekten Rede** (➔ S. 25 f.) wiedergegeben.

■ Da für den Bericht die zeitliche Abfolge eines Geschehens wichtig ist, muss man genau auf die Verwendung der **richtigen Tempusformen** achten (➔ S. 55).

■ **Inhaltliche Anforderungen** an den Bericht:
- **informierender Charakter:** Genauigkeit, Wahrheitstreue
- **logischer Aufbau:** keine Sprünge oder langwierigen Rückblenden
- **objektive Schreibhaltung:** keine Parteinahme
- **Sachbezogenheit:** keine Spannung, sondern Information
- **Tatsachenbezogenheit:** keine Unterstellungen, Vermutungen usw.

■ Sprachlich muss ein Bericht nüchtern ausfallen: keine „Ausschmückungen“ zum Zweck der Veranschaulichung oder Spannungssteigerung.

TIPP Berichte überarbeiten
Wenn man das Gefühl hat, nicht alle Anforderungen des Berichts erfüllt zu haben, sollte man seinen **Entwurf überarbeiten** (➔ S. 44–46). Geprüft werden sollten:
- die Reihenfolge der Informationen
- Lücken oder Ungenauigkeiten
- widersprüchliche Angaben
- fehlerhaft verwendete Zeitformen

5.2 Reportage

■ Die Reportage ist dem Bericht verwandt, verfügt aber über eigene Schwerpunkte und Merkmale. Die Reportage hat das Ziel, einen **unmittelbaren Eindruck** von einer Situation wiederzugeben. Das **Erleben Betroffener,** ihre Gefühle und Empfindungen spielen eine wichtige Rolle.
Die Reportage will das Geschehen den Lesern möglichst nahe bringen. So ist der Eindruck, unmittelbar vor Ort zu sein, wichtig. Das wird erreicht durch **schildernde Elemente** und **direkte Äußerungen** Betroffener. Die Reportage kann auch **kommentierende Elemente** enthalten, d. h., die Reporter bringen ihre Einschätzung des Geschehens zum Ausdruck.

Verfassen von Reportagen

■ Reportagen haben wie der Bericht **besondere Geschehnisse** zum Thema, sie unterscheiden sich aber im Textumfang, im Standpunkt des Reporters und in den sprachlichen Mitteln.

Beachten	Ziel
▸ **Einstieg** möglichst mit einer konkreten Situation	→ das **Interesse** des Lesers **wecken**
▸ **Wechsel** zwischen berichtenden Passagen und Aussagen Betroffener	→ **Abwechslung** macht das Lesen reizvoller, Aussagen erhöhen die Authentizität und damit die Glaubwürdigkeit
▸ **dramatisch** erzählen und so den **Leser** in das Geschehen **hineinziehen**	→ **Spannung** macht neugierig, innere **Beteiligung** des Lesers ist erwünscht
▸ **Hintergrundinformationen** vermitteln	→ **mehr als nur „action"**
▸ die **Stimmung** wahrnehmen und beschreiben	→ Gefühl der **Unmittelbarkeit,** den Abstand zwischen Lesern und Geschehen aufheben
▸ anschauliche **Einzelheiten** mitteilen	→ den **einzigartigen Charakter** des Geschehens deutlich machen

▶ **Meinungen** und **Gefühle** des Reporters einbauen	→ **Echtheit** des Erzählten
▶ mit einer **Pointe** oder einem **Zitat** enden	→ Anregung zum **Weiterdenken,** Interesse ausbauen

Analyse von Reportagen

■ Wenn man die Aufgabe hat, eine Reportage zu untersuchen, geht man sinnvollerweise in der folgenden Reihenfolge vor:

1 **orientierendes Lesen:** den Text überblicksweise lesen, von der Zeilenmitte ausgehend, von oben nach unten, um einen Überblick über die Schwerpunkte zu bekommen
2 **Thema bestimmen:** feststellen, wovon genau der Text handelt
3 **unbekannte Wörter nachschlagen:** sicherstellen, dass alle Zusammenhänge und Wörter verstanden wurden
4 **vertiefendes Lesen, dabei sprachliche Mittel analysieren:** wesentliche Gesichtspunkte genau untersuchen – inhaltlich und sprachlich
5 **Autorenstandpunkt bestimmen:** Aussageabsicht der Reportage ermitteln, Trennen von Information und Meinung des Autors
6 **mit eigenen Worten zusammenfassen:** Textverständnis sicherstellen

Übungen

1 Im Folgenden findest du Angaben zu den „W-Fragen“ (→ S. 27). Verfasse einen kurzen Bericht, in den du diese Angaben einbaust.

Wer?	ein anderthalbjähriges Kind, Eltern
Wo?	Berlin-Kreuzberg, Kinderbauernhof, Teich
Was?	Sturz in den Teich, Lebensgefahr
Wann?	Donnerstag, 10. Juni 2004, abends
Wie?	Picknick der Eltern im nahe gelegenen Park, Junge spaziert allein zum Teich, fällt hinein, Wiederbelebung durch Feuerwehr, Einlieferung in Kinderklinik
Welche Folgen?	Lebensgefahr, Anzeige gegen die Eltern wegen fahrlässiger Körperverletzung und Verletzung der Aufsichtspflicht

2 Vergleiche die beiden folgenden Reportagen für eine Schülerzeitung.
Schreibe, soweit möglich, aus jeder der beiden Reportagen Beispiele für diese Reportagemerkmale heraus:

- situativer Einstieg
- direkte Äußerungen von Teilnehmern/Besuchern
- dramatische, spannende Erzählweise
- Hintergrundinformationen
- Stimmungsbeschreibung
- Meinungen und Gefühle des Autors
- Pointe

A Unser Schulfest

Vergangenen Sonntag fand unser Schulfest statt. Es war eine sehr bunte Veranstaltung. Gleich am Eingang gab es leckeres Essen und Cocktails aus der Karibik, natürlich ohne Alkohol. Es gab ganz viele Stände, und viele, wenn auch nicht alle standen unter dem Motto „Beach Life". Man konnte sich tätowieren lassen, und zu Reggae-Musik wurden Tanzvorführungen geboten. Sogar ein „echtes" Urlaubsfoto aus der Karibik konnte man machen, die 9 d hatte einen Raum zum Fotostudio umgebaut, und mit einem Badetuch als Hintergrund und anderem Zubehör konnte man sich fotografieren lassen. So war es insgesamt ein schönes Fest.

B Unser Schulfest

Wie kann man ein Urlaubsfoto aus der Karibik präsentieren, ohne je da gewesen zu sein? Ganz einfach. Nur ins Fotostudio der 9 d gehen, ein Hawaii-Hemd überziehen, Strohhut aufsetzen, Kokosnuss in die Hand, und dann ein Foto vor blauem Himmel, Meer und Palmen. Das Badehandtuch ist so gut, dass man den Hintergrund für echt halten könnte. Voraussetzung: Man war auf dem Schulfest.

Ungefähr dreißig Stände, ich habe sie nicht gezählt, boten Verschiedenes, hauptsächlich unter dem Motto „Beach Life". Von der Reggae-Tanz-Vorführung bis zum Cocktail, natürlich ohne Alkohol, die Klassen haben sich wirklich viel einfallen lassen. Auch unser Schulleiter, Herr Schramm, ist begeistert: „Toll, was die Schüler in so kurzer Zeit auf die Beine stellen. Aber glücklicherweise habe ich einen Bart, so dass ich für das ‚Tatooing' ausfalle." Dabei hätten

einige Schüler den „Chef" bestimmt mal ganz gern bemalt.
Das Beach-Volleyball-Turnier gewann klar eine Mannschaft aus den Klassen 8 a und b. „Es war gar nicht so leicht, das zu organisieren", sagt Mark, der die Spieler zusammengestellt hat. „Spielen wollten schon viele, aber mehr noch wollten sie sich das Fest ansehen." Aber schließlich hat er doch noch sechs Mannschaften zusammenbekommen. Leider war der Hängematten-Park zu klein, als dass sich die Sieger danach alle dort hätten ausruhen können.
Gegen Mittag setzte dann der große Hunger ein, auch in der Karibik. Aber man sehe und staune: Die Schlange vor dem Bratwurst-Stand war doch länger als die beim Hawaii-Toast. Trotzdem – es war ein tolles Fest.

6 Protokoll

■ In einem Protokoll werden die **Inhalte von Versammlungen oder besonderen Ereignissen** (z. B. Unfall, Experiment) festgehalten. Mit Hilfe eines Protokolls können sich andere, die nicht anwesend waren, über den Verlauf und das Ergebnis informieren. Besonders nützlich ist das Protokoll auch, wenn man sich nach längerer Zeit noch einmal über das Ereignis informieren will. Dann ist es eine Art „Gedächtnisstütze". In amtlichen Angelegenheiten (Gerichtsverfahren, Parlamentssitzungen usw.) kommt dem Protokoll der Charakter eines Dokuments zu.

■ Das Protokoll ist kürzer als der Bericht und hat eine bestimmte äußere Form.

■ Es gibt drei verschiedene **Arten des Protokolls**:

- **Ergebnisprotokoll:** die kürzeste Form, in der nur die Ergebnisse festgehalten werden
- **Verlaufsprotokoll:** zeichnet den Verlauf eines Ereignisses oder einer Unterredung in den wichtigsten Zügen nach
- **Mischform** aus beidem: Nur die wichtigsten Gesprächsbeiträge und die Ergebnisse werden genannt

■ **Merkmale:**

- bestimmte **äußere Form:**
  - Protokollkopf (ganz oben müssen genannt werden: Titel der Veranstaltung, Thema, Datum, Uhrzeit, Ort, Anwesende, Protokollant/in)
  - Gliederung des Hauptteils in Punkte, z. B. Tagesordnungspunkte (TOPs)
  - Datum (Zeitpunkt, wann das Protokoll verfasst wurde) und Unterschrift des/der Protokollierenden
- Genauigkeit, Objektivität
- **Zeitform:** Präsens (in Ausnahmefällen beim Verlaufsprotokoll auch Präteritum)
- **Sprache:** „Protokollstil" (→ siehe unten)

■ Der **Protokollstil** zeichnet sich aus durch

- **knappen, sachlichen** Ausdruck
- **Substantive** und **Nominalisierungen** (wenn aus anderen Wortarten Substantive/Nomen werden, → S. 78)
- Verkürzung des Ausdrucks mit dem **Partizip I** (→ S. 63)
- Wiedergabe besonders wichtiger Redebeiträge in **indirekter Rede** (→ S. 25 f.)

■ **Arbeitsschritte**

1. Während des Ereignisses sinnvoll **mitschreiben**
2. Inhalte **auswählen,** Wichtiges von Unwichtigem trennen
3. Inhalte **ordnen** (nach Tagesordnungspunkten/TOPs, sachlichen Gesichtspunkten)
4. Protokoll **ausarbeiten,** dabei darauf achten, ob es sich um ein Verlaufs- oder Ergebnisprotokoll handelt oder um eine Mischung aus beidem

■ Für das **Protokoll** reicht es normalerweise aus, wenn die zentralen Inhalte genannt werden. Besonders **wichtige Redebeiträge** hält man in der **indirekten Rede** (→ S. 25 f.) fest.

TIPP Fragen zur Überprüfung des Protokolls
- Ist der **„Kopf"** vollständig und korrekt?
- Stimmt die **Zeitform**?
- Wurde **„Protokollstil"** verwendet?
- Wurde die **indirekte Rede** korrekt angewendet?
- Enthält das Protokoll **abwechslungsreiche Redeeinleitungen** (nicht immer nur „sagte")?
- Ist das Protokoll **verständlich formuliert**? Auch ein Unbeteiligter sollte den Sachverhalt nachvollziehen können.
- Wurde **sachlich** formuliert?
- Sind **gleichartige Äußerungen zusammengefasst** worden?
- Ist das Protokoll **datiert und unterschrieben**?

7 Werbung

■ Werbung gibt es in ganz verschiedenen **Formen** – als Werbespots im Radio, Fernsehen oder Kino, als Plakat oder als Anzeige in Tageszeitungen oder Zeitschriften.

■ **Absicht der Werbung** ist es, zum Kauf eines Produkts, zum Besuch einer Veranstaltung, zum Konsumieren im Allgemeinen zu überreden oder zu einem bestimmten Verhalten aufzufordern. Daher ist es schwierig, die mitunter auch enthaltenen Informationen von der Absicht, Bedürfnisse zu wecken, zu trennen.

■ **Ziel der Untersuchung** von Werbung, ist es, ihre Absicht und ihre Gestaltungsmittel durchschaubar zu machen.

■ Für die Werbung in Zeitungen und Zeitschriften sind folgende Mittel gebräuchlich:

▸ **Slogan:** eine kurze, griffige, häufig wiederholte Schlagzeile, die mit dem Produkt identifiziert werden soll.

▸ **Fotos, Zeichnungen** und andere **grafische Elemente:** Sie können entweder das Produkt direkt darstellen oder auch indirekte Hinweise darauf enthalten (z.B. die Darstellung des Meeres für Frische in der Werbung für ein Deodorant).

▸ **Textelemente,** die über das Produkt informieren oder eine bestimmte Vorstellung erzeugen, die mit dem Produkt verbunden wird.

▸ Möglicherweise ein **Bestellgutschein,** ein **Preisausschreiben** oder Ähnliches: Damit soll einerseits die Bindung des Kunden an das Produkt verstärkt werden, andererseits werden auf diesem Wege Adressen gesammelt, die wiederum für direkte Werbung verwendet werden.

■ Zur Werbesprache: Werbetexte sind in aller Regel knapp, denn sie sollen sofort verstanden werden und in Erinnerung bleiben. Zugleich wollen sie sich von anderer Werbung unterscheiden. Diese **Kürze** und die **Einmaligkeit** werden mit bestimmten sprachlichen Mitteln angestrebt.

Typische sprachliche Mittel:

▸ **Imperative** (→ S. 59): Sie fordern die Leser direkt zum Handeln (d.h. zum Kauf) auf. Zugleich wird eine direkte Beziehung zwischen der Anzeige bzw. dem Produkt und den Lesern hergestellt. Häufig verwendet wird die direkte Anrede der Leser.

Beispiel: „Lassen Sie sich nicht an der Nase herumführen! Kommen Sie gleich zu uns!"

▸ **Adjektive,** häufig auch in gesteigerter Form: Der **Superlativ** (→ S. 51) signalisiert die Einmaligkeit des Produkts, das ganz Besondere. Adjektive zeigen die vielfältigen Eigenschaften auf. Oft beziehen sie sich auf die Leser, um ebenfalls eine Verbindung zwischen Produkt und Leser herzustellen.

Beispiel: „Für anspruchsvolle Fahrer, verwöhnte Chauffeure und sportliche Flitzer."

▸ **Fremdsprachige Begriffe,** besonders aus dem Englischen: Sie sollen vermitteln, dass das Produkt (und damit auch der Käufer) modern und dynamisch ist.

Beispiel: „Der Power-Booster g-engine dxl 200.3 – für besten sound und optimale performance."

▸ **Redewendungen,** auch in veränderter, verfremdeter Form: Sie sind bekannt, prägen sich leicht ein. Mit scheinbar witzigen Abwandlungen will sich ein Text einschmeicheln.

Beispiel: „Man soll den Tag nicht vor dem Cognac loben."

▸ **Wort- und Sprachspiele:** Auch sie sollen anzeigen, dass das Produkt originell ist und mögliche Käufer über einen gewissen Witz verfügen.

▸ **Vergleiche:** Sie sollen die Besonderheit des Produkts herausstellen.

Beispiel: „Schmeckt so gut wie selbst gemacht."

8 Analyse von Sachtexten

■ Sachtexte sind alle Texte, die nicht dichterischen (wie etwa ein Roman oder ein Gedicht) oder persönlichen Ursprungs (wie etwa ein Brief oder ein Tagebuch) sind. Sie finden sich sowohl in Fachbüchern als auch in Zeitungen und Zeitschriften.

■ Zu dieser Gruppe gehören Texte ganz unterschiedlicher **Textsorten** wie der Bericht (➔ S. 26 f.), die Reportage (➔ S. 28–31) oder der Kommentar. Die **Absicht** des Sachtextes bestimmt die Textsorte: Vorrangig geht es um **Information** (z. B. beim Bericht), stellenweise aber auch um die **persönliche Meinung** der Verfasser und darum, die Leser zu überzeugen (z. B. beim Kommentar).

■ Die Analyse eines Sachtextes ähnelt der Untersuchung eines dichterischen Textes. Vier Schritte gehören auf jeden Fall zur Analyse:

1 Inhaltsangabe (➔ S. 23–25), um das volle Verständnis des Textes zu sichern

Zur Inhaltsangabe gehören in der Einleitung Informationen zur **Textsorte,** die **genaue Überschrift,** die **Quelle** (bei Zeitungen und Zeitschriften mit laufender Nummer bzw. Datum), **Namen** und, falls bekannt, Beruf oder Funktion des Verfassers/der Verfasserin und das Thema des Textes.

Beispiel: In seinem Kommentar „Alle Jahre wieder" aus der Nordberliner Zeitung vom 17.11.2004 setzt sich Pfarrer Hermann Gelfert kritisch mit dem vorweihnachtlichen Rummel auseinander und geht auf die Hintergründe ein.

2 Darstellung der Gliederung bzw. des Aufbaus des Textes
Um die Gedankenführung zutreffend zu beschreiben, sollte man zunächst die **Hauptthese** oder den **Kerngedanken** herausstellen.
Im Anschluss daran stellt man den **gedanklichen Aufbau** dar, indem man auf die einzelnen Sinnabschnitte eingeht.

3 Darstellung der sprachlichen Mittel
Dazu können untersucht werden:
- Wortwahl
- Wahl der Wortart
- Verwendung von Bildern bzw. bildhaften Vergleichen (Metaphern)
- Satzbau (z. B. Schachtelsätze, Häufung von Imperativen oder rhetorischen Fragen)

4 Darstellung der beabsichtigten Wirkung auf die Leser
Dazu sollte man sich Folgendes überlegen:
- Wie informativ ist der Text, d. h., wie viele neue Informationen habe ich bekommen?
- Wie überzeugend ist der Standpunkt des Verfassers/der Verfasserin?
- Sind die im Text aufgeführten Gedanken angemessen belegt?

Mit Hilfe der Antworten auf diese Fragen schreibst du eine **knappe Beurteilung des Textes** am Schluss der Analyse.

■ **Hinweis zum Zitieren:**
Wird eine Stelle aus dem Originaltext als Beispiel oder Beleg für eine Aussage genommen, so muss das Zitat der Vorlage genau entsprechen. Eigene Korrekturen oder Ergänzungen im Zitat müssen deutlich kenntlich gemacht werden, z. B. indem du sie in Klammern setzt.

9 Appellierendes Schreiben

■ Wenn man an eine Behörde oder an eine Amtsperson schreibt, geht es um ein konkretes **Anliegen,** d. h. einen Antrag, eine Bitte, eine Aufforderung oder Ähnliches. Schreibt man an eine Zeitung einen Leserbrief, geht es neben der Stellungnahme zu einem Artikel oft darum, auf ein bestimmtes Problem aufmerksam zu machen und für seinen Standpunkt zu werben. Texte mit einer solchen auffordernden, bittenden oder werbenden Absicht nennt man **appellierende Texte.**

- Beim appellierenden Schreiben muss man auf bestimmte Punkte achten.

1 **Äußere Form**

Dazu gehören **Absender und Adressat, Datum, Betreffzeile, korrekte Anrede** und **Schlussformel.**

2 **Sachliche Darstellung des Inhalts**

„So ausführlich wie nötig, so kurz wie möglich." – Das ist die Formel für die Darstellung des Inhalts. Beim appellierenden Schreiben muss immer deutlich sein,

- was das **Ziel/die Absicht** des Schreibens ist,
- womit dieses Ziel **begründet** wird und
- **welcher Weg** zu diesem Ziel führen kann oder soll.

Beispiel: Eine Beschwerde, wie sie an eine Polizeidienststelle gerichtet sein könnte

Nicht:	Sondern:
Sehr geehrte Damen und Herren, seit einigen Monaten beobachte ich, dass die Radwege in unserem Stadtviertel sehr stark durch parkende Autos verstellt sind. Das stellt eine Gefährdung der Sicherheit dar und verstößt gegen die Straßenverkehrsordnung. Mit freundlichen Grüßen …	Sehr geehrte Damen und Herren, seit einigen Monaten beobachte ich, dass die Radwege in unserem Stadtviertel sehr stark durch parkende Autos verstellt sind. Dies stellt eine Gefährdung der Sicherheit von Radfahrern und Fußgängern dar und verstößt zudem gegen die Straßenverkehrsordnung. Damit die Radwege in Zukunft frei bleiben, möchte ich darum bitten, dass die Polizei stärkere Kontrollen durchführt und gegen die entsprechenden Fahrzeughalter vorgeht. Mit freundlichen Grüßen …
Missstand (Anlass) und Begründung werden genannt, nicht aber das ausdrückliche Anliegen und die konkrete Bitte.	*Anlass, Begründung, Anliegen und Vorschlag werden kurz und sachlich benannt.*

3 Verständliche Formulierung

Sachliche Sprache zeichnet sich aus durch **Genauigkeit** und **Nüchternheit.** Ein wichtiges Mittel dafür ist der Einsatz von **Fachbegriffen** und **Fremdwörtern.** Sie zeigen die Kompetenz der Verfasser und erleichtern damit dem Leser das Eingehen auf die Aufforderung.

4 Freundlichkeit im Ton

Wenn man an jemanden appelliert, möchte man etwas von der betreffenden Person bzw. Institution. Nicht nur aus „strategischen" Gründen ist es empfehlenswert, freundlich zu sein. Daher gilt:

- Bitten müssen als solche erkennbar sein und sollten nicht als Forderungen erscheinen.
- Umgekehrt wirkt aber auch übertriebene Höflichkeit unecht.

Übung

Verbessere folgenden Brief an das Ordnungsamt von xyz-Stadt.

Sehr geehrte Damen und Herren,
seit 15 Jahren wohne ich mit meiner Familie in der abc-Straße von xyz-Stadt. Wir fühlten uns bislang sehr wohl, was auch für unsere Stadt spricht, wie ich meine.
Doch nun gibt es dort den „Lindenhof". Der Lärm, der von dieser Kneipe ausgeht, ist unbeschreiblich. Wir sind mit den Nerven vollkommen am Ende, und ich könnte mir vorstellen, dass es den anderen Anliegern ähnlich geht. Es dürfen doch nur bis 22.00 Uhr Tische draußen stehen, oder?
Tun Sie endlich was!

Mit freundlichen Grüßen
...

Die schriftliche Stellungnahme, etwa in Form eines Leserbriefs, kann ebenfalls einen Appell enthalten. Für diese Texte gilt:

- **Anlass und Thema** deutlich machen und erklären, warum das Anliegen von **allgemeinem Interesse** ist
- **Zustimmung** zu den Punkten äußern, zu denen es möglich ist
- **Kritik** und **Gegenmeinung** darstellen und begründen
- **Konkrete Aufforderung** oder **Vorschlag** als **Schlussfolgerung** formulieren

10 Tipps für den Kurzvortrag

■ Zwar gehört der Kurzvortrag zum mündlichen Sprachgebrauch, doch sind die wesentlichen Vorarbeiten schriftlich, und oft muss man, nachdem man den Vortrag gehalten hat, eine **schriftliche Ausarbeitung** abgeben.

■ Bei einem Kurzvortrag soll man in ca. **10 – 15 Minuten** über ein Thema sprechen. Dabei kommt es nicht darauf an, dass man so viele Informationen wie möglich vermittelt. **Anschaulich und unterhaltsam** ist der Kurzvortrag, wenn er nicht nur „trockene" Informationen enthält, sondern auch **persönliche Erfahrungen und Eindrücke** der Referenten.

■ Arbeitsschritte

1 **Thema eingrenzen, Teilgebiete bestimmen und ordnen**
2 **Material beschaffen**
3 **Fachartikel auswerten**
4 **Gliederung und Stichwortzettel anfertigen**
5 **Hilfsmittel einplanen**
6 **Vortrag halten**

1 Thema eingrenzen, Teilgebiete bestimmen und ordnen

In einem Kurzvortrag behandelt man **mehrere Gesichtspunkte** eines Themas. So wird er nicht langweilig, und man kann sein ganzes Wissen unter Beweis stellen. Umgekehrt sollte er aber nicht so überfrachtet sein, dass die Zuhörer die Übersicht verlieren.
Der erste Schritt ist daher die **Eingrenzung des Themas.** Dazu überlegt man sich möglichst viele **Fragen** und bedenkt in einem zweiten Schritt, welche davon in einem Vortrag beantwortet werden sollten und welche nicht.

Beispiel: Thema *Auto*

- Wer hat das Auto erfunden?
- Wie funktioniert ein Motor?
- Auto und Umwelt?
- Zukunft des Autos?
- Welche verschiedenen Wagentypen gibt es?
- Geschichte des Autorennsports?
- Das schnellste, teuerste, größte Auto?
- Fahrerlaubnis?
- Autofahren als Todesursache? Unfälle?
- Kfz-Steuer? Wer verdient am Auto?

Wenn man die Schwerpunkte herausgearbeitet hat, kann man eine **vorläufige, erste Auswahl der Teilgebiete** vornehmen. Dabei geht man am besten **vom Allgemeinen zum Besonderen** oder **chronologisch** vor.

Beispiel: für zwei Grobgliederungen zum Thema *Auto:*

1 Was ist ein Auto?
2 Geschichte des Autos, berühmte Ingenieure
3 Wie funktioniert ein Motor?
4 verschiedene Autotypen
5 Auto und Umwelt
6 Zukunft des Autos

Diese Gliederung ist **chronologisch** angelegt, der Kurzvortrag berichtet über die Entstehung und die Entwicklung des Autos.

1 Was ist ein Auto?
2 Rolle des Autos in unserer Gesellschaft
   a Mobilität
   b Transport
   c Sport
3 Das Auto als Wirtschaftsfaktor
4 Auto und Umwelt
5 Zukunft des Autos

Diese Gliederung stellt die **Bedeutung** des Autos in den Mittelpunkt.

2 Material beschaffen

Wenn man nicht schon von Beginn an über sein Thema gut Bescheid weiß, sieht man sich zunächst einmal den entsprechenden Artikel in einer **Enzyklopädie** an, das ist ein umfangreiches Nachschlagewerk in mehreren Bänden oder auf CD-ROM.

TIPP So wertest du einen Lexikonartikel aus:
- Lexikonartikel fotokopieren oder ausdrucken
- unbekannte oder unklare Wörter und Zusammenhänge mit einem Fragezeichen am Rand markieren, Bedeutungen nachschlagen, Zusammenhänge erkunden
- unterstreichen, was einem wichtig erscheint
- inhaltliche Schwerpunkte am Rand mit einem Stichwort vermerken

Natürlich reicht es nicht aus, einen Kurzvortrag auf der Grundlage eines Lexikonartikels zu erarbeiten. Daher muss man sich weiteres Informationsmaterial beschaffen.

▶ **Informationen aus dem Internet**
Dazu gibt man das Referatsthema oder ein Teilthema als Suchwort in eine „Suchmaschine" (z. B. *google* oder *metager*) ein. Diese inzwischen vermutlich häufigste Art der Informationsbeschaffung hat die Vorteile, dass sie sehr **einfach** ist und eine **große Trefferquote** bringt. Genau darin liegt aber auch ein Problem: Es können so viele Informationen zusammenkommen, dass man den Überblick verliert.

> TIPP Nicht einfach alles ungeprüft ausdrucken, sondern die Artikel zunächst am Bildschirm **orientierend lesen!**

▶ **Informationen aus der Bibliothek**
Die meisten Bibliotheken verfügen über **Schlagwortkataloge.** Damit kann man auf mögliche Texte zum Thema selbst und auf **Bibliografien,** das sind Zusammenstellungen von Veröffentlichungen zu einem Thema, kommen. Auch die Kataloge vieler Bibliotheken sind *online* einsehbar.
▷ **Informationen von Institutionen, Verbänden, Firmen**
Für die meisten Themen gibt es Stellen, die zuständig sind, z. B.
▷ bei **Berufen:** Verbände, die sich um die Interessen des Berufsstandes kümmern, Gewerkschaften usw.,
▷ bei Themen, die die **Natur oder Tierwelt** betreffen: öffentliche Einrichtungen wie Zoos, Forschungseinrichtungen oder Umweltschutzverbände,
▷ bei **Sportarten:** Vereine und übergeordnete Verbände usw.
Informationen von Institutionen, Verbänden und Firmen können von großem Interesse sein, da man von dort oft auch interessante **Materialien** bekommt, die man bei seinem Vortrag oder in der Ausarbeitung verwenden kann.
Beispiel: Für das Thema *Auto* könnte man sich an den Verband der Kraftfahrzeugindustrie, Verkehrsclubs, Autohersteller, Autohäuser am Ort, Umweltverbände usw. wenden.

3 Fachartikel auswerten
Die Auswertung von Fachbuchartikeln o. Ä. erfolgt nach dem gleichen Prinzip wie die Auswertung der Lexikonartikel. Oft sind die Informationen aus Fachbüchern sehr speziell und für ein Referat zu schwierig. Deshalb muss darauf achten, dass man einen **gut verständlichen Text** aus den Materialien macht, denn die Zuhörer sind schließlich keine Spezialisten.

TIPP Fremdwörter klären und die Bedeutung notieren – den Inhalt komplizierter Zusammenhänge zweifelsfrei klären, damit man diese später auch selbst erklären kann.

4 Gliederung und Stichwortzettel anfertigen

Die Gliederung

- regelt den **Aufbau** des Vortrags und legt fest, wie die Zuhörer durch das Thema geführt werden,
- bildet für die Referenten, die ja nicht ablesen sollen (→ 6. Punkt S. 43), die Grundlage und den **„roten Faden"** des Vortrags.

Die Gliederung besteht, wie beim Aufsatz auch, aus Einleitung, Hauptteil und Schluss.

Einleitung: Einführung ins Thema, evtl. Begründung der Themenwahl, Erklärung, was das Thema interessant macht und worauf der Schwerpunkt des Vortrags liegen soll

Hauptteil: einzelne Schwerpunkte des Themas hintereinander oder nach einem der folgenden Gliederungsprinzipien geordnet:

- vom Allgemeinen zum Besonderen
- vom Bekannten zum Unbekannten
- vom Unwichtigen zum Wichtigen
- chronologisch/nach der zeitlichen Abfolge

Schluss: Fazit, evtl. aktueller oder persönlicher Bezug zum Thema, evtl. Gedanken zur weiteren Beschäftigung mit dem Thema

5 Hilfsmittel einplanen

Mit Hilfsmitteln kann man seinen Vortrag **anschaulich** und interessant gestalten. Zu den Hilfsmitteln gehören **Übersichten** und **Schaubilder, Diagramme** (etwa bei geschichtlichen Themen), **Landkarten, Modelle** und vor allem **Bilder.** Bei **Ausschnitten aus Filmen** muss man darauf achten, dass sie im Verhältnis zum Vortrag **kurz** genug sind und genau **zum Thema passen.**

TIPP Man sollte vor dem Vortrag prüfen, welche **technischen Geräte** für die Hilfsmittel benötigt werden (Tageslicht- bzw. Diaprojektor, Video- bzw. DVD-Recorder), und rechtzeitig dafür sorgen, dass sie am Tag des Vortrags tatsächlich verfügbar sind. Ebenso sollte man sich überlegen, ob sich der technische Aufwand wirklich lohnt.

6 Vortrag halten

1 alle **Materialien** auf dem Tisch **übersichtlich bereitlegen,** den **Stichwortzettel** bereithalten

2 auf **Ruhe in der Klasse** warten

3 den Vortrag möglichst mit einem **persönlichen oder aktuellen Bezugspunkt** beginnen, um Interesse zu wecken

Beispiel: Mein Vater trinkt jeden Morgen drei Tassen Kaffee. Dazu braucht er ca. zehn Minuten. Natürlich macht er sich keine Gedanken darüber, wo der Kaffee herkommt, wie er wächst und verarbeitet wird. Höchstens über den Preis denkt er nach. Über das, was es mit dem Kaffee genau auf sich hat, werde ich euch im folgenden Referat informieren.

4 **Blickkontakt** zur Klasse, auch zu Einzelnen, halten – Kontakt schafft Aufmerksamkeit

5 **deutlich** und **nicht zu schnell** sprechen, im Zweifelsfall **fragen,** ob man zu verstehen ist

6 zwischen einzelnen Abschnitten **kurze Pausen** machen

7 **Überleitungsformeln** verwenden

Beispiele: Nachdem ich über … berichtet habe, komme ich nun zu …
Im Anschluss an … möchte ich nun …

8 gelegentlich die **Zuhörer selbst persönlich anreden**

9 am Ende einen deutlichen **Schlusspunkt** setzen

Beispiel: Ihr seht, Kaffee ist viel mehr als nur ein Getränk. Kaffee ist ein Stück Kultur, Geschichte und Wirtschaft. Wie die einzelnen Bereiche miteinander zusammenhängen, ist hoffentlich deutlich geworden.

11 Texte überarbeiten

■ Wenn man einen Text fertig geschrieben hat, im Falle einer Hausaufgabe ihn möglicherweise am PC ausgedruckt hat, ist man sich seiner Sache oft ganz sicher. Es steht ja da – schwarz auf weiß. Meistens sieht man eigene Fehler, ob nun im Inhalt, im Ausdruck, in der Grammatik oder in der Orthografie, nicht, weil einem die **Distanz zum eigenen Text fehlt.** Dennoch (oder gerade deshalb) ist es nötig, soweit es aus zeitlichen Gründen auch möglich ist (Klassenarbeit!), seinen Text noch einmal kritisch zu überprüfen oder überprüfen zu lassen.

■ Ideal ist dabei dieses Vorgehen:

1 **Abstand zum Text gewinnen** – nicht sofort mit der Überarbeitung beginnen!

2 Wenn möglich, **jemand anderen** (Mitschüler/in, Elternteil) **bitten, den Text kritisch zu lesen** und seine Eindrücke zu nennen.
▶ **BEACHTE** Diese/r andere hat aber nicht die Aufgabe, den Text zu verbessern.

3 In jedem Fall **selbst** den Text noch einmal **gründlich und distanziert** lesen!

■ Inhaltlich lautet einer der häufigsten Einwände: „Thema verfehlt!" Um das zu vermeiden, sollte man sich bei der Überarbeitung fragen,

- ob sich der Text tatsächlich **auf das Thema bezieht,**
- ob es **vereinzelte Abweichungen vom Thema** gibt und wie man diese überarbeiten kann (muss man sie **komplett streichen** oder können sie **direkter aufs Thema bezogen** werden?),
- ob der **Aufbau** stimmt und der Text eine nachvollziehbare Gestalt hat,
- ob die **gedankliche Gliederung** äußerlich erkennbar ist, z. B. an **Absätzen** (immer wieder gern vergessen) oder **Verknüpfungen,** z. B. durch Überleitungen, Konjunktionen usw.
- ob der Text **inhaltlich nachvollziehbar** ist, ob z. B. bei einer Erzählung die Erzählschritte logisch sind oder bei einer begründeten Stellungnahme die Argumente und ihre Anordnung schlüssig sind,
- ob, und das ist inhaltlich die vielleicht wichtigste Frage, der Text **von jemandem verstanden werden kann, der mit dem Thema und/oder der Textsorte nicht vertraut ist.**

■ Neben diesen inhaltlichen Fragen gehören Ausdruck, Orthografie und Grammatik auf den Prüfstand. Folgende **Frageliste** hilft weiter:

▸ Gibt es Probleme mit der **Rechtschreibung und Zeichensetzung?** Wenn man sich nicht sicher ist, das **Wörterbuch** befragen!

▸ Kommt es zu **Wiederholungen beim Satzbau,** z. B. zu einer Häufung von *dass*-Sätzen? **Alternativen suchen!**

▸ Passen die **Satzverknüpfungen?** Sollten Sätze miteinander verbunden werden, um Zusammenhänge deutlich zu machen (**konjunktionale Nebensätze**) oder muss man **schwer überschaubare Schachtelsätze auflösen?** (Immer an die Leser denken!)

▸ Gibt es Sätze mit **unüblicher Wortfolge?** Ist dieser Effekt z. B. aus Gründen des Stils beabsichtigt oder nicht? Wirkt die Stelle im Zusammenhang des Textes wie ein Fehler oder wie eine originelle Konstruktion?

▸ Passt die **Stilebene** zum Thema? Nur wenige Aufsatzformen erlauben die Umgangssprache, aber geschwollen sollte es auch nicht klingen.

▸ Stimmt das **Tempus?** Wird das Tempus innerhalb des Aufsatzes, wie allgemein üblich, beibehalten?

▸ Gibt es **Wortwiederholungen?** Welche **anderen Wörter** kann man verwenden?

▸ Sind die **Bezüge verdeutlicht?** Ist z. B. beim Personalpronomen immer deutlich, auf welches Nomen es sich bezieht?

▸ Kommt es zu **Wiederholungen am Satzanfang,** die schnell zu einem langweiligen Eindruck führen können?

Diese schon recht umfangreiche Liste ließe sich noch erweitern.
Aber bereits sie zeigt: Überarbeiten ist nötig.

■ Ein geeignetes Mittel bei der Textüberarbeitung sind die vier „Proben“:

Umstellprobe: Man kann **Satzglieder umstellen** und damit **wichtige Informationen hervorheben,** indem sie an den Satzanfang oder an das Satzende gelegt werden.

Beispiel: Johannes bekam ein Motorrad zu Weihnachten geschenkt. → **Ein Motorrad** (herausgehoben, weil es sich um ein großes Geschenk handelt) bekam Johannes zu Weihnachten geschenkt.

Erweiterungsprobe: Damit kann man **Sätze um Satzglieder** (Objekte/Adverbialien) und **Satzteile** (Attribute) erweitern, die die **Aussage präzisieren.**

Beispiel: Franziska war stolz auf ihr neues Fahrrad.
→ Franziska war **sehr** stolz auf ihr neues, **schnelles** und **robustes Mountainbike, das sie sich von ihrem selbst verdienten Geld gekauft hatte.**

Weglassprobe: Damit können **Sätze gestrafft** werden, indem man **prüft, welche Satzglieder oder Satzteile** in einem vollständigen Satz unbedingt **notwendig oder** aber **überflüssig** sind.

Beispiel: Franziska wollte ihrer Freundin Linda das Fahrrad vorführen. Deshalb fuhr sie sofort voller Vorfreude und so schnell es ging zu ihr.
→ Deshalb fuhr sie sofort zu ihr.

Ersatzprobe: Man kann **Satzglieder und Satzteile** durch andere Wörter oder Wortgruppen ersetzen, um **Gleichförmigkeit zu vermeiden.**

Beispiel: Franziska wollte ihrer Freundin Linda das Fahrrad vorführen. Deshalb setzte Franziska sich auf ihr Rad und fuhr zu Linda. → Deshalb setzte *sie* sich auf ihr Rad und fuhr zu *ihrer Freundin*.

TIPP In einer Klassenarbeit wird man für eine ausführliche Überarbeitung keine Zeit haben. Dennoch sollte man **vermeiden, bis zur letzten Sekunde zu schreiben.** Zeitplanung lässt sich trainieren, und mit Hilfe eines schlüssigen Konzepts, in dem man sich auch einige Notizen zur Arbeitszeit macht, sollte es möglich sein, am Ende noch etwas Zeit übrig zu haben, um seinen Text noch einmal durchzulesen.

Test

1 Ordne die Formulierungen durch einen Pfeil jeweils den einzelnen Teilen der Argumentation zu.

Thema Kampfhunde

a … denn eine bestimmte Gruppe von Hundehaltern setzt sich über derartige Verbote hinweg und gefährdet damit weiterhin die Allgemeinheit.

b Wie hätte es sonst geschehen können, dass zwei gefährliche Kampfhunde ohne Leine auf einem Schulgelände in Hamburg ein Kind attackierten und lebensgefährlich verletzten.

c Der Leinen- und Maulkorbzwang für gefährliche Hunde bleibt ohnehin wirkungslos.

Behauptung

Begründung

Beispiel / Beleg

2 Lies dir die folgenden Informationen zur Haltung von Hunden in Deutschland genau durch.

Informationen

In Deutschland gibt es nach amtlichen Schätzungen ca. 10 000 – 40 000 so genannte Kampfhunde (z. B. Pitbull, Mastino, Staffordshire-Terrier). Einzelne dieser Tiere haben eine Beißkraft von mehr als einer Tonne.

Wirkungsvolle Maßnahmen zum Schutz der Bevölkerung sind zum Beispiel: Hundeführerschein, Sachkundenachweis für Züchter, Händler, Halter, Hundebesitzer, Maulkorbzwang, Durchsetzung des bereits seit geraumer Zeit bestehenden Leinenzwangs für als gefährlich geltende Hunderassen.

Der Charakter eines Hundes bildet sich aus der Summe seiner Erfahrungen. Die Erfahrungen so genannter Kampfhunde, von denen die

Test

meisten Rassen ursprünglich aus Jagd- und Hütearbeit stammen, bildet sich aus dem Umfeld verhaltensgestörter und verantwortungsloser Hundehalter mit kognitiven Defiziten.

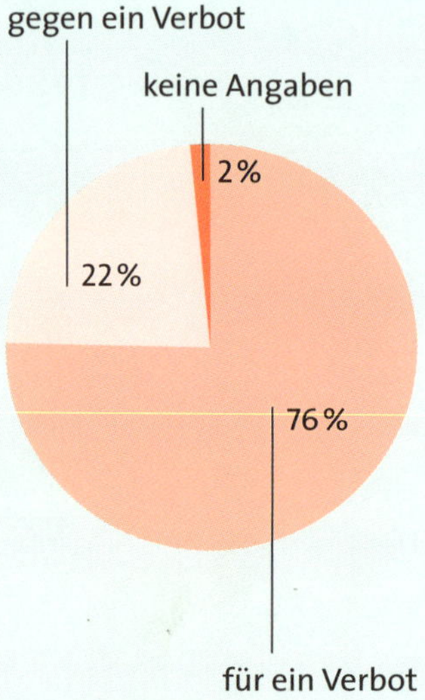

Quelle: Forsa/Deutsche Welle-tv

Dortmund (dpa). Ein wild gewordener Staffordshire-Terrier hat in Dortmund zwei Pferde der Polizeireiterstaffel angegriffen. Der Hund war nach Darstellung der Ordnungshüter laut bellend auf die Wallache „Questor“ und „Quartember“ losgegangen und hatte versucht, sich in die Hinterbeine zu verbeißen sowie die Kehlen zu erreichen. Nur durch schnelles und ständiges Abwenden der Pferde konnten die Polizisten verhindern, dass die Tiere gebissen wurden. Die Beamten nahmen die Personalien der 31-jährigen Hundebesitzerin auf, die schließlich auftauchte und den aggressiven Vierbeiner an die Leine nahm.

Formuliere mit Hilfe der angegebenen Informationen selbst die fehlenden Begründungen zu der jeweiligen Behauptung.

a **Behauptung:** Die Halter von Hunderassen, die als gefährlich gelten, müssten deutlicher kontrolliert werden.

b **Behauptung:** Ein totales Haltungsverbot für Kampfhunde ist nicht sinnvoll.

c **Behauptung:** Gefährlich sind nicht die Tiere, sondern die Halter.

Grammatik

1 Wortarten

■ Es gibt folgende elf Wortarten:

1	das Substantiv/Nomen *(Haus, Häuser)*	flektierbar
2	der Artikel *(der, des, eine, einer)*	
3	das Adjektiv *(groß, größer, am größten)*	
4	das Pronomen *(ich, meiner, dieser, dieses)*	
5	das Numerale *(ein, eine, eins, der erste)*	
6	das Verb *(fallen, fiel, gefallen)*	
7	das Adverb *(hier, dort, gestern)*	nicht flektierbar
8	die Präposition *(in, auf, um, mit)*	
9	die Konjunktion *(und, aber, dass, weil)*	
10	die Interjektion *(oh! ah! pfui)*	
11	die Partikel *(nicht, kaum)*	

■ Die Wörter, die zu den Wortarten 1 bis 6 gehören, sind flektierbar, das heißt, sie können verändert, gebeugt werden. Die Wörter, die zu den Wortarten 7 bis 11 gehören, sind nicht flektierbar, das heißt, sie können nicht verändert, nicht gebeugt werden.

1.1 Das Nomen (Substantiv/Hauptwort)

■ Substantive werden voneinander unterschieden nach ihrem Kasus (**Fall:** Nominativ, Genitiv, Dativ, Akkusativ), nach ihrem Genus (**grammatisches Geschlecht:** Maskulinum, Femininum, Neutrum) sowie nach ihrem Numerus (**Singular** [Einzahl] oder **Plural** [Mehrzahl]).

Konkreta und Abstrakta

■ Substantive, die **konkrete Gegenstände, Personen, Sachen** benennen, sind Konkreta.

Beispiele: Peter, Hund, Fleisch, Zentner, Brief, Schreibmaschine, Kollege

Substantive, die **abstrakte Ideen, Begriffe, Gefühle usw.** benennen, **sind** Abstrakta.

Beispiele: Liebe, Freiheit, Gleichheit, Brüderlichkeit, Güte, Vernunft, Wert

Man kann sich verdeutlichen, was ein Abstraktum ist, wenn man sich fragt: Kann ich es anfassen, kann ich es abmalen? Ein **Haus** kann ich anfassen und ich kann es abmalen, ebenso ein **Glas**, ein **Kind** – aber **Freiheit, Güte, Vernunft?**

1.2 Der Artikel (Begleiter)

■ Der Artikel ist der Begleiter des Substantivs (Nomens) und zeigt dessen grammatisches Geschlecht an. Man unterscheidet nach **bestimmtem Artikel** und **unbestimmtem Artikel.**

	Maskulinum	Femininum	Neutrum	Plural für alle Geschlechter
bestimmter Artikel	der	die	das	die
unbestimmter Artikel	einer	eines	ein	–

1.3 Das Adjektiv (Eigenschaftswort)

■ Das Adjektiv gibt Eigenschaften von Dingen, Lebewesen und Vorgängen an. Es gehört immer zu einem Substantiv (Nomen) und kann auf drei verschiedene Arten verwendet werden, attributiv, prädikativ oder adverbial. Nur attributiv gebrauchte Adjektive werden dekliniert.

▸ **attributiv:** der **alte** Baum, die **alten** Bäume, die **schöne** Frau, die **schönen** Frauen, das **hohe** Haus, die **hohen** Häuser

▸ **prädikativ:** der Baum ist **alt**

▸ **adverbial:** der Baum blüht **prächtig**

■ Darüber hinaus kann das Adjektiv auch den **Grad** einer Eigenschaft oder eines Zustandes angeben, der dem dazugehörigen Substantiv zukommt. Zu diesem Zweck kann es **gesteigert** werden. Diese Steigerungsstufen werden auch als Komparationsstufen bezeichnet.

Steigerungsstufe	Positiv	Komparativ	Superlativ
Regelmäßige Steigerung	schön schnell	schöner schneller	am schönsten am schnellsten
Unregelmäßige Steigerung	gut hoch	besser höher	am besten am höchsten

■ Adjektive, die von sich aus den höchsten Grad bezeichnen, können nicht gesteigert werden.

Beispiele: erster, letzter, **einziger**
auch: tot, total, komplett

1.4 Das Pronomen (Fürwort)

■ Das Pronomen steht, wie sein Name schon sagt, **für** ein Substantiv (Nomen). Man unterscheidet viele Untergruppen.

Personalpronomen (persönliches Fürwort)

■ Personalpronomen stehen für Lebewesen, Dinge, Gedachtes oder Gefühltes.

		Nominativ	Genitiv	Dativ	Akkusativ
Singular	1. Person	ich	meiner	mir	mich
	2. Person	du	deiner	dir	dich
	3. Person	er	seiner	ihm	ihn/sich
		sie	ihrer	ihr	sie/sich
		es	seiner	ihm	es/sich
Plural	1. Person	wir	unser	uns	uns
	2. Person	ihr	euer	euch	euch
	3. Person	sie	ihrer	ihnen	sie

Reflexivpronomen (rückbezügliches Fürwort)

■ Es dient dazu, auf ein Substantiv (Nomen) oder Pronomen zurückzuverweisen.

Beispiel: sich freuen
ich freue **mich**, du freust **dich**, er/sie/es freut **sich**,
wir freuen **uns**, ihr freut **euch**, sie freuen **sich**

Possessivpronomen (besitzanzeigendes Fürwort)

■ Es zeigt Besitz und Zugehörigkeit an.

	1. Fall Nominativ	2. Fall Genitiv	3. Fall Dativ	4. Fall Akkusativ
Singular (Einzahl)				
1. Person	mein	meines	meinem	meinen
2. Pers.	dein	deines	deinem	deinen
3. Pers. Mask. (männlich)	sein	seines	seinem	seinen
3. Pers. Fem. (weiblich)	ihr	ihres	ihrem	ihren
3. Pers. Neutrum (sächlich)	sein	seines	seinem	sein
Plural (Mehrzahl)				
1. Pers.	unser	unseres	unserem	unseren
2. Pers.	euer	eures	eurem	euren
3. Pers.	ihr	ihres	ihrem	ihre
Höflichkeitsformen	Ihr	Ihres	Ihrem	Ihre

Demonstrativpronomen (hinweisendes Fürwort)

■ Das Demonstrativpronomen weist auf einen Gegenstand oder Sachverhalt hin, der aus der Gesprächssituation heraus deutlich wird.

Beispiel: Was ist **das** denn?

Maskulinum	Femininum	Neutrum	Plural für alle Geschlechter
der (betont gesprochen)	die	das	die
dieser	diese	dieses (dies)	diese
solcher	solche	solches	solche
derselbe	dieselbe	dasselbe	dieselben
jener	jene	jenes	jene
derjenige	diejenige	dasjenige	diejenigen

Relativpronomen (Beziehungsfürwort)

- Es dient dazu, Gliedsätze (Nebensätze) an ein Substantiv (Nomen) oder Pronomen anzuschließen. Diese Gliedsätze heißen **Relativsätze.**

Beispiel: Das Auto, **das ich mir gekauft habe,** ist rot.

- Es gibt die Relativpronomen *der, die, das* und *welcher, welche, welches.* Als Relativpronomen können auch *wer* und *was* verwendet werden.

Beispiele: *Was* ich geben kann, spende ich.
Es kann mitkommen, *wer* dazu Lust hat.

- Das Relativpronomen richtet sich in **Numerus** (Zahl) und **Genus** (grammatisches Geschlecht) nach dem Bezugswort.

FEHLERQUELLE
Das Relativpronomen kann mit dem Artikel und dem Demonstrativpronomen sowie mit der Konjunktion „dass" verwechselt werden!

Beispiel: Das Geheimnis, *das* er verraten hatte, lag mir am Herzen. (Relativpronomen) Die Tatsache, *dass* er ein Geheimnis verraten hatte, machte mich traurig. (Konjunktion)

TIPP Wenn man für „das" auch *welches* einsetzen kann, handelt es sich um das Relativpronomen *das* mit einfachem -s.

Interrogativpronomen (Fragewort)

■ Interrogativpronomen leiten meistens, aber nicht immer, **Fragen** ein.
Mit *wer* fragt man nach Personen.
Mit *was* fragt man nach Sachen und Sachverhalten.
Mit *welcher, welche, welches* kann man Einzelnes aus einer Gesamtheit herausfragen.
Die Interrogativpronomina *woran, wozu, womit, wovon* fragen nur nach Sachen und Sachverhalten.

Beispiele: Welche CD gehört dir? Woran denkst du gerade? Wozu müssen wir das alles lernen? Womit kann ich sie am besten überzeugen? Wovon soll ich das bezahlen?

Indefinitpronomen (unbestimmtes Fürwort)

■ Es gibt eine unbestimmte Menge, Anzahl, Größe usw. an oder vertritt eine nicht näher bestimmte Person oder Sache.

■ Häufig verwendete Indefinitpronomen sind:
einige, viele, mancher, alle, keine, jemand, niemand, jeder, keiner, irgendjemand, einer, irgendeiner, etwas, irgendetwas, nichts, man, irgendwelcher, irgendwer, der eine – der andere, einzelne, wenige, jeglicher

1.5 Das Verb (Tätigkeitswort)

■ Mit Verben werden Tätigkeiten bezeichnet, sie drücken Handlungen, Vorgänge und Zustände aus. Man unterscheidet dabei **drei Personen** im **Singular** (Einzahl: ich, du, er/sie/es) oder im **Plural** (Mehrzahl: wir, ihr, sie) und in verschiedenen **Zeitformen** (Tempora). Verben können sich außerdem im **Modus** unterscheiden (➔ S. 56–59).

- **1., 2., 3. Person** → **Wer** tut etwas?
- **Singular** und **Plural** → **Wie viele** tun etwas?
- die **Zeitformen** → **Wann** wird etwas getan?

Die Zeitformen im Überblick

Zeitform	Was wird damit ausgedrückt?	Wie wird das Verb gebildet?
Präsens (Gegenwart)	gibt die Gegenwart an, kann aber auch auf Zukünftiges verweisen	Stamm des Infinitivs + Personalendung *ich kaufe*
Perfekt (vollendete Gegenwart)	verweist auf vergangenes Geschehen, wird häufig beim mündlichen Erzählen gebraucht	Personalform von *haben* oder *sein* + Partizip II des Vollverbs *ich habe eingekauft* *du bist gerannt*
Präteritum/ Imperfekt (Vergangenheit)	verweist auf vergangenes Geschehen, wird häufig in Erzählungen gebraucht	oft Präteritumstamm + Personalendung *sie suchten*
Plusquamperfekt (vollendete Vergangenheit, Vorvergangenheit)	bezeichnet einen Vorgang, der vom Standpunkt der Vergangenheit aus bereits abgeschlossen ist	Personalform von *haben* oder *sein* im Präteritum + Partizip II des Vollverbs *sie hatte gelesen* *wir waren losgefahren*
Futur I (Zukunft)	verweist auf eine in der Zukunft liegende Handlung	*werden* + Infinitiv *ich werde fahren*
Futur II (vollendete Zukunft)	wird nur selten gebraucht, ein zukünftiges Ereignis wird damit so betrachtet, als ob es bereits abgeschlossen sei	Personalform von *werden* + Partizip II + Infinitiv von *haben* oder *sein* *wir werden angekommen sein*

Zum Gebrauch der Tempora (Zeitformen)

■ **Beim Erzählen und Berichten** bezieht man sich oft auf Ereignisse, die zu verschiedenen Zeitpunkten stattgefunden haben. Dabei hat sich die Gewohnheit ausgebildet, dass man beim mündlichen Sprachgebrauch das **Präsens** zur Darstellung gegenwärtiger oder erst kurz vergangener Ereignisse und das **Perfekt** zur Darstellung vergangener Ereignisse bevorzugt.

Beispiel: „Benjamin hat in der Arbeit eine Eins. Na ja, der hat sich auch gut vorbereitet."

■ **Beim schriftlichen Sprachgebrauch** greift man dagegen eher auf das **Präteritum** zur Darstellung gegenwärtiger oder erst kurz vergangener Ereignisse und das **Plusquamperfekt** zur Darstellung vergangener Ereignisse zurück.

Beispiel: Benjamin bekam ein Lob vom Lehrer, weil er den Vortrag gut ausgearbeitet hatte.

Modus (Aussageweise)

■ Der Modus bezeichnet die Einschätzung eines Geschehens als **wirklich, möglich, wünschbar** oder **nicht wirklich.** Dazu dienen die Verbformen **Indikativ, Konjunktiv** und **Imperativ.**

Indikativ

■ Der **Indikativ** ist die **Wirklichkeitsform** des Verbs. Er drückt aus, dass das Gesagte bzw. Geschriebene als **wahrscheinlich, wirklich** oder **tatsächlich** gedacht wird.

Beispiele: Er **freut** sich, weil er ein schönes Geschenk **bekommen hat.**
Wenn du Lust **hast, gehen** wir ins Schwimmbad.
Sie **ärgert** sich, weil sie das Spiel **verloren hat.**

■ Der Indikativ ist der meistgebrauchte Modus. Er kann auch bei nachdrücklichen Aufforderungen und beim Befehl anstelle des Imperativs (→ S. 59) stehen.

Beispiele: Du **kommst** jetzt mit!	statt	**Komm** mit!
Ihr **holt** jetzt eure Hefte raus!	statt	**Holt** eure Hefte raus.

Konjunktiv

■ Der **Konjunktiv** ist die Möglichkeitsform, er drückt Einschätzungen über die Möglichkeit, Wünschbarkeit, Unwirklichkeit eines Geschehens aus.

Beispiele: Ich **käme** gerne mit, wenn ich Zeit **hätte.**
Gegeben **sei** ein gleichseitiges Dreieck.

■ Beim Konjunktiv unterscheidet man den Konjunktiv I (Formen des Präsens) und den Konjunktiv II (Formen des Präteritums und Umschreibungen mit *würde*).

a) Der Konjunktiv I

■ Nur selten wird der Konjunktiv I – wie es sein deutscher Name eigentlich sagt – als Möglichkeitsform und Wunschform gebraucht.

Beispiele: Gegeben **sei** ein Winkel von 45°.
Wir brachten ihr Blumen und Pralinen mit, damit sie uns in guter Erinnerung **behalte.**
Er **lebe** hoch!

■ Häufiger ist der Konjunktiv I eine **Form des Aufforderns** im Sinne eines guten Rates, z. B. in Rezepten.

Beispiel: Man **nehme** fünf Eier, $^1/_2$ Pfund Mehl, $^1/_4$ l Milch … und **verrühre** alles in einer Schüssel.

■ Am häufigsten wird der Konjunktiv I für die **indirekte Rede** (→ S. 25) gebraucht. Er ist die Form, in der berichtet wird, was jemand gesagt, geschrieben, gemeint hat.

Beispiele: Der Bürgermeister sagte, mit dem Baubeginn neuer Radwege **sei** nicht vor Anfang des nächsten Jahres zu rechnen. Die Stadt **verfüge** zum gegenwärtigen Zeitpunkt über keine ausreichenden Mittel. Daher **suche** man auch Sponsoren …

b) Der Konjunktiv II

■ Der Konjunktiv II ist die **Unwirklichkeitsform** des Verbs und wird deshalb auch **Irrealis** genannt. Mit ihm wird ausgedrückt, dass etwas als **unwirklich, nicht wirklich,** als **nicht sicher erfüllbarer Wunsch,** als

Vorgestelltes, Erdachtes, Unmögliches, als **Wunschtraum** angesehen wird.

Beispiele: **Hätten** wir lieber das Geld vergraben!

Wenn das Wörtchen wenn nicht **wär', wär'** mein Vater Millionär.

Könnte ich die Arbeit noch einmal schreiben, dann **würde** ich mich viel besser vorbereiten.

Beinahe **hätte** der Torwart den Elfmeter gehalten.

Man **könnte** meinen, du **hättest** heute noch keinen Bissen gegessen.

c) **Zur Bildung des Konjunktivs**

■ So wird der **Konjunktiv I** gebildet: Präsensstamm + Personalendung -e, -(e)st, -e, -en, (e)t, -en.

■ Der **Konjunktiv II** ist vom Stamm des Präteritums abzuleiten.

Beispiel: kommen → ich kam (Präteritum) → ich käme (Konj. II)

■ **Überblick: Indikativ und Konjunktiv**

	Indikativ	Konjunktiv I	Konjunktiv II
Präsens	ich gebe du gibst sie gibt	ich gebe du gebest sie gebe	ich gäbe (ich würde geben) du gäbest (du würdest geben) sie gäbe (er/sie/es würde geben)
	es ist *er hat*	*es sei* *er habe*	*es wäre (es würde sein)* *er hätte (er würde haben)*
Perfekt	ich habe gegeben du hast gegeben sie hat gegeben *es ist gewesen* *er hat gehabt*	ich habe gegeben du habest gegeben sie habe gegeben *es sei gewesen* *er habe gehabt*	ich hätte gegeben du hättest gegeben sie hätte gegeben *es wäre gewesen* *er hätte gehabt*
Präteritum	ich gab du gabst sie gab	–	–

	Indikativ	Konjunktiv I	Konjunktiv II
	es war *er hatte*		
Plus-quam-perfekt	ich hatte gegeben du hattest gegeben sie hatte gegeben *es war gewesen* *er hatte gehabt*	–	–
Futur I	ich werde geben du wirst geben sie wird geben *es wird sein* *er wird haben*	ich werde geben du werdest geben sie werde geben *es werde sein* *er werde haben*	ich würde geben du würdest geben sie würde geben *es würde sein* *er würde haben*
Futur II	ich werde gegeben haben du wirst gegeben haben sie wird gegeben haben *es wird gewesen sein* *er wird gehabt haben*	ich werde gegeben haben du werdest gegeben haben sie werde gegeben haben *es werde gewesen sein* *er werde gehabt haben*	ich würde gegeben haben du würdest gegeben haben sie würde gegeben haben *es würde gewesen sein* *er würde gehabt haben*

▶ **BEACHTE** Deckt sich die Form des Konjunktiv I mit der Form des Indikativs, wird auf den Konjunktiv II zurückgegriffen (→ die richtige Bildung der indirekten Rede S. 25 f.).

Beispiel: Ich sagte ihm, ich *hätte* (statt *habe*) die Hausaufgaben vergessen.

Imperativ (Befehlsform)

■ Der Imperativ dient zum Auffordern im weitesten Sinne, also zum Befehlen, zum Bitten, Wünschen usw. Diese Form kommt nur in der 2. Person (Singular und Plural) und in der 3. Person Plural (Höflichkeitsform) vor.

Beispiele: Komm her! Lasst das sein! Lassen Sie das!

Übungen

1 Forme den folgenden Text in die indirekte Rede um.

Die Schulleiterin zu den Kollegen: „Ich freue mich auf das Schulfest, das wir in vier Wochen feiern wollen. Die letzte Veranstaltung war ja eine rundum gelungene Sache. Ich bin mir sicher, dass auch diesmal die vielen Stände mit künstlerischen Angeboten eine Attraktion sind. Viele Schülerinnen und Schüler interessieren sich für die Angebote ‚Schminken' und ‚Masken'. Auch das Fotografieren zieht immer viele an. Bestimmt wird es auch wieder besondere Spezialitäten zu essen geben. Es bleibt nur zu hoffen, dass wir gutes Wetter bekommen."

2 Ergänze in der folgenden Zusammenstellung die fehlenden Konjunktivformen. Finde heraus, wo bei der indirekten Rede der Konjunktiv II als Ersatzform gesetzt werden muss.

Indikativ	Konjunktiv I	Konjunktiv II als Ersatzform	Umschreibung mit *würde*
er geht		(nicht nötig)	*er würde gehen*
er läuft		________	
sie laufen	________		
sie kommen	________		
sie essen	________		
er ruft		________	
sie merken	________		
sie haben gegessen	________		________

Aktiv und Passiv

- Die **Handlungsarten Aktiv** und **Passiv** → Wird die Tätigkeit **ausgeübt** (Aktiv) oder **erlitten/hingenommen** (Passiv)? In der deutschen Sprache unterscheidet man zwei Handlungsarten für das Verb: **Aktiv** („Tatform") und **Passiv** („Leideform").
- Das **Aktiv** stellt den **Handelnden,** den Urheber, den, der die Handlung ausführt, in den Vordergrund. Es handelt sich um eine „täter"-bezogene Sicht der Darstellung.

Beispiel: **Jakob fährt** in die Stadt.

■ Im **Passiv** wird aus der **Sicht der „Betroffenen"** formuliert.
Beispiel: **Tina wird** (von Jakob) in die Stadt **gefahren.**

■ Der „Täter" (im Beispielsatz Jakob) kann erwähnt werden, aber auch wegfallen. Man spricht im zweiten Fall von einem **„täterabgewandten Passiv"** bzw. von einem **„täterlosen Passiv"**.

■ Darüber hinaus unterscheidet man beim Passiv **zwei Formen:**

▸ **Vorgangspassiv**

Hierbei wird der Vorgang oder Ablauf hervorgehoben. Das Vorgangspassiv wird mit einer Form von ***werden*** + Partizip gebildet.

Beispiel: Das Auto **wird** repariert.

▸ **Zustandspassiv**

Hierbei wird der Zustand betont. Das Zustandspassiv wird mit einer Form von ***sein*** + Partizip gebildet.

Beispiel: Das Auto **ist** repariert.

Beide Passivarten sind immer zusammengesetzte Verbformen.

■ **Bildung von Aktiv und Passiv**

	Aktiv	Passiv
Präsens	ich rufe du rufst	ich werde gerufen du wirst gerufen
Perfekt	ich habe gerufen du hast gerufen	ich bin gerufen worden du bist gerufen worden
Präteritum	ich rief du riefst	ich wurde gerufen du wurdest gerufen
Plusquamperfekt	ich hatte gerufen du hattest gerufen	ich war gerufen worden du warst gerufen worden
Futur I	ich werde rufen du wirst rufen	ich werde gerufen werden du wirst gerufen werden
Futur II	ich werde gerufen haben du wirst gerufen haben	ich werde gerufen worden sein du wirst gerufen worden sein

■ Verben, die ein Akkusativobjekt bei sich haben, mit dem ein Passiv gebildet werden kann, bezeichnet man als **transitive Verben.**

Beispiele: Ich **miete** das Auto (Akkusativobjekt). Das Auto wird von mir gemietet.
Die Kinder essen die Pfannkuchen. Die Pfannkuchen werden von den Kindern gegessen.

■ Verben, die kein Passiv bilden und die keinen Akkusativ bei sich haben können, bezeichnet man als **intransitive Verben.**

Beispiele: Ich begegne meinem Freund.
Hermann läuft.

Intransitive Verben können nur das **unpersönliche Passiv** bilden (3. Person Singular Neutrum).

Beispiele: Es wird gesagt. Morgen wird gelaufen.

Übungen

1 Bilde die entsprechenden Passivformen.

a er zerbrach das Glas
b ich finde das Buch
c sie hat die Sandburg zerstört
d sie hatte einen Fehler entdeckt
e er hat den Täter gesehen

2 Formuliere die folgenden täterlosen Passivsätze in Aktivsätze um. Erfinde einen Täter oder nenne einen unbekannten Täter, zum Beispiel: jemand, man, niemand, ein Unbekannter, unbekannte Täter, die meisten.

a Eine alte Frau ist auf dem Friedhof bestohlen worden.
b Gestern wurde die Fassade der neu erbauten Brüder-Grimm-Schule mit politischen Parolen beschmiert.
c Das strikte Rauchverbot wird nicht eingehalten.

1.6 Das Partizip (Mittelwort)

■ Das Partizip ist ein Wort, das „zwischen" Verb und Adjektiv steht. Es handelt sich dabei um **zwei Formen des Verbs,** das Partizip Präsens (Partizip I) und das Partizip Perfekt (Partizip II).

■ Das **Partizip Präsens** (Mittelwort der Gegenwart), gebildet mit *-end*

Beispiele: ein wink**endes** Mädchen, ein lauf**ender** Motor (hier Verwendung als Adjektiv), lach**end** gestand er …

■ Vom **Partizip Perfekt** (Mittelwort der vollendeten Gegenwart) gibt es drei Typen:

- **gehört, geschenkt** (bei schwachen Verben)
- **gesungen, geschrieben** (bei starken Verben)
- **ohne ge-** (bei Wörtern, die bereits eine Vorsilbe haben, wie **ver**loren, **be**fragt)

■ Die beiden Partizipien können **als Adjektive gebraucht** werden.

Beispiele: die **brennende** Sonne (Partizip Präsens) – Die Sonne **brennt.**
der **verbrannte** Rasen (Partizip Perfekt) – Der Rasen **ist verbrannt.**

■ Mit Partizipien kann man auch **Teilsätze** bilden, die meistens an der Stelle von Adverbialsätzen (→ S. 71 f.) stehen. Solche erweiterten Partizipien nennt man auch **satzwertige Partizipien** oder **Partizipialsätze.**

Beispiele: **Von der Sonne gebräunt**(,) kamen wir vom Segeln zurück.
Durch langes Üben gut vorbereitet(,) ging er leichten Herzens an die Arbeit.
Die Zeitung auf den Tisch legend(,) wandte er sich mir zu.

1.7 Das Numerale (Zahlwort)

■ Bei den Zahlwörtern unterscheidet man nach drei Arten.

Kardinalzahlen (Grundzahlen), die auf die Frage **„Wie viel?"** antworten.

Beispiele: Er hat **drei** Flaschen Saft gekauft. Hier sind nur **60** km/h erlaubt.

Ordinalzahlen (Ordnungszahlen), die auf die Frage **„Der wievielte?"** antworten.

Beispiele: Er kam als **Zweiter** ins Ziel. Dies ist meine **erste** eigene Wohnung.

Unbestimmte Zahlwörter: *alle, sämtliche, einzige, einige, etliche, manche, mehrere, viele, genug, ein paar, etwas.*

Beispiele: Wir kennen **alle** Geschäfte in der Umgebung. In **manchen** kann man gut einkaufen.

1.8 Das Adverb (Umstandswort)

- Das Adverb bestimmt die Umstände eines Geschehens näher.

- Man unterscheidet vier Gruppen von Adverbien:

Adverbien des Ortes	Adverbien der Zeit	Adverbien der Art und Weise	Adverbien des Grundes
da, draußen, dort, drinnen, daheim, hier, oben, unten, inmitten … hierher, hierhin, daher, dahin, heimwärts, vorwärts, rückwärts …	jetzt, neulich, stets, vorhin, demnächst, bald, damals … lange, zeitlebens, immer	so, anders, gern, sehr, glücklicherweise, möglicherweise, vielleicht …	darum, daher, deshalb, folglich, trotzdem …

- Das Adverb kann sich auf das Prädikat (Satzaussage) oder auf den ganzen Satz beziehen.

Beispiele: Ich gehe **jetzt** los. **Vielleicht** komme ich noch pünktlich an.

- Adverbien können außerdem andere Adverbien oder Adjektive näher bestimmen.

Beispiele: Das **möglicherweise** beste Hotel ist ausgebucht. Es ist **sehr** beliebt.

1.9 Die Präposition (Verhältniswort)

- Präpositionen bringen zum Ausdruck, in welchem Verhältnis Personen, Sachen oder Vorgänge zueinander stehen. Diese Verhältnisse können **räumlicher** und **zeitlicher** Art sein, aber auch **logische Zusammenhänge** herstellen.

■ Viele Präpositionen fordern einen bestimmten Fall (Kasus):

Akkusativ	Dativ	Akkusativ oder Dativ	Genitiv
durch, für, ohne, um, gegen, wider	aus, bei, von, nah, nächst, nebst, außer, zu, seit, mit, entgegen, samt, gegenüber, zuwider	(bei der Frage „Wo?“ Dativ, bei der Frage „Wohin?“ Akkusativ) an, auf, hinter, vor, in, über, unter, neben, zwischen	diesseits, jenseits, infolge, innerhalb, kraft, mittels, während, um … willen, unweit, halber, wegen

1.10 Die Konjunktion (Bindewort)

■ Konjunktionen verbinden Wörter, Wortgruppen und Sätze und geben zugleich an, in welchem logischen Verhältnis sich das so Verbundene befindet. Daher unterscheidet man:

a **koordinierende** (nebenordnende) Konjunktionen wie *und, auch, oder, weder … noch, nicht nur … sondern auch*

b **subordinierende** (unterordnende) Konjunktionen wie *dass, damit, als, nachdem, bevor, bis, ehe, während, sodass, obwohl, trotzdem, anstatt dass, da, weil, zumal*

1.11 Die Interjektion (Ausrufewort)

■ Es gibt eine Anzahl von Wörtern, die besonders beim Sprechen als Ausrufe gebraucht werden. Meist drückt man damit Empfindungen aus.

Beispiele: Au! – Oh! – Oha! – Ha! – Pfui! – Huch!

2 Satz und Satzglieder

2.1 Satzarten

■ Man unterscheidet drei Satzarten:

▶ **Aussagesatz:** Mit dem Aussagesatz wird etwas ausgesagt, festgestellt oder mitgeteilt. Am Ende steht immer ein **Punkt.**

▶ **Aufforderungssatz, Ausrufesatz, Wunschsatz:** Mit den Aufforderungssätzen wird eine Aufforderung, Anweisung, Bitte, ein Befehl oder Wunsch mitgeteilt. Am Ende steht ein **Ausrufezeichen.**

▶ **Fragesatz:** Man unterscheidet die Entscheidungsfrage (das Verb steht am Anfang und die Frage zielt auf die Antwort „Ja“ oder „Nein“) von der Ergänzungsfrage (sie wird durch ein Fragewort eingeleitet und die Antwort bezieht sich genau auf das Satzglied, das durch das Fragewort eingenommen wird). Am Ende steht ein **Fragezeichen.**

Beispiele: Hast du dir das Buch gekauft? (Entscheidungsfrage)
Wie hat dir das Buch gefallen? (Ergänzungsfrage)

2.2 Satzglieder

■ Satzglieder sind die eigentlichen Bausteine der Sätze. **Zusammenhängende Wortgruppen** oder **einzelne Wörter, die man im Satz umstellen kann** (Umstellprobe → S. 45), nennt man Satzglieder.

Beispiel: Petra ist heute sehr müde.
Heute ist Petra sehr müde. Sehr müde ist Petra heute.

Subjekt

■ Das Subjekt ist das Satzglied im 1. Fall (Nominativ). Es antwortet auf die Frage *Wer* oder *Was*?

■ Das Subjekt ist entweder ein Substantiv (Nomen, → S. 49), ein Pronomen (→ S. 51), ein substantiviertes Wort oder ein Subjektsatz.

Beispiele: **Der Tischler** restauriert die Kommode. (Substantiv als Subjekt)
Er arbeitet an seinem dritten Roman. (Pronomen als Subjekt)
Das Arbeiten fällt mir nicht schwer. (Substantiviertes Verb als Subjekt)
Dass ich viel Geld verdiene, ist mir wichtig. (Subjektsatz als Subjekt)

Prädikat

■ Mit dem Prädikat wird eine Aussage über das Subjekt gemacht. Es antwortet auf die Frage *Was tut* bzw. *was* oder *wie ist* (das Subjekt)?

■ Das Prädikat ist immer ein Verb oder eine Wortgruppe mit einem Hilfsverb. Im Aussagesatz steht die finite (gebeugte) Form des Verbs an zweiter Stelle.
Beispiele: Karl **fährt** mit dem Bus. Wir **haben** vier Stunden **gelesen.**

Objekt

■ Das Objekt ist eine Ergänzung des Verbs. Es ist die Person oder Sache, auf welche sich die Tätigkeit bezieht.

■ Man unterscheidet:
- **Genitivobjekt** auf die Frage „wessen?“
- **Dativobjekt** auf die Frage „wem?“
- **Akkusativobjekt** auf die Frage „wen oder was?“
- **präpositionales Objekt,** das aus einer Präposition, einem Artikel oder einem Pronomen und einem Substantiv (Nomen) besteht.

Beispiel: Ich stehe **zu meiner Meinung.**

■ Oft hat ein Verb mehrere Objekte bei sich.
Beispiel: Ich gebe dir (Dativobjekt) das Buch (Akkusativobjekt).

Attribut und Apposition

Attribut

■ Das Attribut (Beifügung) ist eine Erweiterung des Substantivs (Nomens), es bestimmt dieses näher.

■ Man unterscheidet verschiedene Arten:

Adjektivattribut	Adverb als Attribut	Genitivattribut	Apposition
der **schöne** Morgen, das **schnelle** Auto	der Mann **dort,** das Glas **hier**	das Buch **des Freundes**	der Zug**, ein Intercity,** verbindet Schwerin und Hamburg

Apposition

■ Die Apposition ist ein nachgestelltes Satzglied im gleichen Fall (Kasus). Sie enthält stets ein Substantiv (Nomen), folgt dem Bezugswort und steht im gleichen Kasus wie dieses. Sie ist durch ein Komma danach und davor umgrenzt.

Beispiel: Mein Freund Joachim, **ein Arzt,** hat viel zu tun. (Nominativ)
Die Praxis meines Freundes, **eines Arztes,** ist stets überfüllt. (Genitiv)
Das Auto gehört meinem Freund, **einem Arzt.** (Dativ)
Heute besuche ich meinen Freund Joachim, **einen Arzt.** (Akkusativ)

■ Zu den Attributen gehören auch die Attributsätze. Attributsätze sind Gliedsätze (Nebensätze), die ein Nomen (Substantiv) näher bestimmen. Es gibt zwei Formen: Relativsätze und Parenthese.

▸ **Relativsatz:** wird mit *der, die, das* bzw. *welcher, welche, welches* eingeleitet

Beispiel: Das Auto, **das/welches am Berg im Schnee stecken blieb,** brauchte Schneeketten.

Das **Relativpronomen** richtet sich in **Genus** (grammatisches Geschlecht) und **Numerus** (Zahl) nach dem Bezugsnomen im Hauptsatz, im **Kasus** (Fall) dagegen nach seiner Funktion im Gliedsatz.

Beispiel:

Die Musiker, { **die** heute spielen, / **deren** Musik wir gern hören, / **denen** wir gern zuhören, / **die** wir gut kennen, } kommen aus Deutschland.

▶ **BEACHTE** Das Relativpronomen bezieht sich auf das **nächstmögliche vorhergehende Nomen.** Daher muss man beim Gebrauch von Relativsätzen auf Eindeutigkeit achten, damit es nicht zu Missverständnissen kommt.

Beispiel: Sie stellte die frischen Blumen in die Vase, **die** er ihr mitgebracht hatte.

→ Im Satz steht, genau genommen, dass er ihr die Vase mitgebracht hat.

Stattdessen: Sie stellte die frischen Blumen, die er ihr mitgebracht hatte, in die Vase.

Als Relativpronomen kann auch *welcher, welche, welches* gebraucht werden, insbesondere nach den Demonstrativpronomen *derjenige (welcher), diejenige (welche), dasjenige (welches).* Außerdem wird es oft verwendet, wenn ein gleicher Artikel folgt.

Beispiel: Das Kleid, **das** das Mädchen sich aussuchen durfte, war rot.
welches das Mädchen sich aussuchen durfte,

▶ **Eingeschobener Hauptsatz,** der **Parenthese** (Einschub) heißt

Beispiel: Das Auto, **es blieb am Berg im Schnee stecken,** brauchte Schneeketten.

▶ **BEACHTE** Der Einschub wird oft durch Gedankenstriche statt durch Kommas gekennzeichnet.

Beispiel: Das Auto – **es blieb am Berg im Schnee stecken** – brauchte Schneeketten.

Adverbiale (adverbiale Bestimmung)

■ Das Adverbiale ist ein Satzglied, das die **Umstände** eines Geschehens näher bestimmt:

1 **Raum und Ort** → **Wo?** *Ich sitze* ***im Büro.***
2 **Zeit** → **Wann? Wie lange?** *Ich komme* ***um 8.00 Uhr.***
3 **Art und Weise** → **Wie?** *Sie tippt den Brief* ***mit Sorgfalt.***
4 **Ursachen und Folgen** → **Warum?** ***Aus Wut*** *zerriss er den Brief.*

Das kann man mit Adverbialien (adverbialen Bestimmungen) ausdrücken:

1 **Raum-, Orts- und Richtungsangaben (lokale** Bestimmungen)

Beispiele: Beates Brief ist **hier** eingetroffen. *Ortsbestimmung:* **Wo?**
Der Kellner trägt das Tablett **in den Garten.** *Richtungsbestimmung:* **Wohin?**

2 Angaben über **Zeitpunkt** und **Dauer** (**temporale** Bestimmungen)

Beispiele: Jana arbeitete **zwei Stunden lang** an ihren Hausaufgaben. Dauer: **Wie lange?**
Beates Brief ist **heute** eingetroffen. *Zeitpunkt:* **Wann?**

3 Angaben über **Art und Weise** (**modale** Bestimmungen)

Beispiele: Er mäht den Rasen **ungern.**
Wie? Unter welchen Umständen?
Beates Brief ist **per Express** zugestellt worden.
Wie? Auf welche Weise?

4 Angaben über **Ursachen** und **Folgen** (**Kausalbestimmungen**)

Beispiele: Beates Brief ist **wegen der unvollständigen Adresse** zurückgeschickt worden. *Ursache:* **Weshalb? Warum?**
Der Polizist stoppt den Kraftfahrer **zur Feststellung der Personalien.** *Zweck, Folge:* **Wozu?**

■ Adverbialien (adverbiale Bestimmungen) können gebildet sein aus
- einem **Adjektiv:** *Er lief **schnell** weg.*
- einem **Adverb:** *Wir führen **morgens** unseren Hund aus.*
- einer **Nominalgruppe mit Präposition:** *Wir sehen uns **am Abend.***

FEHLERQUELLE

Wenn mit einem Adverbiale Attribute (Beifügungen) näher bestimmt werden, wird dieses Adverbiale häufig übersehen.

Beispiel: Jörn hat **sehr** *großen* Hunger. (Adverbiale *sehr* bei Adjektiv *großen*)
Der Hund hielt ihm sein Maul **weit** *geöffnet* entgegen. (Adverbiale bei Partizip)
Weil die Pfannkuchen noch **sehr** *heiß* waren, hat er sich den Mund verbrannt. (Adverbiale bei Adverb)

Adverbialsätze:

■ An der Stelle eines Adverbiales kann auch ein Gliedsatz stehen, der **Adverbialsatz.**

Beispiel: **Wegen des starken Verkehrs** zu Ferienbeginn kam es zu langen Staus. (Kausalbestimmung)
→ ***Weil zu Ferienbeginn großer Verkehr herrschte,*** kam es zu langen Staus. (Kausalsatz)

■ Adverbialsätze werden durch eine unterordnende **Konjunktion** (Bindewort, → S. 65) eingeleitet, weshalb sie auch **Konjunktionalsätze** genannt werden.

■ Da Adverbialsätze an der Stelle adverbialer Bestimmungen stehen, kann man mit ihnen dieselben **Umstände** ausdrücken.

Satzart	einleitende Konjunktion	Beispiel
Temporalsatz	*Gleichzeitigkeit:* während, indem, als, solange, sowie, sobald, sooft, *manchmal* seit, seitdem *und* wenn *Vorzeitigkeit:* als, wenn, nachdem, sobald, sowie; *Nachzeitigkeit:* bis, bevor, ehe	***Als* die Ferien begannen,** wollten wir in Urlaub fahren.
Kausalsatz	weil, da	Wir konnten aber nicht losfahren, ***weil* das Auto nicht ansprang.**
Konzessivsatz	obwohl, obgleich, trotzdem, *auch* obzwar, obschon, wiewohl, wenngleich	Der Motor war nicht in Ordnung, ***obwohl* der Wagen erst vor kurzem bei der Inspektion war.**

Satzart	einleitende Konjunktion	Beispiel
Konditionalsatz	wenn, falls, sofern	***Wenn*** **wir ihn nicht repariert bekämen,** würde unsere Fahrt wohl ausfallen.
Konsekutivsatz	so dass	Die Werkstatt arbeitete aber zügig, ***so dass*** **wir das Auto noch am Abend abholen konnten.**
Finalsatz	damit, dass	Der Mechaniker gab uns noch einen Satz Zündkerzen, ***damit*** **wir beruhigt losfahren konnten.**
Modalsatz	indem, dass, ohne dass	***Indem*** **er den Wagen startete,** prüfte mein Vater, ob er repariert war.
Adversativsatz	anstatt dass	***Anstatt dass*** **wir sofort losfuhren,** warteten wir noch einen Tag.

■ **Stellung der Adverbialsätze im Satzgefüge**

Konjunktionale Gliedsätze (Nebensätze) werden meistens **vor oder hinter den Hauptsatz** gestellt. Seltener werden sie dazwischengeschoben.

Beispiel: **Weil die Ferien begonnen hatten,** bildeten sich große Staus auf den Autobahnen. (Gliedsatz + Hauptsatz)

Große Staus bildeten sich auf den Autobahnen, **weil die Ferien begonnen hatten.** (Hauptsatz + Gliedsatz)

Der Fahrer verlor, **weil er übermüdet war,** die Kontrolle über sein Fahrzeug. (Hauptsatz, erster Teil + Gliedsatz + Hauptsatz, zweiter Teil)

Test

1 Bestimme: Aktiv oder Passiv? Formuliere jeweils in die andere Form um.

a Dem kleinen Patienten wird bestimmt gleich von dem Arzt geholfen werden.
b Mehmet wurde von einem vorbeifahrenden Fahrradfahrer gestreift und unsanft zur Seite gedrängt.
c Ein freundlicher Polizist zeigt Sara in der fremden Stadt den Weg zur Jugendherberge.
d Du wirst von deinen Eltern zu Hause erwartet.
e Die Mannschaft hat mit ihrer Leistung einen großen Erfolg erzielt.
f Der Lehrer hatte vorgeschlagen, die Straßenbahn zu nehmen.

2 Indirekte Rede. Setze ein: Konjunktiv I, Konjunktiv II oder die Umschreibung mit *würde*.

a (können) Er sagte, er ____ das Buch zur Zeit nicht entbehren.
b (können) Die Schülerinnen behaupten, sie ____ das alles schon.
c (haben) Der Deutschlehrer meinte, bis morgen ____ er die Arbeit schon korrigiert.
d (finden) Ute erzählte in der Klasse, sie ____ ihren neuen Tanzpartner ganz toll.
e (sein) Kirsten und Lara glaubten, sie ____ in Mathe über den Berg.
f (kommen) Sie versprachen, sie ____ morgen pünktlich ____.
g (haben) Die beiden erzählten, sie ____ einen Computer geschenkt bekommen.

3 Setze in die indirekte Rede. Beachte, dass du manche Redeeinleitungen selbst erfinden musst.

„Trinkt euren Tee, Kinder“, sagte die alte Frau Scheffler noch einmal. „Ihr könnt noch mehr Milch und Zucker haben, falls ich nicht genug hineingetan habe.“
„Ich trinke keinen Tee“, sagte Till schüchtern.
Frau Scheffler warf ihm einen Blick zu und fragte ungläubig:
„Was soll das heißen, du trinkst keinen Tee?“
„Ich meine, ich trinke nie welchen.“
„Du willst sagen, du hast noch nie im Leben Tee probiert?“
„Nein“, gestand Till und sah etwas ängstlich aus.
Clara beobachtete Frau Scheffler, denn diese setzte ihr

Test

„Zitaten-Gesicht" auf.
„Es gibt im Leben nur wenige Stunden, die angenehmer sind als die Stunde, die man der Zeremonie widmet, die man Nachmittagstee nennt", sagte Frau Scheffler gelassen und warf Till einen zufriedenen Blick zu. Till schaute völlig verständnislos drein.
„Der Ausspruch ist von Henry James, 1843 bis 1916, aus ‚Porträt einer Dame'", fügte Frau Scheffler hinzu.

4 Bestimme vollständig die Personalformen (finiten Formen) der folgenden Verben:

a sie werden gefangen worden sein
b du hättest gelesen
c er komme
d ihr hättet bekommen
e ich wäre überrascht worden

5 Bestimme die Satzglieder. Mache die Umstellprobe (➔ S. 45), um festzustellen, ob es sich wirklich um ein Satzglied handelt.

a Vanessa besucht ihre beste Freundin.
b Hans gibt seinem Nachbarn die Hausaufgaben.
c Das Fahrrad ihrer Klassenkameradin steht vor Joanas Haus.
d Kai-Philipp streitet sich mit Katharina.
e Claudia sucht in Hannahs Schultasche nach einem Stift.

6 Füge in den Text die folgenden adverbialen Bestimmungen ein, so dass ein sinnvoller Bericht entsteht: *schon Wochen vorher – bei der Kontrolle – in unverantwortlicher Weise – in München – auf der Autobahn – bereitwillig – bald – diesmal.*

Pech gehabt
Ein Drängler ist (wo?) (wo?) an den Falschen geraten. Der Fahrer bedrängte (wie?) ein vorausfahrendes Auto. (wie?) machte der bedrängte Wagen Platz. Die Insassen gaben sich aber (wann?) als Zivilstreife zu erkennen. Es erwies sich (wann?), dass der Drängler betrunken war. Den Führerschein konnten die Beamten (wann?) nicht kassieren. Das hatten ihre Kollegen (wann?) getan.

Test

7 Ersetze in den folgenden Sätzen die unterstrichenen Satzglieder jeweils durch einen Adverbialsatz. Gib an, welche Bedeutung die Satzglieder und Gliedsätze in der Rolle der adverbialen Bestimmung haben.

a Während des Lesens kam ihr plötzlich ein Gedanke.
b Nach dem Ende der Stunde atmeten alle erleichtert auf.
c Wegen einer starken Erkältung konnte Malena nicht am Wandertag teilnehmen.
d Trotz des schlechten Wetters fand das Fußballspiel statt.
e Vor dem Anpfiff wurden die Nationalhymnen gesungen.
f Aufgrund der schlechten Leistung des Sturms nahm der Trainer Auswechslungen vor.

8 Schreibe aus den unterstrichenen Satzgliedern jeweils die Attribute heraus. Bestimme ihre Form: Adjektiv, Genitiv, Apposition, mit Präposition, Relativsatz.

Die Mädchen und Jungen der Klasse 7c verstehen sich ausgezeichnet. Aysche, die zur Klassensprecherin gewählt worden ist, hat in der Klasse gute Freundinnen und Freunde. Frau Andersen, die Klassenlehrerin, unterrichtet gern in dieser freundlichen Klasse. Tim und Sara arbeiten in der neuen Theater-AG mit. Sie proben heute zum ersten Mal auf der Bühne der Aula.

9 Schreibe mit den folgenden Satzgruppen einen zusammenhängenden Text. Dabei kannst du
- **mit Hilfe von Relativsätzen als Attribute Satzgefüge bilden,**
- **mit Hilfe von Adjektiv-Attributen aus zwei Sätzen einen machen.**

Wenn du den neuen Text am PC schreibst, kannst du ihn wiederholt überarbeiten. Beachte die Kommasetzung. Gib deiner Darstellung eine Überschrift.

Beispiel: Magellan war der Sohn eines armen portugiesischen Edelmannes. Magellan umsegelte als Erster die Welt.
→ Magellan, der als Erster die Welt umsegelte, war der Sohn eines armen portugiesischen Edelmannes.

Test

a Am 20. September segelte seine kleine Flotte von Spanien aus los. Seine Flotte bestand aus mehreren Schiffen und über 200 Mann Besatzung.

b Der hereinbrechende Winter zwang die Flotte zu einem Aufenthalt in Südamerika.
Der Aufenthalt löste eine Meuterei aus.
Der Kapitän unterdrückte die Meuterei mit eiserner Strenge.

c Magellan erkundete zunächst die Westküste Südamerikas.
Magellan hatte bereits wertvolle Schiffe verloren.

d Danach segelte die Mannschaft viele Tage über den Stillen Ozean.
Die Mannschaft war sehr ermattet.

e Das Trinkwasser wurde zunehmend ungenießbar.
Das Trinkwasser war schon lange knapp geworden.

f In der Südsee fand der Entdecker schließlich bei einem Kampf mit Eingeborenen den Tod.
Der Entdecker war wagemutig und tapfer.

g Nur das Schiff Victoria erreichte am 6. September 1522 das heimatliche Sevilla. Das Schiff Victoria war leck und von Stürmen angeschlagen.

Rechtschreibung und Zeichensetzung

1 Konsonantenschreibung nach kurzen Vokalen

■ Nach **betonten kurzen Vokalen** wird ein **Konsonant verdoppelt.**

Beispiele: doppelt, nummerieren, bellen

■ Allerdings gibt es **Sonderfälle:**

▸ Statt verdoppeltem **k** schreibt man **ck.**

Beispiele: blicken, Zucker, lecker

▸ Statt verdoppeltem z schreibt man **tz.**

Beispiele: Platz, putzen, flitzen

MERKE Nach **l, m, r** – das merke ja – steht nie **tz** und nie **ck.**

2 Der s-Laut

■ Für die Schreibung des s-Lautes von Bedeutung ist die Unterscheidung zwischen **stimmhaftem** *s* (= gesummtes *s* wie in *Wiese, Hase, Bluse*) und **stimmlosem** *s* (= scharf gesprochenes *s* wie in *Ruß, Bus*).

■ Auf einen betonten **kurzen Vokal** folgt *ss*.

Beispiele: Masse, Risse, Nuss

■ Nach langem Vokal oder Diphthong (Doppellaut) schreibt man *s* oder *ß*. Die **Verlängerungsprobe** zeigt die richtige Schreibung am Wortende.

▸ Wird in der Verlängerung der s-Laut stimmhaft, endet das Wort auf *-s*.

Beispiele: Gras – Gräser, Glas – Gläser

▸ Bleibt der s-Laut **stimmlos,** steht *ß*.

Beispiele: Spaß – Späße, Fuß – Füße

▸ Hört man im Wortinneren am Silbenanfang einen stimmlosen s-Laut, schreibt man *ß*.

Beispiel: Straße

3 Großschreibung

■ **Großgeschrieben** werden:

- **Satzanfänge**
- **Substantive** (Nomen) und **Substantivierungen** (Nominalisierungen, → unten und S. 32)

Beispiele: das **A**uto, das **F**ahren

- **Ableitungen von Eigennamen**

Beispiele: die **B**eethoven'schen Klavierkonzerte, **S**chiller'sche Lyrik

- **Höflichkeitsformen** der Anrede

Beispiel: Ich kann **I**hre Meinung nicht teilen. (Aber: Hast *du* meinen letzten Brief erhalten?)

- **Tageszeiten** und **Wochentage,** wenn sie als **Substantive (Nomen)** gebraucht werden.

Beispiele: Der **F**reitag ist mein Lieblingstag. Am **M**orgen habe ich Schwierigkeiten mit dem Aufstehen.

- Bei kombinierten Tageszeitangaben schreibt man die **Adverbien klein** und die **Substantive (Nomen) groß.**

Beispiele: morgen **N**achmittag, heute **M**orgen

- **Geografische Bezeichnungen,** sofern es sich nicht um Herkunftsbezeichnungen mit Ableitungen auf *-isch* handelt

Beispiele: das **B**erliner Parlament (**aber:** das **h**essische Fulda)

■ Großgeschrieben werden auch **Substantivierungen** bzw. **Nominalisierungen.** Dabei wird aus einer anderen Wortart ein Nomen.

Beispiel: Es macht Spaß zu laufen (Infinitiv des Verbs). → Das Laufen macht Spaß.

Auch hier gilt, wie immer beim Nomen, der Begleiter als Erkennungszeichen für die Großschreibung. So kann man in folgenden Beispielen die Großschreibung bestimmter Wörter an ihrem Begleiter erkennen.

Beispiele: Ich wünsche dir alles Gute.
Es herrschte ein Kommen und Gehen.
Jeder Einzelne ist letztlich für sich selbst verantwortlich.

■ Einen Stil, der reich ist an Nominalisierungen, nennt man **Nominalstil.** Er ist typisch für Verwaltung, Recht und Wissenschaft.

Beispiel: *Unter Berücksichtigung ihrer Einwände …* anstatt Wenn wir ihre Einwände berücksichtigen.

4 Kleinschreibung

■ **Kleingeschrieben** werden

- Alle Wortarten außer dem Substantiv (Nomen) (Wortarten → S. 49 ff.)
- **Denominalisierungen,** d. h. Wörter, die von einem Substantiv (Nomen) abgeleitet werden, nun aber zu einer anderen Wortart gehören, z. B.
  - ▷ Adverbien: *anfangs, rechtens, morgens, mittags, sonntags, montags, kreuz und quer*
  - ▷ Präpositionen und Teile von Präpositionalgruppen: *dank, kraft, laut, seitens, namens, um … willen*
  - ▷ unbestimmte Pronomen und Zahlwörter: *ein paar, ein bisschen*
  - ▷ bestimmte Adjektive, wenn sie mit *sein, bleiben* oder *werden* verbunden sind

Beispiele: Er ist es **l**eid. Sie ist **s**chuld an der Misere. Mir ist **a**ngst und **b**ange. Er ist ihr **g**ram. Das ist **r**echt so. Die Firma ist **p**leite.

- **Tageszeiten und Wochentage,** wenn sie **Adverbien** sind

Beispiele: **m**ontags, **d**ienstags, **m**ittags, **n**achmittags, **w**erktags

- **Bei kombinierten Tageszeitangaben** schreibt man die **Adverbien klein** und die **Nomen groß.**

Beispiele: Ich komme **m**orgen **N**achmittag zu dir. Er hat **v**orgestern **V**ormittag den entscheidenden Anruf bekommen.

- **Herkunftsbezeichnungen** mit **Ableitungen auf** *-(i)sch*

Beispiele: der **d**eutsche Bundeskanzler, die **e**nglische Königin, der **f**ranzösische Urlaubsort

- Die **vertrauliche Anrede** in Briefen kann klein- oder großgeschrieben werden: *du/Du, dir/Dir, dein/Dein, eure/Eure*

Beispiele: Wir danken **euch/Euch** für **eure/Eure** guten Wünsche. Das Buch kannst **du/Du dir/Dir** mitnehmen.

5 Getrenntschreibung

■ Man schreibt getrennt:

▸ Wortgruppen mit dem Wort ***sein***

Beispiele: krank sein, da sein

▸ Wortgruppen aus **mehreren Verben**

Beispiele: laufen lernen, lesen üben

▸ die meisten Wortgruppen aus **Substantiv (Nomen) und Verb**

Beispiele: Klavier spielen, Rad fahren

▸ die meisten Wortgruppen aus **Adjektiv und Verb**

Beispiele: schnell rennen, klein machen, groß tun

6 Zusammenschreibung

■ Man schreibt zusammen:

▸ **untrennbare Verbindungen**

Beispiele: maßregeln, langweilen, widersprechen

▸ **trennbare** Verbindungen von **Adjektiv und Verb** mit übertragener Bedeutung

Beispiele: schwarzfahren (ohne Fahrkarte fahren),
schwerfallen (verursacht Mühe),
kürzertreten (sich einschränken)

▸ **Nominalisierungen** von Wortgruppen (→ S. 78)

Beispiele: das Radfahren, das Durchqueren

7 Eindeutschung von Fremdwörtern

■ Manche Fremdwörter, die allgemein gebräuchlich sind, können der deutschen Schreibweise angepasst werden, dadurch entfallen ungewöhnliche Buchstabenkombinationen.

Beispiele:

Photographie	→ Fotografie	Phantasie	→ Fantasie
Joghurt	→ Jogurt	Spaghetti	→ Spagetti
Mayonnaise	→ Majonäse	Portemonnaie	→ Portmonee
Club	→ Klub	Discothek	→ Diskothek
chic	→ schick	Charme	→ Scharm

Die fremdsprachige Schreibung bleibt bestehen.

TIPP Bei Fremdwörtern sollte man auf jeden Fall im **Rechtschreibwörterbuch** oder im **Fremdwörterbuch** nachschlagen.

8 Worttrennung

■ Getrennt wird nach Sprechsilben. Es darf auch st getrennt werden *(Fens-ter)*. Einzelne Vokale dürfen nicht abgetrennt werden *(Abend, Bio-tonne)*.

9 Zeichensetzung

9.1 Der Punkt

■ Der Punkt steht:
- am Ende eines Aussagesatzes,
- bei Abkürzungen.

▶ **BEACHTE** Währungen, Maße, Gewichte u. Ä. haben in der Abkürzung **keinen** Punkt.

Beispiele: 20 m, 10 kg

9.2 Das Semikolon (Strichpunkt)

■ Das Semikolon erfüllt verschiedene Aufgaben:
- Anstelle eine Punktes zwischen zwei Hauptsätzen, die gedanklich eng zusammengehören. Oft steht es vor *denn, nämlich, doch und deshalb.*

Beispiel: Ich unterstütze dich, so gut ich kann; deshalb bringe ich dir das Buch.

- In Satzgefügen vor dem Gliedsatz, wenn dieser lose eingefügt ist.

Beispiel: Ich bin nachts schon oft durch den Wald gegangen; doch nie ohne Begleitung.

- Als „Komma über dem Komma" in Aufzählungen mit Untergruppen.

Beispiel: *ich gehe, du gehst, er/sie/es geht; wir gehen, ihr geht, sie gehen* lauten die Präsens-Formen. (Semikolon, um Singular- von Pluralformen zu trennen)

9.3 Das Komma (Beistrich)

Das Komma bei Hauptsatz und Gliedsatz (Nebensatz)

■ Das Komma steht zwischen angereihten, vollständigen Hauptsätzen. Wenn diese durch die Konjunktion (Bindewort) *und* bzw. oder verbunden sind, kann ein Komma stehen, muss aber nicht.

Beispiele: Das Spiel war aus, die Zuschauer gingen nach Hause.
Das Spiel war aus(,) und die Zuschauer gingen nach Hause.

■ Das Komma umschließt den **eingeschobenen Hauptsatz** (Parenthese); hier können auch Gedankenstriche stehen.

Beispiele: Er machte mit Mirjam, sie waren eng befreundet, eine Radtour.
Er machte mit Mirjam – sie waren eng befreundet – eine Radtour.

■ Das Komma trennt Haupt- und Gliedsatz (Nebensatz) voneinander.

Beispiel: Als er mit der Arbeit fertig war, verließ er das Haus.
Er verließ das Haus, als er mit der Arbeit fertig war.

■ Das Komma trennt Gliedsätze (Nebensätze) von übergeordneten Gliedsätzen.

Beispiel: Er fand, dass sie nicht losfahren sollten, weil es noch zu früh war.

■ Das Komma trennt aneinandergereihte Gliedsätze gleicher Ordnung, wenn sie **nicht** durch *und* bzw. *oder* verbunden sind.

Beispiel: Wir freuen uns, dass ihr kommt, dass es euch gut geht und dass wir uns bald wiedersehen.

Das Komma zwischen Satzgliedern

■ Das Komma trennt **aufgezählte, gleichartige Satzglieder,** sofern sie nicht durch *und* bzw. *oder* verbunden sind.

Beispiele: Hans, Peter und Meike hatten eine Eins in der Arbeit.
Da sitzen sie wieder beisammen: der olle Heinz, die dolle Helga und der fesche Martens.

Zweifelsfälle und Sonderregelungen

■ Wenn Adjektive (Eigenschaftswörter) vor einem Nomen (Substantiv) angereiht werden, wird kein Komma gesetzt, wenn das letzte Adjektiv mit dem Nomen eine begriffliche Einheit bildet.

Vergleiche: *ein Haken schlagender, schlauer alter Hase*
ohne Komma zwischen *schlauer* und *alter,* hier ist der Begriff „alter Hase“ gemeint;
aber: *ein Haken schlagender, schlauer, alter Hase*
mit Komma zwischen *schlauer* und *alter,* weil es sich um einen Hasen handelt, der alt ist

■ Bei **mit Konjunktion verbundenen Aufzählungen** bestimmt die Konjunktion, ob ein Komma gesetzt wird oder nicht.

▸ Wenn ein Gegensatz ausgedrückt wird oder die Anbindung nur locker ist, steht ein Komma: *ein sonniger, aber kalter Tag.*

▸ Ein Komma steht bei *aber, allein, denn* (hier z. T. Semikolon), *sondern, vielmehr, bald, einerseits … andererseits, ob … ob, teils … teils.*

▸ Wenn die Konjunktion die Teile enger zusammenbindet, steht kein Komma: *ein sonniger und warmer Tag.*

▸ Kein Komma steht bei Anschlüssen mit *als, sowie, sowohl … als auch, weder … noch, entweder … oder.*

■ **Infinitivgruppen** grenzt man in den folgenden Fällen mit Komma ab:

▸ wenn der Infinitivsatz mit *um, ohne, statt, anstatt, außer* und *als* beginnt.

Beispiele: Sie öffnete das Fenster, um frische Luft hereinzulassen. Statt seine Aufgaben zu erledigen, spielte er mit dem Computer.

▸ wenn der Infinitivsatz von einem Nomen abhängt.

Beispiel: Sie hat die Aufgabe, einen genauen Plan zu zeichnen. Er fasste den Entschluss, einen Segelschein zu machen.

▸ wenn der Infinitivsatz von einem Verweiswort abhängt.

Beispiel: Marie liebte es, lange auszuschlafen. Doch noch das Spiel zu gewinnen, damit hatte sie nicht gerechnet.

■ **Anreden, Ausrufe, Herausstellungen, Einschübe, Zusätze und Nachträge** werden durch Komma abgetrennt.

Beispiele: Liebe Petra, füttere bitte den Hasen! Bello, lass das! Denkst du, liebe Petra, bitte an das Hasenfutter.

■ **Ausrufe, die betont sind,** trennt man durch Komma.

Beispiele: Pfui, das darfst du nicht. Das tut, aua, ganz schön weh.

Wenn Ausrufe **nicht** hervorgehoben werden, kann man ohne Komma schreiben.

Beispiel: Ach lass mich doch in Ruhe!

■ **Betonte Bejahungen, Verneinungen, Bitten** trennt man mit Komma ab.

Beispiele: Ja, das hast du gut gemacht. Bring doch, bitte, Papageienfutter mit!

■ **Ohne Hervorhebung** setzt man **kein Komma.**

Beispiele: Ach komm doch einfach vorbei. Aber komm bitte einmal pünktlich!

■ **Einschübe schließt man gewöhnlich durch Komma ein.**

Beispiele: Petras Papagei, ein schöner Ara, schwätzt oft laut drauflos. (grammatisch: Apposition)
Jetzt endlich, nach einem halben Jahr, haben sich die Tiere aneinander gewöhnt.
Peter hatte, trotz aller guten Vorsätze, mal wieder das Papageienfutter vergessen.

■ **Kein Komma steht, wenn der Einschub dicht angeschlossen ist.**
Das gilt zum Beispiel bei Beinamen: Karl der Kahle, Elisabeth die Zweite
Weitere Beispiele: Die ganze Familie einschließlich Rosa und ihrer Freundin machte einen Sonntagsausflug.

■ **Nachträge** werden durch Komma abgetrennt.

Beispiele: Es gab für alle einen Preis, sogar für die Letzten. Alle freuten sich, vor allem David.

▶ **BEACHTE** Man sollte sich wichtige **Einleitewörter** für solche Nachträge merken: *also, besonders, das heißt (d. h.), genauer, insbesondere, nämlich, sogar, und zwar, vor allem, zum Beispiel (z. B.).*

9.4 Der Doppelpunkt

■ Der Doppelpunkt ist ein Zeichen der Redeankündigung und der Schlussfolgerung.

■ Er kündigt die **direkte Rede** an.

Beispiel: Er sagte: „Wir treffen uns um fünf.“

■ Er kündigt eine **Aufzählung** an.

Beispiel: Es gibt im Deutschen vier Kasus: Nominativ, Genitiv, Dativ und Akkusativ.

- Er kündigt eine **Schlussfolgerung** an, wenn mehrere Äußerungen zusammengefasst werden.
  Beispiel: Es war kalt, es regnete, es war windig: Das Wetter war schlecht.

- Folgt kein vollständiger Satz, wird nach dem Doppelpunkt gewöhnlich **klein** geschrieben.
  Beispiel: Ergebnis: keine Einigung. (Aber wenn ein vollständiger Satz folgt: Ergebnis: Es konnte keine Einigung erzielt werden.)

9.5 Der Gedankenstrich

- Der Gedankenstrich steht an der Stelle des Kommas und zeigt eine Sprechpause an:
  - bei Einschüben
    Beispiel: Wir – und wir sind ja alle gut trainiert – werden das Spiel gewinnen.
  - bei Aufstellungen und Gegenüberstellungen
    Beispiel: Hier wird gearbeitet – dort legt man die Hände in den Schoß.
  - bei einem unterbrochenen oder in unerwarteter Weise fortgeführten Satz
    Beispiel: Doch nun – aber was war das: Es wurde dunkel.
  - an der Stelle des schlussfolgernden Doppelpunktes (→ S. 85)

9.6 Der Bindestrich

- Der Bindestrich zeigt **Zusammengehörigkeit** an. Er wird ohne Lücke an die Wörter angeschlossen, die er miteinander verbindet.
  Beispiel: Frage-und-Antwort-Spiel

- Er kann als **Ergänzungsbindestrich** auch anzeigen, dass ein Teilwort weggelassen wurde.
  Beispiel: der Fußball- und Golfspezialist

9.7 Der Apostroph (Auslassungszeichen)

■ Wenn ein Laut fortgelassen wird, setzt man beim Schreiben das Auslassungszeichen.

Beispiele: Das war's. (anstatt: *Das war es.*)
Hans' Motorrad (anstatt *Hans's Motorrad* bzw. *Hansens Motorrad*)

■ Wird in einer Verbindung mit abgeleiteten Eigennamen der Apostroph gesetzt, wird dieser großgeschrieben.

Beispiel: Goethe'sche Werke (aber homerische Epen)

▶ **BEACHTE** Das **Genitiv-*s*** wird **nicht** durch Apostroph abgetrennt: Picassos Meisterwerke, Mannis Kneipe

9.8 Das Ausrufezeichen

■ Das Ausrufezeichen steht:

- nach Ausrufen
- nach dringenden Aufforderungen und Befehlssätzen
- nach nachdrücklichen Feststellungen
- nach der Anrede anstelle eines Kommas

9.9 Das Fragezeichen

■ Das Fragezeichen kennzeichnet einen Fragesatz oder eine sonstige Frageäußerung.

Beispiele: Wo wohnst du? Weshalb? Wohin? Ach ja?

Test

1 **Zur Großschreibung von Nomen (Substantiven): Korrigiere den Text, indem du bei allen Nomen den Anfangsbuchstaben großschreibst.**

Die falsche Schätzung (nach Johann Peter Hebel)
Reiche und vornehme leute haben manchmal das glück, wenigstens von ihren bedienten die wahrheit zu hören, die ihnen nicht leicht ein anderer sagt. Einer, der sich viel auf seine person und auf seinen wert und nicht wenig auf seine kleidung einbildete, fragte, als er sich eben zu einer hochzeit angezogen hatte und sich mit seinen fetten roten backen im spiegel beschaute, seinen kammerdiener, der ihn von der seite wohlgefällig beschaute: „Nun, thadde, wie viel mag ich wohl wert sein, wie ich da stehe?" Der thadde machte ein gesicht, als wenn er ein halbes königreich zu schätzen hätte, und drehte lang die rechte hand mit ausgestreckten fingern so hin und her. „Bestimmt fünfhundertfünfzig gulden", sagte er endlich, „weil doch heutzutag alles teurer ist als sonst." Da sagte der herr: „Du dummer kerl, glaubst du nicht, dass mein gewand allein seine fünfhundert gulden wert ist?" Da trat der kammerdiener ein paar schritte gegen die stubentüre zurück und sagte: „Verzeiht meinen irrtum, ich hab's etwas höher angeschlagen, sonst hätt' ich nicht so viel herausgebracht."

2 **Ergänze die jeweils fehlende Formulierung.**

Großgeschrieben: Nomen/Substantiv	**Kleingeschrieben: Adverb**
einige Monate	____________
____________	jahrelang
einige Wochen	____________
____________	teils
jeden Morgen	____________
____________	montags
am Abend des ____________	____________
____________	mittags
über Nacht	____________

Test

3 Suche den richtigen Anfangsbuchstaben. Groß oder klein?

a Das M/mitführen von Hunden ist untersagt. – Die Besucher werden gebeten, keine Hunde mitzuführen.

b Während der Fahrt ist das ö/Öffnen der Fenster nicht erlaubt. – Bitte nicht das Fenster ö/Öffnen.

c Die Kunden werden gebeten, das b/Berühren der Lebensmittel zu unterlassen. – Bitte die Lebensmittel nicht b/Berühren.

d Privatbesitz! Rudern, s/Schwimmen und a/Angeln verboten! – Privatbesitz! Es ist hier nicht erlaubt zu r/Rudern, zu s/Schwimmen oder zu a/Angeln.

e Konferenzraum. Bitte das r/Rauchen unterlassen! – Konferenzraum. Die Kollegen werden gebeten, hier nicht zu r/Rauchen.

f Hier darf man r/Rauchen. – Zum r/Rauchen bitte das Raucherzimmer im ersten Stock aufsuchen.

4 Substantivierungen gesucht! Forme um und bilde dabei Nomen (Substantive).

Beispiel: Was **schön** ist, schätzen wir. → **Das Schöne** schätzen wir.

a Wer beständig ist, hat oft Erfolg.

b Wir bevorzugen, was wertvoll ist.

c Dem, der müde ist, sollte man eine Liegekur empfehlen.

d Wer fröhlich ist, singt oft.

e Wer klug ist, bereitet sich auf eine Prüfung frühzeitig vor.

f Dem, der fleißig ist, gehört die Welt.

5 Einmal Zusammensetzung (zusammengeschrieben), einmal Wortgruppe (getrennt geschrieben). Betone richtig, mache dir die Bedeutung klar und entscheide, ob zusammen- oder getrennt geschrieben wird. Schreibe die Sätze ab.

(zu/machen) – Hier ist heute nichts (____).
– Könntest du wohl das Fenster (____).

(zu/stimmen) – Würden Sie dieser Meinung (____)?
– Das braucht doch nicht unbedingt (____).

(zu/hören) – Von dem Krach war im Nebenzimmer nichts (____).
– Er könnte ruhig mal ein wenig genauer (____).

(zu/lassen) – Werdet ihr das wirklich (____)?
– Es ist gemein, ihn nicht mitspielen (____).

Test

6 Bilde sechs Sätze mit erweitertem Infinitiv. Nutze dazu die Formulierungen im rechten Kasten und wähle dazu einen passenden Satzanfang aus dem linken Kasten.

Beispiel: Es ist sinnvoll, einen Besuch **anzukündigen.** Oder: **Einen Besuch anzukündigen,** ist sinnvoll.

Ich habe Lust …	… eine Verabredung **einhalten**
Es ist schwierig …	… vor einer Schwierigkeit **weglaufen**
Es fällt mir schwer …	… den Gesprächspartner beim Sprechen **ansehen**
	… manchmal den Fernseher **ausschalten**
	… sich nach anstrengender Arbeit **ausruhen**
	… einen Irrtum **zulassen**
	… dem anderen **zuhören**

7 Bei den folgenden Ausdrücken kommt es darauf an, ob du sie als Zusammensetzung formulierst oder als Wortgruppe. Bei Zusammensetzungen werden die Bestandteile zusammengeschrieben, bei Wortgruppen schreibst du die einzelnen Bestandteile getrennt. Bilde mit jeder Zusammensetzung und mit jeder Wortgruppe einen Satz.

Zusammensetzung	Wortgruppe
diesmal	dieses eine Mal
furchterregend	große Furcht
f__________	vor Freude strahlend
angsterfüllt	mit __________
stundenlang	mehrere __________
__________	mehrere Meter hoch
hitzebeständig	gegen __________
__________	irgend so einer
keinesfalls	__________

Test

8 Folgende Verbindungen mit Verben schreibt man getrennt:

Adjektiv + Verb	Infinitiv + Verb	Nomen + Verb
Abjektive	**Infinitive**	**Nomen**
schnell langsam warm satt	laufen arbeiten baden lesen	Rad Ski Maschine Modell

Verben

essen gehen rennen	lernen fahren sitzen	denken laufen schreiben

Bilde mit jedem der Adjektive, Infinitive und Nomen neue Wortgruppen, indem du jeweils ein passendes Verb dazu suchst.

Beispiele: *schnell gehen, Ski laufen, lesen lernen*

Bilde danach **Sätze** mit deinen Wortgruppen. Überprüfe im Zweifelsfall die Schreibweise an einem Rechtschreib-Wörterbuch.

9 Bilde mindestens sechs Sätze, in denen eine Verbindung des Verbs sein mit den folgenden Wörtern vorkommt: *da, freundlich, pleite, zusammen, bekannt, reich.*

10 *Dass* oder *das*? Übertrage die folgenden Sätze und entscheide, ob *das* oder *dass* eingesetzt wird. Notiere am Ende jedes Satzes auch, zu welcher Wortart es gehört: Artikel, Relativpronomen, Demonstrativpronomen oder Konjunktion.

a Er fiel hin, so ____ er sich ____ Knie verletzte.

b Er kauft sich ____ interessante Buch.

c Sie hat ____ überhaupt nicht bemerkt.

d ____ Marlene nicht gekommen war, enttäuschte Felix sehr.

e ____ so etwas möglich ist, hätte ich nicht gedacht.

f ____ Jeanskleid, ____ sie im Schaufenster sah, war ihr einfach zu teuer.

Test

11 Verknüpfe jeweils die zwei gegenüberstehenden Sätze durch die Konjunktion *dass*. Der dass-Satz soll mal vorn und mal hinten stehen. Schreibe die Sätze auf.

Janis kritisierte bei der Diskussion in der Klasse	Alle wollten sich vor einer Aufgabe beim Schulfest drücken.
Der kleine Junge hofft	Sein Vater geht mit ihm zur Kirmes.
Jens warf seinem Freund Ole vor	Er ist manchmal ungerecht und unfair.
Der Torwart erwartet	Er spielt auch weiterhin in der Mannschaft mit.
Katrin findet es nicht gut	Ihr Freund Dirk ist absichtlich nicht zu dem Treffen gekommen.
Anne glaubt	Man muss die weitere Entwicklung abwarten.

12 Appositionen und Parenthesen (→ S. 67 ff.) werden durch ein Komma vom übrigen Satz abgetrennt.

Beispiel: Mein Vater, **ein Buchhalter,** nimmt immer alles ganz genau.

Setze im folgenden Text die fehlenden Kommas ein.

Der Schüler Max T. er hatte im letzten Jahr einen Vierjährigen vor dem Ertrinken gerettet wurde mit einer Rettungsmedaille ausgezeichnet.
Die Rolle von Martina unserer besten Mitspielerin musste kurzfristig neu besetzt werden.
Alexander er ist erst dreizehn Jahre alt hat einen Computer zusammengebastelt.
Herr Lödige der Leiter der Theatergruppe hat mit uns einen Sketch eingeübt.
Mit Frau Funke unserer Schwimmlehrerin fahren wir morgen zu den Schwimmwettkämpfen ins Sennebad.

Test

13 Bilde sinnvolle Sätze mit Appositionen und setze dabei die Kommas wie im Beispiel. Schreibe die Sätze auf. Achte beim Einbau auf die richtige Fallsetzung.

Beispiel: Das Publikum hörte dem Pianisten, *einem noch sehr jungen Virtuosen,* begeistert zu. (Apposition im Dativ)

der große Physiker	Der Tennisstar konnte das Match nicht für sich entscheiden.
er war eine geniale Persönlichkeit	Die Zuschauer sahen der Kunstturnerin gebannt zu.
eine Spezialistin in Kurzstrecken	Die Läuferin rannte ihrer Konkurrenz davon.
ein noch sehr junges Mädchen	Dem Fußballspieler gelang fast jede Aktion.
ein „Import" aus Italien	Otto Hahn entdeckte die Kernspaltung.
ein ausgesprochener Rasenspieler	Kolumbus entdeckte einen neuen Kontinent.

14 Verbinde die Sätze mit Hilfe der angegebenen Konjunktionen. Schreibe sie auf. Setze jeweils das Komma. Achte darauf, dass sich im Satzgefüge die Stellung des Verbs ändern kann. Variiere auch in der Stellung von Hauptsatz und Nebensatz.

(weil) Johanna lädt alle ihre Freunde zu einer Fete ein. Sie will ihren 14. Geburtstag ganz groß feiern.
(während) Theresa rührt einige Saucen für die Chips an. Carina stellt die Gläser auf den Tisch.
(bevor) Die Fete geht los. Johanna muss noch schnell einen Kasten mit Getränken aus der Garage holen.
(damit) Die Jugendlichen sind unter sich. Die Eltern verlassen den Partykeller.
(obwohl) Sarah, Tim und Boris sind nicht gekommen. Die Stimmung ist super.

Literatur, Sachtexte, Medien

In diesem Kapitel findest du wichtige Informationen zu Textsorten und Medien, die in der 7. und 8. Klasse behandelt werden. Ausführlichere Hinweise zum Umgang mit diesen Texten und Medien findest du in Sprachbüchern und Literaturlexika.

1 Formen erzählenden Schreibens

1.1 Kurzgeschichte

Der Name Kurzgeschichte ist eine Übersetzung des amerikanischen Begriffs „Short Story". Die meisten deutschen Kurzgeschichten entstanden nach dem Zweiten Weltkrieg und behandeln Themen der Kriegs- und Nachkriegszeit. Obwohl die Kurzgeschichten in Form und Darstellungsweise beträchtlich variieren, kann man gemeinsame Merkmale feststellen.

Merkmale:
offener Anfang, offenes Ende, Kürze, Konzentration auf einen Geschehensausschnitt, Wechsel zwischen Erzählerbericht und Figurenrede, Nähe zur Alltagssprache, Mehrdeutigkeit, Helden meist Außenseiter der Gesellschaft.

1.2 Novelle

Auch hier handelt es sich um eine meist kurze Erzählform, die sich allerdings auf bis zu 200 Seiten erstrecken kann. Es geht vor allem um psychologische und gesellschaftliche Probleme. Die Hauptfigur wird Teil einer „unerhörten Begebenheit", die in ihr eine innere Handlung auslöst. Dieser Vorgang soll auch den Leser zu einer „sittlichen Entscheidung" bringen (Th. Storm).

Merkmale:

- krisenhafter Vorfall („unerhörte Begebenheit“)
- schicksalhafte Verflechtung von Vorfall und Charakteren
- Dingsymbol (symbolischer Gegenstand, der für die Handlung eine entscheidende Rolle spielt)
- Wendepunkt
- ausschnitthafter Charakter

1.3 Roman

Die heute am weitesten verbreitete Form erzählenden Schreibens ist der Roman. Erstes Kriterium ist sein Umfang: Zwar gibt es auch kurze Romane, aber normalerweise umfasst ein Roman mindestens 150 Seiten. Dieser Umfang ermöglicht ihm eine **große inhaltliche und formale Vielfalt.** Inhaltlich entfalten Romane zumeist ein **komplexes Geschehen** aus **mehreren Handlungssträngen.** Üblicherweise kommen in Romanen **viele Figuren** vor. Er kann die übrigen Gattungen (→ Lyrik S. 96–98, Dramatik S. 98 f.) einbauen und benutzen. Somit steht ihm eine Fülle verschiedener **Erzähltechniken** zur Verfügung.

1.4 Sage

Bei der Sage handelt es sich um eine oder mehrere **zunächst mündlich überlieferte** Geschichten, die für eine im Kern wahre Erzählung gehalten wurden. Im Verlaufe der schriftlichen Weitergabe wurden die Sagen immer weiter ausgeschmückt und ausgebaut. Es gibt **Natur-, Geschlechter- und Heldensagen.** Letztere schmücken die **Abenteuer eines großen Helden** aus und erzählen von seinem Kampf für Gerechtigkeit und gegen scheinbar übermächtige Widerstände.

Beispiele: Nibelungenlied, Odyssee

1.5 Satire

Die Satire ist eine Literaturform, die gesellschaftliche Missstände angreifen will. Es handelt sich also um **literarische Zeitkritik.** Satiren sind nicht immer, aber meistens erzählende Texte. **Stilmittel** sind die Übertreibung, die Verzerrung ins Lächerliche, die Überbetonung negativer Aspekte und auch die Nachahmung von Personen mit der Absicht der Bloßstellung eines Sachverhalts.

2 Merkmale der Lyrik

- Alle Formen von **Gedichten** werden als Lyrik bezeichnet.

- Verschiedene **Formen des Gedichts** sind z. B.

▸ **Ballade:** Die Ballade ist ein langes Gedicht, das meistens gereimt ist und einem festen Metrum folgt. Sie gibt eine ereignisreiche Handlung wieder und kann auch wörtliche Rede enthalten. So kommen in ihr Elemente aus der Erzählung (Handlung), dem Drama (wörtliche Rede) und dem Gedicht (Strophen, Metrum, Reim) vor.

▸ **Volkslied:** Das Volkslied hat eine einfache, aber nicht kunstlose Form. Die Strophen haben meist vier Verse und sind gereimt und haben vier oder drei Hebungen, die auch abwechselnd auftreten können.

> **MERKE** Zur Beschreibung und Untersuchung von Lyrik benötigt man einige **Fachbegriffe**.

- **Vers: Gedichtzeile.** In traditionell gebauten Gedichten ist der Vers eine rhythmische Einheit, dem ein Takt (→ Metrum S. 97) zu Grunde liegt.

- **Strophe: Gedichtabschnitt,** der sich aus mehreren Versen zusammensetzt und durch einen Absatz (Leerzeile) von der nächsten bzw. der vorhergehenden Strophe getrennt ist. Eine Strophe kann mehrere Verszeilen von gleichem Bau oder von metrisch verschiedenem Bau zusammenfassen.

- **Reim:** Zwei Wörter reimen sich, wenn sie vom letzten betonten Vokal an gleich klingen, z. B. erhellend – schwellend.
In manchen Gedichten werden die einzelnen Verse durch einen **Endreim** miteinander verbunden.
Die regelmäßige Abfolge von Endreimen ergibt verschiedene Reimschemata:

- Paarreim (aabb)
- Kreuzreim (abab)
- umarmender oder umschließender Reim (abba)
- Schweifreim (aabccb)

Vom Endreim zu unterscheiden ist der Binnenreim, bei dem sich zwei Wörter innerhalb ein und desselben Verses reimen.

Beispiel: „Wenn die **Meise leise** weint“ (James Krüss)

Als unreinen Reim bezeichnet man den annähernden Gleichklang von Lauten, besonders von Vokalen.

Beispiel: gerissen – küssen

Zur Intensivierung des sprachlichen Klangs wird der Stabreim (**Alliteration**) vielfach verwendet, der gleiche Anlaut der Wörter.

Beispiele: Mann und Maus, Haus und Hof, Benjamin Blümchen

■ **Metrum:** Vom Sprechrhythmus her sind die Verse eines Gedichts häufig nach einem Metrum, auch **Versmaß** genannt, gegliedert. Es geht dabei darum, dass die Abfolge der betonten und unbetonten Silben einem bestimmten Schema folgt. Ein regelmäßiges Metrum erzeugt den Eindruck von Gleichmäßigkeit und Ordnung.
In Anlehnung an die antike Metrik lassen sich verschiedene Versmaße erkennen:

´xx ´xx (betonte Silbe, unbetonte Silbe) → **Trochäus** (z. B. Bítte)
x´x x´x (unbetonte Silbe, betonte Silbe) → **Jambus** (z. B. Gebét)
´xxx ´xxx (eine betonte Silbe, zwei unbetonte Silben) → **Daktylus** (z. B. ´Schülerin, ´Daktylus)
xx´x xx´x (zwei unbetonte Silben, eine betonte Silbe) → **Anapäst** (z. B. Medizín, Ana´päst)

■ **Lyrisches Ich: Sprecher** des Gedichts, nicht zu verwechseln mit dem Autor oder der Autorin

■ **Sprachliches Bild:** Formen des bildlichen Sprechens werden verwendet, um Gedanken, Empfindungen, Stimmungen zu veranschaulichen oder in ihrer Wirkung zu verstärken.
Die vier häufigsten Formen des bildlichen Sprechens sind:

- der **Vergleich:** Zwei Lebewesen oder Gegenstände werden miteinander verglichen, um eine Eigenschaft, die beiden gemeinsam ist, besonders hervorzuheben. Man erkennt den Vergleich durch die **Signalwörter** *wie, gleich, als ob.*

Beispiel: Er wirkte auf uns wie ein *Riese.* (Er erschien uns sehr groß.)

- die **Metapher:** Dabei wird ein Wort in einer **übertragenen Bedeutung** verwendet, z. B. *Baumkrone* → keine wirkliche Krone, aber der obere Teil des Baums, der auf dem Stamm „sitzt"; Veranschaulichung des „höchsten Punktes" beim Baum
- die **Personifikation:** Gegenstände oder Empfindungen werden **mit menschlichen (manchmal auch tierischen) Eigenschaften ausgestattet** → „Verlebendigung", wirkt anschaulicher

Beispiel: *der Kran stöhnt unter der Last* → es ist für den Kran eine schwere Last

- das **Symbol:** ein konkreter Gegenstand steht für einen abstrakten Sachverhalt oder eine Empfindung → Umschreibung, manchmal poetisch

Beispiel: *Mein Herz gehört dir.* → Ich liebe dich.

- **Zeilenstil:** Satzende und Versende fallen zusammen → oft Eindruck von etwas Feststehendem, Geordnetem

- **Zeilensprung** (Enjambement): Der Satz überschreitet eine oder mehrere Versgrenzen → oft Eindruck von Unruhe, auch von übergreifenden Zusammenhängen

3 Merkmale des Dramas

- Ein Drama ist die unmittelbare **Darstellung** einer äußeren und inneren Handlung durch Wort und Spiel auf der Bühne. Im Drama handeln die Figuren durch Sprechen, ein wesentliches Element ist also die **Figurenrede** in Form von **Dialogen** und **Monologen** (Selbstgesprächen). Ein Drama gliedert sich in **Akte** (Aufzüge, so benannt nach dem Hoch- und Herunterziehen des Vorhangs vor und nach einem Akt); ein Akt besteht meist aus mehreren **Szenen** (Auftritte, benannt nach dem Hinzukommen neuer Figuren). In modernen Dramen ist diese Einteilung oft aufgehoben. Dann spricht man nur noch von Szenen oder auch von Bildern.

■ Das Drama gibt es in drei Grundformen:

- als **Schauspiel:** Es endet mit dem Sieg des tragischen Helden.
- als **Tragödie:** Sie endet mit der Niederlage des tragischen Helden.
- als **Komödie:** Hier gibt es nach mannigfachen Verwicklungen und Verwechslungen am Ende eine **Auflösung** und ein **heiteres Ende.**
- Eine Mischform ist die **Tragikomödie:** Auch hier kommt es meist zu einem Scheitern des tragischen Helden, jedoch erscheint dieser mit menschlichen, oft liebenswerten Schwächen, die mit seiner Niederlage versöhnen.

■ Einige Fachbegriffe:

- **Figuren:** Die Handlungsträger im Drama bezeichnet man als **Figuren** oder **Personen;** ihre Charakterzüge ergeben sich aus dem **Verhalten gegenüber anderen Figuren** oder **zur Handlung.** Zentrale Figur eines Dramas ist der **tragische Held** bzw. die **tragische Heldin.**
- **Figurenkonstellation:** das **Beziehungsgeflecht aller Figuren** (oder der Hauptfiguren) eines Dramas. Um einen Überblick zu gewinnen, kann man sich die Figurenkonstellation in Form einer Skizze aufzeichnen.
- **Dialog:** Wechselrede von zwei oder mehr Figuren.
- **Monolog:** „innerer Dialog", eine Figur spricht zu sich selbst oder zum Publikum. Das Publikum erhält so die Möglichkeit, an den Gedanken der betreffenden Person teilzuhaben.
- **Dramatischer Konflikt:** Aufeinandertreffen unterschiedlicher Ziele verschiedener Figuren im Drama, es kann sich auch um den Konflikt einer Figur mit der Gesellschaft handeln. Der dramatische Konflikt steht im Mittelpunkt des Geschehens und treibt die Handlung voran.

4 Zeitungen und Zeitschriften

4.1 Merkmale der Zeitung

■ Man unterscheidet verschiedene Zeitungstypen voneinander:

- die **regionalen Tageszeitungen** und die **überregionalen Tages- und Wochenzeitungen**
- die **Abonnement-** und **Boulevardzeitungen**

Die regionalen Tageszeitungen sind auf eine bestimmte Region, meist auf einen oder einige wenige Landkreise, beschränkt. Sie bieten aktuelle Berichterstattung und verfügen darüber hinaus über einen **umfangreichen Lokalteil** (➜ Ressorts S. 100). Auch die überregionalen Tageszeitungen (z. B. Frankfurter Allgemeine Zeitung, Süddeutsche Zeitung, Die Welt, die tageszeitung) stellen die aktuelle Berichterstattung in den Mittelpunkt, doch ist der überregionale Politik-Teil umfangreicher und der Lokalteil ist im Verhältnis zum gesamten Umfang geringer.
Im Gegensatz zu den Tageszeitungen erscheinen einige Zeitungen wöchentlich (Die Zeit, Der Freitag u. a.).
Regionale und überregionaleTages- und Wochenzeitungen werden im **Abonnement** angeboten, daher heißen sie Abonnementzeitungen.
Davon unterscheiden sich die **Boulevardzeitungen** (überregional BILD, regional: BZ, Berliner Kurier [Berlin], tz [München], Express [Köln] u. A.). Sie erscheinen ebenfalls täglich und enthalten auch Artikel aus allen Sparten. Jedoch ist die traditionelle Einteilung in Ressorts aufgehoben, und die Artikel sind anders aufgemacht (größere Schlagzeile, kürzerer Inhalt). Oft steht der **Unterhaltungs- und Sensationswert** vor dem Informationsgehalt der Nachricht im Mittelpunkt, und die Artikel sollen das **Gefühl** der Leser ansprechen. Besonders wichtig ist die Titelseite (große Überschriften). Typisch für die Boulevardzeitungen ist auch ein hoher Anteil des Sportteils und der Klatsch-Nachrichten, d. h. Meldungen über Prominente.

■ Eine Zeitung enthält verschiedene „Abteilungen“, die Ressorts.
Die wichtigsten Ressorts sind:
- **Politik:** internationale und nationale Politik
- **Wirtschaft:** Nachrichten aus der Welt der Unternehmen, von der Börse usw.
- **Feuilleton:** Nachrichten aus der Welt der Kultur, Besprechungen von Theater- und Opernaufführungen, Buchrezensionen, Kinofilme, Medienseite (Zeitung, Rundfunk, Computer)
- **Wissenschaft:** Neuigkeiten aus der Forschung (meist nicht täglich)
- **Sport**
- **Lokalteil:** Neuigkeiten aus der Region

- Die Abonnementzeitungen enthalten zudem einen, zumindest am Wochenende, recht großen **Kleinanzeigenteil.**

- Jede Zeitung muss ein Impressum haben, in dem die für die Ressorts verantwortlichen Redakteure stehen, aber auch Anschrift, Telefon und Internetadresse der Zeitung verzeichnet sind.

4.2 Textsorten der Zeitung

- Die **Meldung** oder **Nachricht** informiert in kurzer, sachlicher Form über ein aktuelles Ereignis, die beteiligten Personen, Zeit, Ort und Umstände des Geschehens (→ W-Fragen, S. 27 und 29). In ihrer Kurzform ist die Nachricht drei bis fünf Sätze lang.

- Längere Nachrichten sind in Gestaltung und Aufbau nach einem bestimmten Prinzip, dem **„Lead-Stil"**, aufgebaut. Nach einer **Dachzeile** (die aber nicht immer vorhanden ist), einer **Schlagzeile** (Fettdruck) und einem **Untertitel** folgt der **Vorspann,** den man auch als **„Lead"** bezeichnet. Er enthält die wichtigsten Informationen und entspricht der Kurzmeldung. Der eigentliche **Nachrichtentext,** der **„body"**, geht **vom Wichtigen zum Unwichtigen** vor. Das entspricht den Lesegewohnheiten, und bei Platzbedarf kann der Artikel von hinten her gekürzt werden.

- Der **Bericht** ist ebenso aktuell wie die Nachricht, aber er ist ausführlicher. Er geht auch auf die W-Fragen ein, informiert aber ausführlich über **Hintergründe.**

- Zu den ausführlichen Textsorten gehört auch die **Reportage. Atmosphäre** und die **Hintergrundinformationen** spielen bei der Reportage eine größere Rolle als die objektive Berichterstattung. Die Reportage soll nicht nur informieren, sondern **auch unterhalten.** Beim Schreiben einer Reportage spielen die Mittel der **Schilderung** (→ S. 14–18) eine große Rolle.

- Der **Kommentar nimmt kritisch** zu aktuellen Ereignissen und Auffassungen **Stellung.** Er arbeitet mit sachlichen Argumenten (Argumentieren → S. 18–23) und geht auf Hintergründe und nähere Umstände eines

Geschehens ein. Er will den Leser von seiner Ansicht überzeugen, daher gehört er zu den **appellierenden Texten.** Da es sich um eine persönliche Meinungsäußerung handelt, ist der Kommentar mit dem Namen des Verfassers bzw. mit seinen Initialen gekennzeichnet.

■ Beim **Leitartikel** handelt es sich um einen längeren Text mit vielen Hintergrundinformationen, der stellenweise auch kommentierenden Charakter hat. Allerdings ist der Appell-Charakter nicht so stark wie beim Kommentar. Leitartikel behandeln gewöhnlich ein politisches Thema.

■ Die **Glosse** ist ein kurzer, zugespitzter Kommentar. Wesentliches Stilmittel ist die **Ironie,** mit der Ereignisse, Zeiterscheinungen oder Missstände angegriffen werden. Die Glosse will sowohl informieren (auf Missstände aufmerksam machen) als auch appellieren (→ Meinung des Kommentierenden zum Ausdruck bringen, ➔ S. 101), nicht zuletzt unterhalten (→ geistreich-witzige Schreibweise). Einige **Stilmittel** der Glosse sind

- witzig-originelle **Pointe** am Schluss,
- **Wortneubildungen, Wortspiele, Stilbrüche,**
- **rhetorische Figuren:** Metaphern, Vergleiche, Anaphern, Wortspiele, Hyperbeln, Ironie.

■ Eine Art „gezeichnete Glosse“ ist die **Karikatur.** Es handelt sich um die Zuspitzung eines Themas in einer Zeichnung. Die Darstellung ist übertrieben bis verzerrt, um das Kritisierte zu verspotten und lächerlich zu machen. Eine Karikatur kann humorvoll, sie kann aber auch beißend-sarkastisch sein.

■ Bei einem **Interview** wird eine Persönlichkeit zu einem bestimmten Sachverhalt befragt. Das Interview wird entweder als vollständiger Text im Wechsel von Frage und Antwort wiedergegeben, oder Äußerungen aus dem Interview sind als Text in einen Artikel eingebaut. Das wird als **Zitat,** als **indirekte Rede** (➔ S. 25 f.) oder als **umschreibende Zusammenfassung** gemacht.

- Eine Form des Kommentars ist der **Leserbrief.** Dort können Leser einer Zeitung ihre Meinung zur einem Artikel oder zu einem Sachverhalt abgeben. Die Auswahl der abgedruckten Leserbriefe trifft die Redaktion. Zu lange Leserbriefe werden häufig gekürzt.

- Eine Textsorte, die sich nur im **Feuilleton** findet, ist die **Kritik.** Sie **berichtet** über eine Konzert- oder Theateraufführung, über eine Lesung, über Neuerscheinungen auf dem Bücher- und Tonträgermarkt **und bewertet** sie. Der persönliche Charakter der Kritik macht sie (und die Kritiker) häufig zum Gegenstand von Auseinandersetzungen. Neben der Bewertung hat die Kritik die Aufgabe, **Interesse** für ein Werk zu **wecken.**

4.3 Jugendzeitschriften

Es gibt eine Vielzahl von Zeitschriften, die sich mit einem besonderen **Thema** befassen (Fachzeitschriften wie z. B. Auto-, Fußball, Gartenzeitschriften usw.) oder sich an eine besondere **Zielgruppe** wenden. Jugendzeitschriften wenden sich gezielt an die Gruppe der ca. 11- bis 17-Jährigen. Die Jugendlichen beziehen Informationen zu verschiedenen Themen, die sie besonders interessieren, aus diesen Zeitschriften: neue Trends in Musik (Pop) und Film, Neuigkeiten aus der Welt der Stars, Tipps für Mode und Schönheit, Lebensberatung, vornehmlich zu den Themen Liebe und Sexualität, Fragen des Berufs und der Ausbildung, Sport. Themen wie Politik und Wirtschaft spielen dagegen keine Rolle.
Jugendzeitschriften zeichnen sich durch eine bunte, „poppige" **Aufmachung** aus. Die **Sprache** ist betont locker, der Bildanteil sehr groß. Stars werden oft so präsentiert, als seien sie dem Publikum/den Lesern ganz nah.
Im Zusammenhang mit der Zielgruppe sind Jugendzeitschriften immer auch ein großer und begehrter **Werbeträger.**
Interessant für eine **Untersuchung** sind einzelne Themenbereiche, Inhalte und Rubriken, die Schwerpunkte, das Layout, die Gestaltung und der Einsatz der Bilder, der Aufbau der Berichte, Besonderheiten der Sprache und die Art und Aufmachung der Werbung.

5 Film und Fernsehen

5.1 Film

Der Film ist ein komplexes **Gefüge aus Bild, Ton und Sprache.** Es gibt verschiedene **Typen** des Films, so den Dokumentarfilm, den Kurzfilm, den Tierfilm usw. Die am häufigsten vorkommende Form aber ist der **Spielfilm.**
Einige **Grundbegriffe** können helfen, typische Gestaltungsmittel zu erschließen und so zu durchschauen, wie ein Film „funktioniert", wie er seine Wirkung entfaltet.

Exposé und Drehbuch

Das **Exposé** enthält in Kurzfassung die Haupthandlung, den sogenannten **Plot** des Films; es handelt sich um eine Art Inhaltsangabe des geplanten Filmprojekts.
Auf der Basis des Exposés entsteht das **Drehbuch,** das, wie der Name schon sagt, die Grundlage für die eigentlichen Dreharbeiten ist. Das Drehbuch enthält die einzelnen **Szenen,** die **Handlungsabläufe,** die **Dialoge** sowie manchmal auch Angaben zu **Musik** und **Geräuschen.** Auch die **Kameraeinstellungen** sind im Drehbuch festgelegt.

Aufbau des Films

Eine Handlungseinheit, die durch Ortswechsel oder Wechsel in der Figurenkonstellation abgegrenzt ist, bezeichnet man als **Sequenz.** Die Abgrenzung entspricht ungefähr der einer Szene im Drama (→ S. 98).
Auch der **Handlungsverlauf entspricht im Grundmuster dem von klassischen Dramen: Exposition** (Einleitung), **Konfliktaufbau, Höhepunkt, Retardierung** (Verzögerung des Schlusses), **Schluss** (Happy End, offenes Ende, tragisches Ende). Allerdings weicht der Film mit seinen großen technischen Möglichkeiten oft von diesem Grundmuster ab.

Kameraarbeit

Im Film tritt die Kamera an die Stelle des Erzählers, indem sie die Zuschauer durch den Film führt. Daher ist die **Kameraeinstellung** von besonderer Bedeutung, mit ihr wird festgelegt, welcher Ausschnitt im Bild zu sehen ist. Mit den Einstellungen verbinden sich mögliche Wirkungen.

Einstellung	im Bild zu sehen	mögliche Wirkung
Weit	Landschaft	Distanz, Grenzenlosigkeit, Überlegenheit, monumentale Wirkung
Totale	Person mit Großteil des Handlungsraums	räumliche Orientierung, Überblick über das Geschehen
Halbtotale	Person mit wenig Raum	stärkere Aufmerksamkeit auf Handlungen und Körpersprache
Halbnah	Person bildfüllend oder unten leicht angeschnitten	Mimik und Gestik der Figuren werden gut erfasst
Amerikanisch	Person bis zur Gürtellinie oder „bis zum Colt"	
Nah	Brustbild	Konzentration auf eine Figur, ihre Mimik
Groß	wie ein Ausweisfoto, der Kopf kann aber angeschnitten sein	Darstellung von inneren Regungen, leichtere Identifikation der Zuschauer mit der Figur
Detail	nur Teile eines Gesichts, bedeutungstragende Einzelheit im Mittelpunkt	übergroße Darstellung eines Ausschnitts, Spannungssteigerung

■ Durch **Zoomen** und **Kamerafahrten** können Einstellungsgrößen **während einer Einstellung** wechseln.

■ Neben den Kameraeinstellungen sind auch die **Kamerabewegungen** für die Wahrnehmung eines Films von großer Bedeutung. Die Kamera

kann hektisch wackeln, wie es oft bei der **Handkamera** oder der **subjektiven Kamera** der Fall ist, oder sie bewegt sich so wenig wie möglich, was distanziert wirkt.
Die häufigste Kamerabewegung ist der **Schwenk:** Dabei steht die Kamera still, aber durch Drehen wird der Winkel zum abgefilmten Gegenstand oder zur Person verändert.
Als **Kamerafahrt** bezeichnet man es, wenn die laufende Kamera ihren Standpunkt verändert. Wenn sie einen Gegenstand oder eine Figur **umrundet,** wirkt das, als betrachte sie ihn von allen Seiten, kreise ihn ein. Wenn die Kamera mit einer Person „mitfährt", wirkt das, als bleibe sie am Geschehen dran. Kamerafahrten werden entweder auf Schienen oder auf speziellen Wagen gemacht. Eine **Kamerafahrt in die Höhe** kann man mit einem Kran machen.

■ Filmtechnische Mittel

Es gibt über das „normale" Abfotografieren hinaus eine Anzahl von Mitteln, mit denen der Film das Aufgenommene verfremden kann, wodurch er bestimmte Wirkungen erzielt.
▸ **Zeichentrick:** Film aus gezeichneten Bildern. Durch eine schnelle Abfolge von Einzelbildaufnahmen wird die Bewegung der Bilder simuliert. Dazu werden verschiedene Phasen oder Zustände in Einzelbildern aufgenommen. Die Schnelligkeit der Projektion täuscht die Belebung des aufgenommenen Objektes vor *(Animation)*. Diese Technik kann ebenso verwendet werden mit Puppen oder anderen Figuren, Scherenschnitten oder Zeichnungen (Zeichentrickfilm). Sie wird allmählich durch die Computer-Animation abgelöst.
▸ **Schwarzweiß:** Üblicherweise werden Filme in Farbe gedreht, manche Regisseure nutzen jedoch gern den Schwarzweißfilm, um eine bestimmte **Atmosphäre** zu erzeugen. Dunkle, gespenstische Stimmungen lassen sich durch einen Schwarzweißfilm gut wiedergeben.
▸ **Zeitlupe:** Eine Handlung wird stark **verlangsamt** wiedergegeben. Das hat zwei Effekte: Einerseits können die Zuschauer das Geschehen sehr **detailliert** betrachten, andererseits wirken stark verlangsamte Bewegungen oft **leicht** und **schwerelos.**
▸ **Zeitraffer:** Eine Handlung wird stark **beschleunigt** wiedergegeben. Das ermöglicht den Zuschauern, einen raschen **Überblick** über die Handlungsabläufe zu bekommen. Darüber hinaus wird mit der beschleunigten

Wiedergabe, vor allem von menschlichen Bewegungen, ein **komischer Effekt** erzielt, da natürliche Abläufe verzerrt erscheinen.
Unschärfe: Das Bild kann mit Absicht unscharf eingestellt werden, wenn die **Realitätsebene wechselt,** z. B. von der Realität in den Traum.

Schnitt/Montage

Bedeutsam ist beim Film – und das unterscheidet ihn vom Theater – der **Schnitt** bzw. die **Montage.** Es können im Film beliebig viele verschiedene Sequenzen (➔ S. 104) kombiniert werden, so dass der Zuschauer immer wieder eine Szene aus einer anderen Perspektive sieht oder in einer gerafften Handlung schnell wechselnd verschiedene Szenen vorgeführt bekommt. Bei häufigen, schnell aufeinander folgenden Schnitten wirkt der Film dynamischer als bei langen Sequenzen.

Musik

Musik hat im Film eine wichtige Funktion. Sie wird oft dazu eingesetzt, das Geschehen zu **kommentieren,** sie kann **Spannung** signalisieren oder ein **Leitmotiv** sein. Musik kann eigens für einen Film komponiert werden (**Filmmusik**), sie kann aber auch als **Soundtrack** aus bereits aufgenommenen Titeln, auch von verschiedenen Interpreten, zusammengestellt werden. Der Soundtrack erfolgreicher Filme wird oft vermarktet.

5.2 Fernsehen

Sendeanstalten und Sendeformen

Allgemein unterscheidet man zwischen **Pay-TV** (Bezahlfernsehen) und **Free-TV.** Während man beim Pay-TV für einzelne Programme und Programmpakete bezahlt, ist das beim Free-TV nicht der Fall. Dort unterscheidet man zwischen den **öffentlich-rechtlichen Rundfunkanstalten** und den **privaten** oder **kommerziellen Sendern.** Während die öffentlich-rechtlichen Sender durch die Rundfunkgebühren und durch Einnahmen aus der Werbung finanziert werden, erhalten die kommerziellen Sender Einnahmen nur aus der Werbung. Darum dürfen sie Spielfilme durch Werbung unterbrechen und nach 20 Uhr im Fernsehen Werbung senden.

Einige Fachbegriffe

Begriff	Bedeutung
Anchorman/ Anchorwoman	(„Ankermann“, „Ankerfrau“) eine Moderatorin oder ein Moderator, der oder die eine Sendung prägt, mit ihrem Gesicht wird die Sendung praktisch identifiziert, was für eine Verankerung des betreffenden Programms bei den Zuschauern sorgt
Einschaltquote	auf repräsentativer Basis ermittelte Anzahl der Haushalte, die sich ein Programm im Fernsehen ansehen
Format (Programmformat)	Typ von Sendungen, die nach einem ähnlichen Muster aufgebaut sind (→ unten)
Prime Time	Hauptsendezeit (Sendeplatz), für die Werbung zugleich die teuerste Zeit
Trailer	kurzer Werbefilm für eine Sendung oder ein Programm im Fernsehen

Programmformate

Ähnlich wie es Texte gibt, die nach einem ähnlichen Muster aufgebaut sind, gibt es auch Fernsehprogramme, die sich im Prinzip ähneln. Man bezeichnet sie als Programmformate; für die Programmgestalter macht diese Einteilung die Programmvielfalt übersichtlicher. Einige Programmformate sind:

Nachrichten: Meldungen aus aller Welt, je nach Länge der Sendung mal mit mehr, mal mit weniger Hintergrundinformation

politisches Magazin: ausführliche Berichte zu politischen Themen mit viel Hintergrundinformation

Talk-Show: Gesprächsrunde mit verschiedenen Gästen zu einem Thema privater, kultureller oder gesellschaftlicher Art

Show: Unterhaltungsprogramm, Mischung aus Show-Einlagen, Kandidatenwettstreit und Musik, oft mit festem Showmaster

Soap-Opera (Seifenoper): Fortsetzungsserie täglicher oder wöchentlicher Art (➔ unten)
Doku-Soap: abgefilmter Alltag, Fortsetzungsform
Sport, Spielfilm usw.

■ Fernsehserien

Die Fernsehserien wurden ursprünglich als Rahmen für die Werbung entwickelt, daher der Name „soap-opera". Eine Fernsehserie hat verschiedene „Staffeln", die traditionell 13 Folgen haben, und wird normalerweise produziert, bis die Einschaltquoten zurückgehen. Attraktiv für das Publikum sind sie durch **festes Personal** und **bekannte Schauplätze und Grundhandlungen.** Die Zuschauer müssen sich nicht lange in die Handlung hineindenken.
Die meisten Fernsehserien sind nach der **Drei-Episoden-Struktur** aufgebaut: Es gibt **drei Handlungsstränge,** die entweder nebeneinander laufen oder **durch Sprünge miteinander verzahnt** sind.
Jeweils am Ende einer Folge gibt es eine **dramatische Zuspitzung, den sogenannten „Cliff Hanger",** der durch filmische Mittel (Zoom, „Freeze" [„eingefrorenes" Bild], dramatisches Bild) herausgehoben wird. Indem die Spannung auf die Fortsetzung erhöht wird, soll der Zuschauer an die Sendung gebunden werden.

■ Werbung im Fernsehen

Für die kommerziellen Sender ist die Werbung von großer Bedeutung, da sie sich allein durch sie finanzieren. Daher dürfen sie auch nach 20 Uhr werben und Spielfilme durch Werbung unterbrechen.
Auch bei den öffentlich-rechtlichen Sendern ist die Werbung von großer Bedeutung, selbst wenn es weniger Werbung gibt als auf den privaten Kanälen.
Werbung gibt es nicht nur in Form von kurzen Werbespots. Sie kann auch auf indirektem Wege erfolgen, durch **Sponsoring** (ein Unternehmen präsentiert einen Spielfilm, ein Sportereignis usw.) oder Schleichwerbung (*product placement:* Produkte eines Unternehmens werden auffällig ins Bild gerückt und gezeigt).
Die Werbekosten für das Unternehmen berechnen sich nach der Einschaltquote (➔ S. 108), d. h. nach der Beliebtheit der Sendung.

Lösungen

S. 16 Übung

- **Verben:** greifen über, gleichen, versteckt halten, wirkt; sieht, kaufen, erschlagen
- **Adjektive:** gefiltert, zart, vertraute, sachlichen, dicht gestaffelte
- **Vergleiche:** wie in, gleichen den, man könnte glauben, es handle sich, als ob sie auf einen zukommen
- **Metaphern:** Baumkronen, Blätterdach, Weg durch die Ruhe, Warenberge

S. 18 Übungen

1

neigen die Bäume verträumt	→ kitschig, übertrieben
ihre Köpfe	→ „schiefes“ Bild
Was sie sich wohl zuflüstern?	→ übertrieben, kitschig
undurchdringlich dicht wie eine exotische Fremdsprache	→ übertrieben
wie eine friedliche Vollversammlung der Natur	→ übertrieben

2 Vorschlag für eine verbesserte Schilderung:

Am Wasser

Er sitzt am Ufer und beobachtet das Wasser. Das Aufleuchten der glitzernden Punkte kommt ihm vor wie der Widerschein kleiner Goldstücke. Beruhigendes Plätschern kleiner Wellen vor ihm. Der See liegt da, spiegelblank poliert. Sanft schwingen die Wipfel der Bäume im Wind hin und her. Ihr Rauschen erfüllt die Luft. Alles friedlich hier. Natur. Einklang. Draußen fahren Segelschiffe vorbei. Er freut sich darüber, zu sehen, wie sich die Segel stolz aufblasen. Ein Motorboot düst schnell vorbei. Es wirkt, verglichen mit den Seglern und dem ruhigen Paddeln der Schwäne, nervös.

Er fühlt sich gestört. Aber bald ist es vorüber und wird hoffentlich so bald nicht mehr zurückkommen. So kann er weiter am Wasser sitzen und träumen.

3 Um die Wirkung deiner Schilderung zu prüfen, könntest du sie anderen Leuten vorlesen.

S. 22 f. Übungen

1 So könntest du deine Argumentation mit Begründung und Beleg formulieren:

a Die Tabakwerbung soll verboten werden, da sie Kinder und Jugendliche zum Rauchen verführt. Kinder und Jugendliche wollen „cool“ sein – das bekommen sie auf Bildern und in Filmen vorgemacht.

b In Schulen soll ein Rauchverbot verhängt werden, denn es findet eine Nachahmung der „Großen“ durch die „Kleinen“ statt. Die Erfahrung an den Schulen zeigt: Raucherecken nicht nur von über 16-Jährigen frequentiert.

c Stärkere Aufklärung über die gesundheitlichen Risiken und Folgen würde helfen, den Trend zum Rauchen einzudämmen, weil abschreckende Beispiele Wirkung zeigen, wie das Ergebnis von Schülerbefragungen zeigt.

d Es muss ein Appell an die erwachsenen Bezugspersonen gerichtet werden, das Rauchen zu unterlassen, weil die Vorbildwirkung groß ist. Ein Blick in die Statistik zeigt: Kinder von Rauchern werden zum Großteil selbst welche.

2 **Vorschlag für einen Leserbrief:**

In der Ausgabe vom 28.4. war unter der Überschrift „Jugend raucht – eine deutsche Spitzenleistung“ zu lesen, dass von den 12- bis 17-Jährigen inzwischen 40 Prozent zumindest gelegentlich rauchen. Das durchschnittliche Einstiegsalter liege in Deutschland bei 11,6 Jahren. Eine traurige Spitzenleistung, wie ich finde. Man sollte sich also Gedanken darüber machen, was man gegen das Rauchen Jugendlicher unternehmen kann.

Schon lange wird darüber gestritten, die Tabakwerbung zu verbieten. Es liegt auf der Hand, dass sie Kinder und Jugendliche zum Rauchen verführt. Kinder und Jugendliche wollen „cool“ sein – das bekommen sie auf Bildern und in Filmen vorgemacht. Fällt die Werbung weg, entfällt auch das Vorbild und ein großer Anreiz zum Rauchen.

Auf den Schulhöfen wird massenhaft gequalmt, mit Folgen auch für die jüngeren Schüler. Denn es findet eine Nachahmung der „Großen“ durch die „Kleinen“ statt. Die Erfahrung an den Schulen zeigt: Raucherecken werden nicht nur von über 16-Jährigen frequentiert.

Daher sollte in Schulen ein absolutes Rauchverbot verhängt werden.

Auch stärkere Aufklärung über die gesundheitlichen Risiken und Folgen würde helfen, den Trend zum Rauchen einzudämmen, weil abschreckende Beispiele Wirkung zeigen, wie das Ergebnis von Schülerbefragungen zeigt.

Vor allem aber muss ein Appell an die erwachsenen Bezugspersonen gerichtet werden, das Rauchen zu unterlassen, weil die Vorbildwirkung groß ist. Ein Blick in die Statistik zeigt: Kinder von Rauchern werden zum Großteil selbst welche. Und wie will man einem Kind klarmachen, dass es nicht rauchen soll, wenn man sich danach selbst eine Zigarette anzündet?

Sicher sind noch weitere Maßnahmen denkbar, aber allein die aufgelisteten zeigen, dass man sehr wohl etwas gegen das Rauchen Jugendlicher unternehmen kann. Wir sollten es im Interesse unserer Kinder versuchen.

S. 29 ff. Übungen

1 **Kind lebensgefährlich verletzt**

Berlin-Kreuzberg. Beim Sturz in einen Teich des Kinderbauernhofes in Berlin-Kreuzberg hat sich am 10. Juni ein Kind lebensgefährlich verletzt. Während die Eltern in einem nahe gelegenen Park ein Picknick machten, entfernte sich der anderthalbjährige Junge unbemerkt und kam zum nahe gelegenen Kinderbauernhof. Dort fiel er in einen Teich und konnte in letzter Minute herausgezogen werden. Die herbeigerufene Feuerwehr musste Wiederbelebung

leisten. Anschließend wurde der Junge in eine Kinderklinik eingeliefert.
Gegen die Eltern erstattete die Polizei Anzeige wegen fahrlässiger Körperverletzung und Verletzung der Aufsichtspflicht.

2 Die linke Reportage listet nur auf, was der Reporter gesehen hat, enthält keine Hintergründe und ist stilistisch langweilig geschrieben.
Die zweite Reportage ist dagegen wesentlich lebendiger und interessanter.
Zudem enthält sie Hintergrundinformationen und Eindrücke Betroffener.

- situativer Einstieg: Urlaubsfoto aus der Karibik, ohne dort gewesen zu sein
- direkte Äußerungen von Teilnehmern/Besuchern: Meinungen vom Direktor, Herrn Schramm, und Mark
- dramatische, spannende Erzählweise: hier nicht so ausgeprägt, da nicht zum Thema passend
- Hintergrundinformationen: Anzahl der Stände, Angebote, Zusammenstellung der Volleyball-Mannschaften
- Stimmungsbeschreibung: Fülle der Eindrücke
- Meinungen und Gefühle des Autors: Schlusssatz
- Pointe: Trotz Motto „Beach Life" findet die Bratwurst größeren Absatz als der thematisch besser passende Hawaii-Toast.

S. 38 Übung

Sehr geehrte Damen und Herren,
seit 15 Jahren wohne ich mit meiner Familie in der abc-Straße von xyz-Stadt.
Wir fühlten uns bislang sehr wohl, was auch für unsere Stadt spricht, wie ich meine.
Doch seit die Gaststätte „Lindenhof" in unserer Straße eröffnet hat,
ist es mit der Ruhe der Anlieger vorbei. Im Sommer stehen bis weit nach Mitternacht Tische und Stühle draußen. Und auch wenn dies nicht der Fall ist, veranstalten die Besucher der Gaststätte durch Unterhaltungen und Musik einen solchen Lärm, dass die Anwohner der Straße um ihren Schlaf gebracht werden. Auch von anderen Anliegern weiß ich, dass sie sich durch den vom „Lindenhof" ausgehenden Lärm sehr gestört und um die Nachtruhe gebracht fühlen.
Daher bitte ich Sie, den Ursachen nachzugehen und dafür zu sorgen, dass diese Lärmbelästigung abgestellt wird.
Wir hoffen, dank Ihrer Hilfe bald wieder in gewohnt ruhiger Umgebung leben zu können.
Mit freundlichen Grüßen

S. 47 Test

1 a Begründung
b Beleg
c Behauptung

2 Hier kannst du frei formulieren.

S. 60 Übungen

1 Die Schulleiterin sagte zu den Kollegen, sie freue sich auf das Schulfest, dass sie in vier Wochen feiern wollten. Die letzte Veranstaltung sei ja eine rundum gelungene Sache gewesen. Sie sei sich sicher, dass auch diesmal die vielen Stände mit künstlerischen Angeboten eine Attraktion seien. Viele Schülerinnen und Schüler würden sich für die Angebote „Schminken“ und „Masken“ interessieren. Auch das Fotografieren ziehe immer viele an. Bestimmt werde es auch wieder besondere Spezialitäten zu essen geben. Es bleibe nur zu hoffen, dass sie gutes Wetter bekämen.

2

Indikativ	Konjunktiv I	Konjunktiv II als Ersatzform	Umschreibung mit *würde*
er geht	er gehe	–	er würde gehen
er läuft	er laufe	–	er würde laufen
sie laufen	–	sie liefen	sie würden laufen
sie kommen	–	sie kämen	sie würden kommen
sie essen	–	sie äßen	sie würden essen
er ruft	er rufe	–	er würde rufen
sie merken	–	sie merkten	sie würden merken
sie haben gegessen	–	sie hätten gegessen	–

S. 62 Übungen

1 a das Glas wurde (von ihm) zerbrochen
b das Buch wird (von mir) gefunden
c die Sandburg ist (von ihr) zerstört worden
d ein Fehler war (von ihr) entdeckt worden
e der Täter ist (von ihm) gesehen worden

2 a Ein Unbekannter hat eine alte Frau auf dem Friedhof bestohlen.
b Unbekannte Täter beschmierten die Fassade der neu erbauten Brüder-Grimm-Schule mit politischen Parolen.
c Niemand hält das strikte Rauchverbot ein.

S. 73 ff. Test

1 a Der Arzt wird dem kleinen Patienten bestimmt gleich helfen.
b Ein vorbeifahrender Fahrradfahrer streifte Mehmet und drängte ihn unsanft zur Seite.
c Sara wird in der fremden Stadt von einem freundlichen Polizisten der Weg zur Jugendherberge gezeigt.
d Deine Eltern erwarten dich zu Hause.
e Von der Mannschaft wurde mit ihrer Leistung ein großer Erfolg erzielt.
f Vom Lehrer war vorgeschlagen worden, die Straßenbahn zu nehmen.

2 a Er sagte, er könne das Buch zur Zeit nicht entbehren.
b Die Schülerinnen behaupten, sie könnten das alles schon.
c Der Deutschlehrer meinte, bis morgen habe er die Arbeit schon korrigiert.
d Ute erzählte in der Klasse, sie finde ihren neuen Tanzpartner ganz toll.
e Kirsten und Lara glaubten, sie seien in Mathe über den Berg.
f Sie versprachen, sie würden morgen pünktlich kommen.
g Die beiden erzählten, sie hätten einen Computer geschenkt bekommen.

3 Die Kinder sollten ihren Tee trinken, sagte die alte Frau Scheffler noch einmal, sie könnten noch mehr Milch und Zucker haben, falls sie nicht genug hineingetan habe. Till antwortete schüchtern, er trinke keinen Tee. Frau Scheffler warf ihm einen Blick zu und fragte ungläubig, was das heißen solle, er trinke keinen Tee. Till sagte, er trinke nie welchen. Er wolle sagen, er habe noch nie im Leben Tee probiert, fragte Frau Scheffler. Nein, gestand Till. Frau Scheffler setzte ihr Zitaten-Gesicht auf und sagte, es gebe im Leben nur wenige Stunden, die angenehmer seien als die Stunde, die man der Zeremonie widme, die man Nachmittagstee nenne.

4 a 3. Pers. Pl. Fut. II. Ind. Passiv
b 2. Pers. Sg. Konj. II Aktiv
c 3. Pers. Sg. Konj. I Aktiv
d 2. Pers. Sg. Konj. II Aktiv
e 1. Pers. Sg. Konj. II Passiv

5 a Vanessa: Subjekt, besucht: Prädikat, ihre beste Freundin: Akkusativobjekt
b Hans: Subjekt, gibt: Prädikat, seinem Nachbarn: Dativobjekt, die Hausaufgaben: Akkusativobjekt
c das Fahrrad: Subjekt, ihrer Klassenkameradin: Genitivobjekt, steht: Prädikat, vor Joanas Haus: adverbiale Bestimmung des Ortes
d Kai-Philipp: Subjekt, streitet sich: Prädikat, mit Katharina: Präpositionalobjekt
e Claudia: Subjekt, sucht: Prädikat, in Hannahs Schultasche: adverbiale Bestimmung des Orts, nach einem Stift: Präpositionalobjekt

6 **Pech gehabt**
Ein Drängler ist in München auf der Autobahn an den Falschen geraten. Der Fahrer bedrängte in unverantwortlicher Weise ein vorausfahrendes Auto. Bereitwillig machte der bedrängte Wagen Platz. Die Insassen gaben sich aber diesmal als Zivilstreife zu erkennen. Es erwies sich bald, dass der Drängler betrunken war. Den Führerschein konnten die Beamten bei der Kontrolle nicht kassieren. Das hatte ihre Kollegen schon Wochen vorher getan.

7 a Während sie las (als sie las), kam ihr plötzlich ein Gedanke. (Temporalsatz)
b Als die Stunde zu Ende war, atmeten alle erleichtert auf. (Temporalsatz)
c Weil sie eine starke Erkältung hatte, konnte Malena nicht am Wandertag teilnehmen. (Kausalsatz)
d Obwohl schlechtes Wetter war, fand das Fußballspiel statt. (Konzessivsatz)

e Bevor (das Spiel) angepfiffen wurde, wurden die Nationalhymnen gesungen. (Temporalsatz)

f Weil der Sturm eine schlechte Leistung geboten hatte, nahm der Trainer Auswechslungen vor. (Kausalsatz)

8 der Klasse 7c: Genitivattribut, die zur Klassensprecherin gewählt worden ist: Relativsatz, gute: Adjektivattribut, die Klassenlehrerin: Apposition, freundlichen: Adjektivattribut, neuen: Adjektivattribut, der Aula: Genitivattribut

9 Vorschlag: **Magellan, der Entdecker**
Magellan, der als Erster die Welt umsegelte, war der Sohn eines armen portugiesischen Edelmannes. Am 20. September segelte seine kleine Flotte, die aus mehreren Schiffen und über 200 Mann Besatzung bestand, von Spanien aus los. Der hereinbrechende Winter zwang die Flotte zu einem Aufenthalt in Südamerika, der eine Meuterei auslöste, die der Kapitän mit eiserner Strenge unterdrückte. Magellan, der bereits wertvolle Schiffe verloren hatte, erkundete zunächst die Westküste Südamerikas. Danach segelte die sehr ermattete Mannschaft viele Tage über den Stillen Ozean. Das schon lange knappe Trinkwasser wurde zunehmend ungenießbar. In der Südsee fand der wagemutige und tapfere Entdecker schließlich bei einem Kampf mit Eingeborenen den Tod. Nur das Schiff Victoria, das leck und von Stürmen angeschlagen war, erreichte am 6. September 1522 das heimatliche Sevilla.

S. 88 ff. Test

1 **Die falsche Schätzung** (nach Johann Peter Hebel)
Reiche und vornehme Leute haben manchmal das Glück, wenigstens von ihren Bedienten die Wahrheit zu hören, die ihnen nicht leicht ein anderer sagt. Einer, der sich viel auf seine Person und auf seinen Wert und nicht wenig auf seine Kleidung einbildete, fragte, als er sich eben zu einer Hochzeit angezogen hatte und sich mit seinen fetten roten Backen im Spiegel beschaute, seinen Kammerdiener, der ihn von der Seite wohlgefällig beschaute: „Nun, Thadde, wie viel mag ich wohl wert sein, wie ich da stehe?“ Der Thadde machte ein Gesicht, als wenn er ein halbes Königreich zu schätzen hätte, und drehte lang die rechte Hand mit ausgestreckten Fingern so hin und her. „Bestimmt fünfhundertfünfzig Gulden“, sagte er endlich, „weil doch heutzutag alles teurer ist als sonst.“ Da sagte der Herr: „Du dummer Kerl, glaubst du nicht, dass mein Gewand allein seine fünfhundert Gulden wert ist?“ Da trat der Kammerdiener ein paar Schritte gegen die Stubentüre zurück und sagte: „Verzeiht meinen Irrtum, ich hab’s etwas höher angeschlagen, sonst hätt’ ich nicht so viel herausgebracht.“

2 einige Monate – monatelang, einige Jahre – jahrelang, einige Wochen – wochenlang, zum Teil – teils, jeden Morgen – morgens, jeden Montag – montags, am Abend – abends, des Mittags – mittags, über Nacht – nachts

3 a Das Mitführen von Hunden ist untersagt. – Die Besucher werden gebeten, keine Hunde mitzuführen.

b Während der Fahrt ist das Öffnen der Fenster nicht erlaubt. – Bitte nicht das Fenster öffnen.

c Die Kunden werden gebeten, das Berühren der Lebensmittel zu unterlassen. – Bitte die Lebensmittel nicht berühren.

d Privatbesitz! Rudern, Schwimmen und Angeln verboten! – Privatbesitz! Es ist hier nicht erlaubt zu rudern, zu schwimmen oder zu angeln.

e Konferenzraum. Bitte das Rauchen unterlassen! – Konferenzraum. Die Kollegen werden gebeten, hier nicht zu rauchen.

f Hier darf man rauchen. – Zum Rauchen bitte das Raucherzimmer im ersten Stock aufsuchen.

4 a Der Beständige hat oft Erfolg.

b Wir bevorzugen das Wertvolle.

c Dem Müden sollte man eine Liegekur empfehlen.

d Der Fröhliche singt oft. (Auch: Die Fröhlichen singen oft.)

e Der Kluge bereitet sich auf eine Prüfung rechtzeitig vor.

f Dem Fleißigen gehört die Welt.

5 a Hier ist heute nichts zu machen. – Könntest du wohl das Fenster zumachen.

b Würden Sie dieser Meinung zustimmen? – Das braucht doch nicht unbedingt zu stimmen.

c Von dem Krach war im Nebenzimmer nichts zu hören. – Er könnte ruhig mal ein wenig genauer zuhören.

d Werdet ihr das wirklich zulassen? – Es ist gemein, ihn nicht mitspielen zu lassen.

6 Mögliche Sätze: Es ist sinnvoll, eine Verabredung einzuhalten. Ich habe Lust, vor einer Schwierigkeit wegzulaufen. Es fällt mir schwer, manchmal den Fernseher auszuschalten. Es ist schwierig, einen Irrtum zuzulassen. Es fällt mir schwer, den Gesprächspartner beim Sprechen anzusehen. Es ist sinnvoll, dem anderen zuzuhören.

7 furchterregend – große Furcht erregend, freudestrahlend – vor Freude strahlend, angsterfüllt – mit Angst erfüllt, stundenlang – mehrere Stunden lang, meterhoch – mehrere Meter hoch, hitzebeständig – gegen Hitze beständig, irgendeiner – irgend so einer, keinesfalls – auf keinen Fall

8 Mögliche Verbindungen: langsam essen, laufen lernen, lesen lernen, baden gehen, Rad fahren

Beispielsätze: Wir haben genug Zeit und können deshalb langsam essen. In den Ferien wollen wir Ski laufen. Im Sommer, wenn es warm ist, möchte ich baden gehen. Um Geld zu verdienen, muss ich arbeiten gehen. Am liebsten mag ich Rad fahren. Den Aufsatz muss ich schnell schreiben, sonst werde ich nicht fertig. Der Motor muss erst warm laufen.

9 Vorschläge: Wir wollen um zehn Uhr da sein. Ich kann nicht jedem gegenüber freundlich sein. Die Firma soll pleite sein. Ich freue mich, wenn wir zusammen sein können. Fast jeder möchte bekannt sein. Möchtest du lieber gesund oder reich sein?

10 a Er fiel hin, so **dass** er sich **das** Knie verletzte. (Konjunktion, Artikel)
b Er kauft sich **das** interessante Buch. (Artikel)
c Sie hat **das** überhaupt nicht bemerkt. (Demonstrativpronomen)
d **Dass** Marlene nicht gekommen war, enttäuschte Felix sehr. (Konjunktion)
e **Dass** so etwas möglich ist, hätte ich nicht gedacht. (Konjunktion)
f **Das** Jeanskleid, **das** sie im Schaufenster sah, war ihr einfach zu teuer. (Artikel, Relativpronomen)

11 a Janis kritisierte bei der Diskussion in der Klasse, dass sich alle vor einer Aufgabe beim Schulfest drücken wollten.
b Dass sein Vater mit ihm zur Kirmes geht, hofft der kleine Junge.
c Dass er manchmal ungerecht und unfair sei, warf Jens seinem Freund Ole vor.
d Der Torwart erwartet, dass er auch weiterhin in der Mannschaft mitspielt.
e Dass ihr Freund Dirk absichtlich nicht zu dem Treffen gekommen ist, findet Katrin nicht gut.
f Anne glaubt, dass man die weitere Entwicklung abwarten muss.

12 Der Schüler Max T., er hatte im letzten Jahr einen Vierjährigen vor dem Ertrinken gerettet, wurde mit einer Rettungsmedaille ausgezeichnet.
Die Rolle von Martina, unserer besten Mitspielerin, musste kurzfristig neu besetzt werden.
Alexander, er ist erst dreizehn Jahre alt, hat einen Computer zusammengebastelt.
Herr Lödige, der Leiter der Theatergruppe, hat mit uns einen Sketch eingeübt.
Mit Frau Funke, unserer Schwimmlehrerin, fahren wir morgen zu den Schwimmwettkämpfen ins Sennebad.

13 Otto Hahn, **der große Physiker,** entdeckte die Kernspaltung.
Die Zuschauer sahen der Kunstturnerin, **einem noch sehr jungen Mädchen,** gebannt zu.
Die Läuferin, **eine Spezialistin in Kurzstrecken,** rannte ihrer Konkurrenz davon.
Dem Fußballspieler, **einem „Import“ aus Italien,** gelang fast jede Aktion.
Der Tennisstar, **ein ausgesprochener Rasenspieler,** konnte das Match nicht für sich entscheiden.
Kolumbus, **er war eine geniale Persönlichkeit,** entdeckte einen neuen Kontinent.

14 Mögliche Satzgefüge: Weil Johanna ihren 14. Geburtstag ganz groß feiern will, lädt sie alle ihre Freunde zu einer Fete ein.
Theresa rührt einige Saucen an, während Carina Gläser auf den Tisch stellt.
Johanna muss, bevor die Fete losgeht, noch schnell einen Kasten mit Getränken aus der Garage holen.
Die Eltern verlassen den Partykeller, damit die Jugendlichen unter sich sind.
Obwohl Sarah, Tim und Boris nicht gekommen sind, ist die Stimmung super.

Mathematik

7./8. Klasse

Inhaltsverzeichnis

Termumformungen

Gleichungen und Ungleichungen

Bruchterme

Lineare Funktionen

Geometrische Abbildungen

Winkelgesetze

Dreiecke

Proportionalität

1 Direkte Proportionalität

MERKE Zwei Größen heißen **zueinander proportional** oder **direkt proportional**, wenn dem Doppelten, Dreifachen, ... der einen Größe das Doppelte, Dreifache, ... der anderen Größe entspricht. Zueinander proportionale Größen sind quotientengleich.

Beispiel: x l Benzin kosten y Euro.

1 Liter Benzin kostet 1,20 €.	
2 Liter Benzin kosten 2,40 €.	doppelte Menge – doppelter Preis
3 Liter Benzin kosten 3,60 €.	3-fache Menge – 3-facher Preis
6 Liter Benzin kosten 7,20 €.	6-fache Menge – 6-facher Preis

Der Quotient $\frac{y}{x}$ ergibt immer den gleichen Wert: $\frac{2{,}40}{2} = \frac{7{,}20}{6} = 1{,}20$.

Also sind hier Preis und Menge zueinander proportional.

- Grafische Darstellung im Koordinatensystem:

Im Koordinatensystem kann man leicht erkennen, ob zwei Größen zueinander proportional sind. Dazu tragen wir zuerst die Wertepaare $(x|y)$ als Punkte ein und verbinden diese dann.

Wenn die Größen proportional zueinander sind, so erhalten wir eine **Halbgerade**, die im Nullpunkt (Ursprung) beginnt.

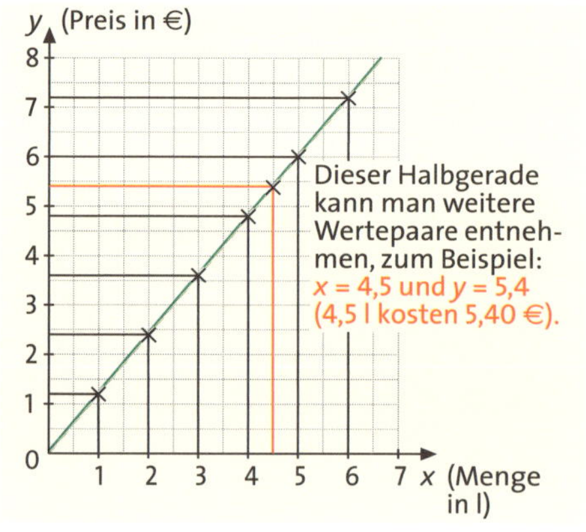

Der Quotient $\frac{y}{x}$ heißt **Proportionalitätsfaktor** (in diesem Beispiel 1,20).

2 Indirekte Proportionalität

MERKE Zwei Größen heißen **zueinander umgekehrt proportional** oder **indirekt proportional**, wenn dem Doppelten, Dreifachen, … der einen Größe die Hälfte, der dritte Teil, … der anderen Größe entspricht.
Indirekt proportionale Größen sind produktgleich.

Beispiel: Nimm an, du möchtest Rechtecke mit dem vorgegebenen Flächeninhalt 6 cm^2 zeichnen. Wie musst du die Seiten wählen?
Ihr Produkt muss 6 cm^2 ergeben.
Du könntest z. B. 6 cm und 1 cm wählen. Oder 3 cm und 2 cm. Wenn du die eine Seite halbierst, musst du die andere Seite verdoppeln.

		$\xrightarrow{\cdot 2}$			$\xrightarrow{\cdot 6}$		
Seitenlänge *a* in cm	1	1,5	2	3	4	6	12
Seitenlänge *b* in cm	6	4	3	2	1,5	1	0,5
		$\xrightarrow{:2}$			$\xrightarrow{:6}$		

Das Produkt $a \cdot b$ ist konstant gleich 6 (sprich: „*a* und *b* sind produktgleich").
Man sagt: Die Werte *a* und *b* sind **zueinander umgekehrt proportional**.

■ Grafische Darstellung im Koordinatensystem:
Wir tragen die Wertepaare der Tabelle als Punkte in ein Koordinatensystem ein und verbinden sie durch eine glatte Kurve. Diese Kurve heißt **Hyperbel**.

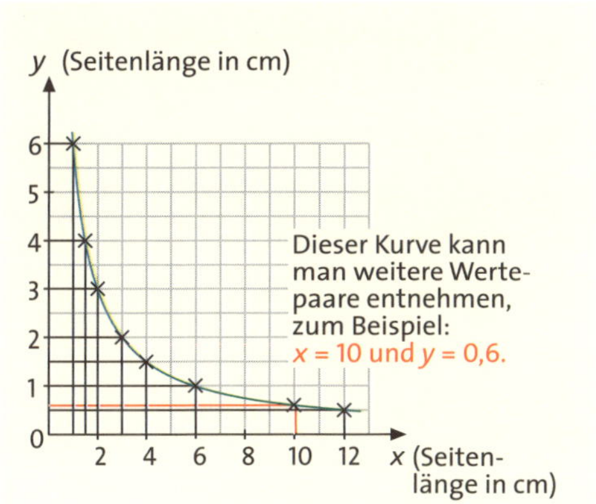

3 Schlussrechnung für direkte und indirekte Proportionalität

Beispiel für direkte Proportionalität:

15 Hefte kosten 13,50 Euro. Wie viel kosten 13 Hefte?
Mit welchem Operator kommt man von 15 auf 13? Einfacher ist es, einen Zwischenschritt mit der Anzahl 1 einzulegen.

	Anzahl Hefte	Preis	
	15 Hefte	13,50 €	
:15			:15
	1 Heft	0,90 €	
·13			·13
	13 Hefte	11,70 €	

13 Hefte kosten also 11,70 €.

1 Ich notiere das bekannte Wertepaar.
2 Ich berechne, wie viel 1 Heft kostet.
3 Jetzt berechne ich den gesuchtenWert: 13 Hefte kosten 13-mal so viel wie 1 Heft.

Beispiel für indirekte Proportionalität:

2 Maler brauchen 6 Tage, um das Haus von Frau Simon zu streichen. Wie lange bräuchten 3 Maler?
Je mehr Maler, desto weniger Zeit braucht es. Wir haben also indirekte Proportionalität. Deswegen müssen wir beachten: Wenn wir die eine Größe *dividieren,* müssen wir die andere Größe *multiplizieren,* und umgekehrt. Also:

	Maler	Zeit	
	2 Maler	6 Tage	
:2			·2
	1 Maler	12 Tage	
·3			:3
	3 Maler	4 Tage	

3 Maler bräuchten also 4 Tage.

1 Ich notiere das bekannte Wertepaar.
2 Ich berechne, wie lange 1 Maler benötigen würde.
3 Jetzt berechne ich den gesuchtenWert:
3 Maler könnten sich den Arbeitsaufwand durch 3 teilen.

Test

1 Auf dem Markt kosten 3 Eier 60 ct.

a) Wie viel kostet 1 Ei? Überlege zuerst, ob die Werte direkt oder indirekt proportional zueinander sind.
b) Wie viel kosten 4 Eier?
c) Erstelle eine Wertetabelle für 0; 1; 2; 3; ...; 10 Eier.
d) Trage die Werte in ein Koordinatensystem ein und verbinde sie zu einer Geraden.

2 Martin und Josefine haben eine Wanderung geplant. Sie haben so viel Proviant gekauft, dass beide für 6 Tage genug zu essen hätten.

a) Wie viele Tage würde der Proviant für 1 Person reichen? Überlege, ob die Werte direkt oder indirekt proportional zueinander sind.
b) Wie viele Tage würde der Proviant für 4 Personen reichen?
c) Erstelle eine Wertetabelle für 1; 2; 3; ...; 12 Personen.
d) Trage die Werte in ein Koordinatensystem ein. Überlege, wie du die Punkte verbinden musst.

3 Überlege jeweils, ob die Werte direkt oder indirekt proportional zueinander sind, dann ergänze die Tabelle. Trage die Werte in ein Koordinatensystem ein und verbinde sie zu einer Geraden bzw. zu einer Kurve.

a)

x	2	3	4	5	
y		4,5	6		9

b)

x	1	2	4	5	8
y	8		2		

c)

x	1		3	4	6
y	6	3		1,5	

d)

x	0	2		6	10
y	0		2		5

4 Überlege immer zuerst: direkt, indirekt oder gar nicht proportional?

a) Zwei Mähdrescher brauchen 24 Stunden, um die Weizenfelder des Guts „Sonnenhof“ abzuernten. Wie lange bräuchten 3 Mähdrescher?
b) 12 Kühe liefern 9 000 l Milch. Wie viel Milch wird man bei 8 Kühen im gleichen Zeitraum erwarten?
c) Von München nach Starnberg (20 km) braucht ein Radler eine Stunde. Wie lange braucht er um den Starnberger See herum (55 km), wenn er mit derselben Geschwindigkeit fährt?

Prozent- und Zinsrechnung

1 Prozentrechnung

Das Wort Prozent kommt vom italienischen „*per cento*“ und heißt „je Hundert“ oder „Hundertstel“. Die Abkürzung für Prozent ist %, manchmal auch „v. H.“ (für „von Hundert“).

MERKE $1\,\% = 1\,\text{Hunderstel} = \frac{1}{100}$

Beispiel: Du hast 350 € auf deinem Sparbuch und bekommst jährlich 3 % Zinsen. Wie viel € sind das?
3 % von 350 € sind $\frac{3}{100}$ von 350 €, also $\frac{3}{100} \cdot 350\,€ = 10{,}50\,€$

MERKE Folgende Bezeichnungen sind dafür üblich:

$$\underbrace{3\,\%}_{\textbf{Prozentsatz } (p\,\%)} \quad \text{von} \quad \underbrace{350\,€}_{\textbf{Grundwert } (G)} \quad = \quad \underbrace{10{,}50\,€}_{\textbf{Prozentwert } (W)}$$

(In Klammern stehen die zugehörigen Abkürzungen.)

Prozentsätze sind also nur andere Schreibweisen für Bruchzahlen $\left(\text{z. B. } 3\,\% = \frac{3}{100}\right)$.

1.1 Berechnung des Prozentwertes

Im ersten Beispiel haben wir bereits einen Prozentwert berechnet:
$3\,\% \text{ von } 350\,€ = \frac{3}{100} \cdot 350\,€ = 10{,}50\,€$

Mit den oben erklärten Bezeichnungen und Abkürzungen entspricht das folgender Formel:

MERKE Prozentwert W = Prozentsatz $p\,\%$ · Grundwert G
Kurz: $W = \frac{p}{100} \cdot G$

▶ **BEACHTE** $p\,\% = \frac{p}{100}$; z. B. $3\,\% = \frac{3}{100}$

1.2 Berechnung des Prozentsatzes

Beispiel: Die Klasse 7 b hat 24 Schüler (= Grundwert), von denen 3 Schüler (= Prozentwert) Handball spielen. Wie viel Prozent sind das?
Du kannst rechnen: $\frac{3}{24}$ von 100 % = $\frac{3}{24} \cdot 100\,\% = \frac{1}{8} \cdot 100\,\% = 12{,}5\,\%$.

Allgemein:

> **MERKE** Prozentsatz $p\,\% = \frac{\text{Prozentwert } W}{\text{Grundwert } G} \cdot 100\,\%$
>
> Kurz: $p\,\% = \frac{W}{G} \cdot 100\,\%$

1.3 Berechnung des Grundwertes

Beispiel: Drei Schüler, das sind 12 % der Klasse 8 a, fehlen beim Turnen. Wie viele Schüler hat die Klasse 8 a?
Hier sind der Prozentsatz $p\,\%$ (12 %) und der Prozentwert W (drei Schüler) gegeben. Der Grundwert ist gesucht.
Prozentwert W und Prozentsatz $p\,\%$ sind zueinander direkt proportional. Deshalb kannst du die Schlussrechnung (Seite 126) anwenden:
12 % sind 3 Schüler.

1 % sind dann $\frac{3}{12}$ oder 0,25 Schüler $\left(\frac{3}{12} = 3 : 12 = 0{,}25\right)$.

100 % sind das Hundertfache, also 25 Schüler.
Wir haben gerechnet:

$$\text{Schülerzahl der Klasse } \textit{(Grundwert)} = \frac{3 \text{ Schüler } \textit{(Prozentwert)}}{12\ (p)} \cdot 100$$
$$= 25 \text{ Schüler.}$$

Dem entspricht die allgemeine Formel:

> **MERKE** Grundwert $G = \frac{\text{Prozentwert } W}{p} \cdot 100$
>
> Kurz: $G = \frac{W}{p} \cdot 100$

2 Zinsrechnung

2.1 Jahreszinsen

In der Beispielaufgabe auf S. 128 haben wir bereits Zinsen, genauer gesagt Jahreszinsen, berechnet. Du erinnerst dich: Bei 350 € auf dem Sparbuch und 3 % Verzinsung bekommst du jährlich 10,50 € Zinsen.

Bei der Zinsrechnung sind folgende Bezeichnungen üblich:

- Statt „Grundwert" sagt man „Kapital" (Abkürzung *K*).
- Statt „Prozentsatz" sagt man „Zinssatz" (*p* %).
- Statt „Prozentwert" sagt man „Zinsen" (*Z*).

Die Berechnung von Jahreszinsen ist also nichts anderes als die Berechnung eines Prozentwertes.

Beispiel:

Kapital 2 000 €, Zinssatz 1,5 %;

Jahreszinsen = $1{,}5\,\% \cdot 2\,000\,€ = \frac{1{,}5}{100} \cdot 2\,000\,€ = 30\,€$

2.2 Zinszeit

Beträgt die Zeit jedoch weniger als ein Jahr, muss sie bei der Berechnung der Zinsen berücksichtigt werden.

- Beträgt die Zinszeit ein *halbes* Jahr, sind die Zinsen die *Hälfte* der Jahreszinsen.
- Beträgt die Zinszeit $\frac{1}{12}$ Jahr (1 Monat), sind die Zinsen $\frac{1}{12}$ der Jahreszinsen.

MERKE Zinsen *Z* = Zinssatz *p* % · Kapital *K* · $\frac{\text{Zinszeit (Tage)}}{360}$

$$= \underbrace{\frac{p}{100} \cdot K}_{\text{Jahreszinsen}} \cdot \frac{\text{Zinszeit (Tage)}}{360}$$

▶ **BEACHTE** Dabei wird das Jahr zu 360 Tagen, der Monat zu 30 Tagen gerechnet.

Der Einzahltag wird für die Verzinsung mitgezählt, der Auszahltag nicht.

Beispiel: Wie viel Zinsen erhält man bei einem Zinssatz von 4 %, wenn ein Kapital von 6000 € am 1. 3. eingezahlt und am 1. 12. des gleichen Jahres wieder abgehoben wird?

Zinszeit = 9 Monate = 9 · 30 Tage = 270 Tage

Zinsen $= \frac{4}{100} \cdot 6\,000\,€ \cdot \frac{270}{360}$ — Formel benutzen.

$= \frac{4 \cdot 6000 \cdot 270}{100 \cdot 360}\,€ = \frac{60 \cdot 4 \cdot 3}{4}\,€ = 180\,€$ — Kürzen und ausrechnen

3 Promillerechnung

„Mille" heißt „Tausend". 1 Promille (1 ‰) ist ein Tausendstel.

> **MERKE** 1 ‰ = 1 Tausendstel = $\frac{1}{1000}$.

Wie bei der Prozentrechnung spricht man von „Promillesatz" und „Promillewert". In den Formeln setzt man statt 100 % bzw. 100 einfach 1 000 ‰ bzw. 1 000 ein.

Beispiel: Wie viel sind 2 ‰ von 5 700 €?

Promillewert $= \frac{2}{1\,000} \cdot 5700\,€ = 11{,}4\,€$

Übrigens: 2 ‰ = 0,2 %, weil: $\frac{2}{1\,000} = \frac{0{,}2}{100}$

Test

1 Erweitere den Bruch auf Hundertstel und schreibe ihn als Prozentsatz.

Beispiel: $\frac{1}{20} = \frac{1}{20} \cdot \frac{5}{5} = \frac{5}{100} = 5\,\%$

a) $\frac{1}{4}$ b) $\frac{3}{10}$ c) $\frac{1}{50}$ d) $\frac{3}{15}$

2 Fülle die Tabelle vollständig aus.

Prozentsatz *p* %	Prozentwert *W*	Grundwert *G*
3 %		500 €
5 %	200 m	
	20 kg	800 kg

Test

3 **Unsere Erde hat eine Fäche von insgesamt ca. 500 Mio. km². Davon entfallen ca. 150 Mio. km² auf Land und ca. 350 Mio. km² auf Meer. Berechne die prozentuale Verteilung von Land und Meer.**

4 **Die Firma, bei der Frau Tulpe arbeitet, hatte ein gutes Geschäftsjahr. Die Angestellten erhalten deshalb am Ende des Jahres eine Sonderprämie in Höhe von 35 % eines Monatsgehaltes. Frau Tulpe bekommt mit ihrem Januargehalt zusätzlich 700 € ausgezahlt.**

a) Wie hoch ist ihr reguläres Monatsgehalt?

b) Wie viel € bekommt sie im Januar insgesamt ausgezahlt?

5 **Fülle die Tabelle vollständig aus.**

Bei den Tageszinsen runde auf 2 Nachkommastellen.

Kapital	Zinssatz	Jahreszins	Tageszins
580 €	4 %		
	1,5 %	75 €	
12 000 €		240 €	
	4 %		1,50 €

6 **Berechne die Zinsen.**

a) 18 000 € werden zu 12 % für 80 Tage ausgeliehen.

b) 40 000 € bringen in 120 Tagen Zinsen zu 9 %.

7 **Der Blutalkoholwert (also „das Promille") kann aus dem Gewicht des getrunkenen Alkohols und dem Gewicht der Körperflüssigkeit einer Person (= Grundwert) berechnet werden.**

Bei Männern nimmt man an, dass die Körperflüssigkeit 70 % des Körpergewichts ausmacht; bei Frauen ist der entsprechende Wert 60 %.

a) Ein Mann wiegt 70 kg. Wie schwer ist seine Körperflüssigkeit?

b) Dieser Mann trinkt ein Bier mit 20 g Alkohol. Wie hoch ist bald danach sein Blutalkoholwert in Promille? Runde auf eine Nachkommastelle.

c) Eine Frau von 65 kg trinkt 2 Bier derselben Sorte. Berechne auch ihren Blutalkoholwert.

Rationale Zahlen

1 Positive und negative Zahlen

Damit die Subtraktion beliebiger Zahlen möglich wird, muss man negative Zahlen einführen.

Beispiel: $3 - 5 = -2$ $\qquad$ -2 ist eine negative Zahl.

1.1 Zahlengerade, rationale Zahlen ℚ

Willst du die negativen Zahlen veranschaulichen, dann musst du den Zahlenstrahl über 0 hinaus nach links verlängern. So erhältst du eine **Gerade**. Auf dem Teil der Geraden, der links von 0 liegt, kannst du nun auch jeder negativen Zahl ihren Platz geben. Du brauchst dazu nur die positiven Zahlen am Punkt 0 zu spiegeln.

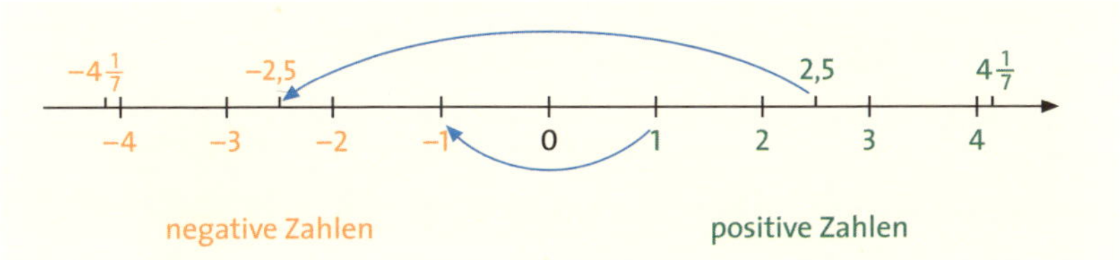

Diese Gerade, auf der es zu jeder positiven und jeder negativen Zahl einen Punkt gibt, heißt **Zahlengerade**. Links von 0 liegen die negativen Zahlen, rechts von 0 die positiven Zahlen. Null ist weder positiv noch negativ!

> **MERKE** Alle diese positiven und negativen Zahlen und die Zahl Null zusammen werden als **rationale Zahlen** bezeichnet.
> Die Menge der rationalen Zahlen wird auch mit ℚ bezeichnet.

Beispiele für rationale Zahlen: $-93\,013$; $-\frac{35}{3}$; 0; $7\frac{11}{13}$; 187; $0{,}00\overline{71}$

■ Für das Rechnen mit positiven und negativen Zahlen ist es hilfreich, sich diese durch Pfeile zu veranschaulichen. Die positiven Zahlen lassen sich durch Pfeile darstellen, die nach rechts weisen, die negativen Zahlen durch Pfeile, die nach links weisen.

Beispiel:

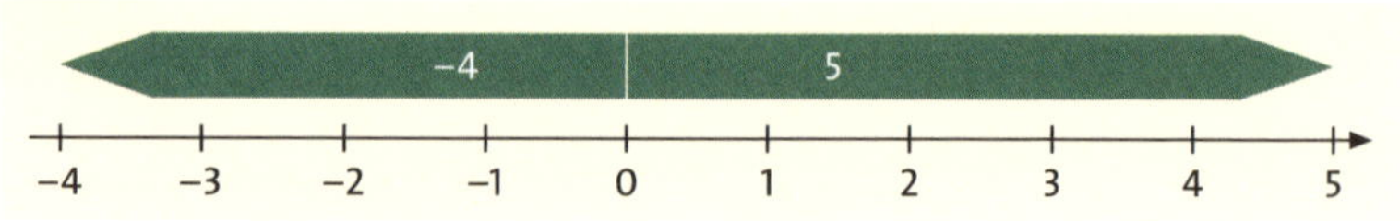

1.2 Gegenzahl und Betrag, ganze Zahlen $\mathbb{Z}$

Zu jeder negativen Zahl gibt es genau eine entsprechende positive Zahl und umgekehrt.

$-3 \rightleftarrows 3$; $\quad -2{,}3 \rightleftarrows 2{,}3$

$3{,}7 \rightleftarrows -3{,}7$; $\quad \frac{5}{4} \rightleftarrows -\frac{5}{4}$

Man sagt: 3 ist die **Gegenzahl** von −3.
−3 ist die **Gegenzahl** von 3.

Die Gegenzahlen 3 und −3 liegen auf der Zahlengeraden symmetrisch zur Zahl 0. Sie haben beide von 0 den Abstand 3.

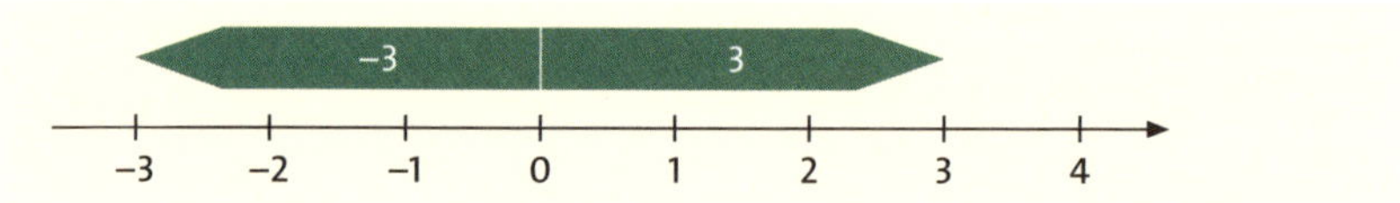

Ihre zugehörigen Pfeile sind in der Richtung unterschiedlich, aber sie sind gleich lang, nämlich 3 Einheiten lang.

> **MERKE** Der Abstand einer Zahl von 0 auf der Zahlengeraden wird als **Betrag** oder auch als **absoluter Betrag** der Zahl bezeichnet.

Die Zahlen 3 und −3 haben also beide den Betrag 3. Anstelle von „der Betrag der Zahl −3“ kannst du auch kürzer schreiben: $|-3|$.

Beispiele:

$|-12| = 12$; $\quad |-25{,}\overline{3}| = 25{,}\overline{3}$; $\quad |0| = 0$

$\left|-\frac{3}{17}\right| = \left|\frac{3}{17}\right| = \frac{3}{17}$; $\quad |-5| = |5| = 5$; $\quad |-0{,}17| = |0{,}17| = 0{,}17$

▶ BEACHTE

- Der Betrag einer positiven Zahl ist die Zahl selbst.
- Der Betrag von 0 ist 0.
- Der Betrag einer negativen Zahl ist gleich ihrer Gegenzahl.

MERKE Zahlen, die als Betrag eine natürliche Zahl oder die Zahl 0 haben, heißen **ganze Zahlen**.
Die Menge der ganzen Zahlen wird auch mit $\mathbb{Z}$ bezeichnet.
$\mathbb{Z} = \{\ldots; -4; -3; -2; -1; 0; 1; 2; 3; 4 \ldots\}$

Beispiele: -3; 0 und 100 sind ganze Zahlen.

$3{,}1$; $-\frac{4}{7}$ und $82\frac{1}{2}$ sind keine ganzen Zahlen.

1.3 Rationale Zahlen vergleichen und anordnen

Auf der Zahlengeraden liegt die kleinere Zahl links von der größeren Zahl.

Beispiel:

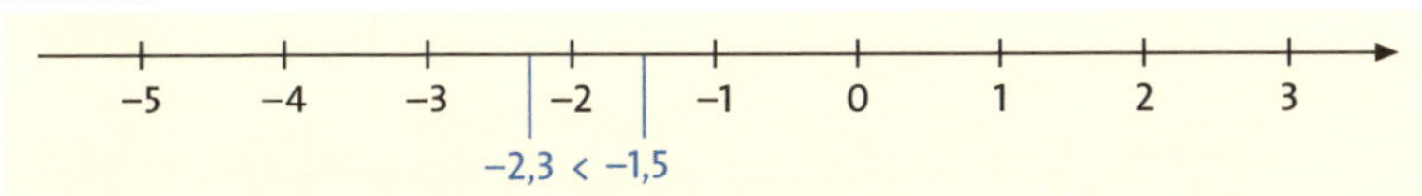

$-2{,}3 < -1{,}5$. Denn $-2{,}3$ liegt links von $-1{,}5$.

▶ **BEACHTE** Bei negativen Zahlen gilt: Die Zahl mit dem größeren Betrag ist die kleinere Zahl.

Beispiel: $-10 < -5$, weil $|-10| > |-5|$.

2 Rechnen mit rationalen Zahlen

2.1 Rationale Zahlen addieren

Negative Zahlen werden beim Rechnen in Klammern gesetzt, wenn sie hinter einem Rechenzeichen stehen. Diese Klammer ist nützlich, um das Rechenzeichen vom Vorzeichen unterscheiden zu können.

Beispiel:

-3 *plus* (-2)

$-3 + (-2)$

$-3 + (-2) = -5$

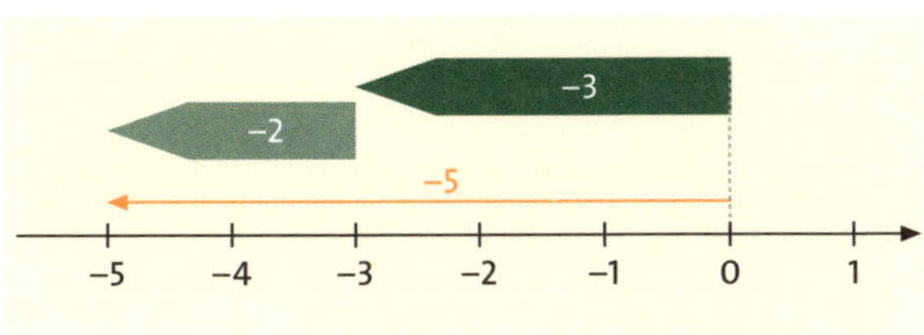

MERKE Zwei negative Zahlen werden folgendermaßen addiert:
- Die Beträge werden addiert und
- vor die Summe wird das Vorzeichen – gesetzt.

Beispiel: $-10 + (-15) = -(10 + 15) = -25$

■ Auch das Addieren einer positiven und einer negativen Zahl lässt sich am besten an der Zahlengeraden veranschaulichen. Dazu zeichnen wir wieder einen Summenpfeil ein.

Beispiele:

a) $3 + (-7)$

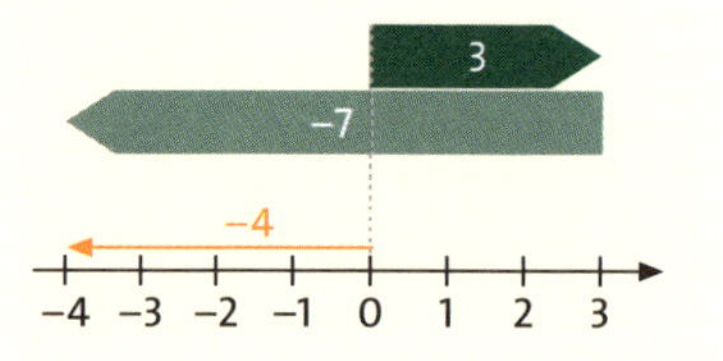

$3 + (-7) = -4$

b) $-3 + 7$

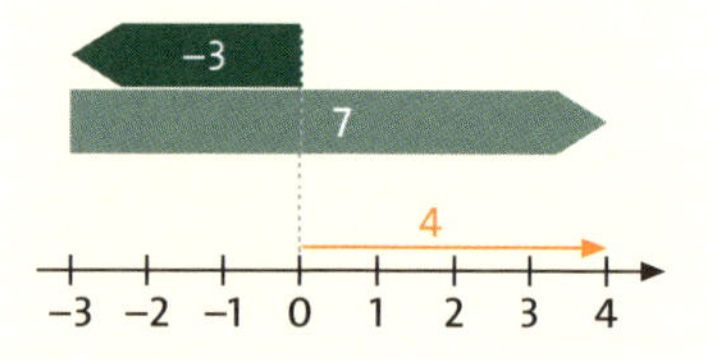

$-3 + 7 = 4$

MERKE Eine positive und eine negative Zahl werden folgendermaßen addiert:
- Der kleinere Betrag wird vom größeren Betrag subtrahiert und
- falls der Betrag der negativen Zahl der größere ist, wird vor diese Differenz das Vorzeichen – gesetzt.

Beispiele:

a) $15 + (-10) = 15 - 10 = 5$

b) $-15 + 10 = -(15 - 10) = -5$

2.2 Rationale Zahlen subtrahieren

Bei der **Addition** wird an die Spitze des ersten Pfeils der *Anfang* des zweiten gelegt. Das Ergebnis der Addition, die Summe, wird an der *Spitze* des zweiten Pfeils abgelesen.

Bei der **Subtraktion** ist es anders: An die Spitze des ersten Pfeils wird die *Spitze* des zweiten gelegt. Das Ergebnis der Subtraktion, die Differenz, entspricht der Differenz (dem Unterschied) der beiden Pfeile. Die Differenz wird dann am *Anfang* des zweiten Pfeils abgelesen.

Beispiele:

Subtraktion: $6 - 2 = 4$

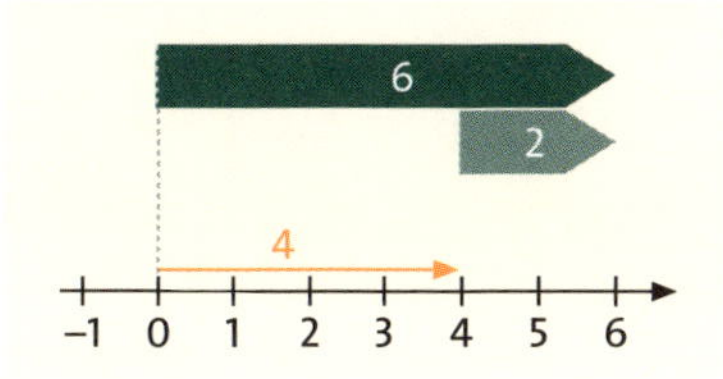

Addition: $6 + (-2) = 4$

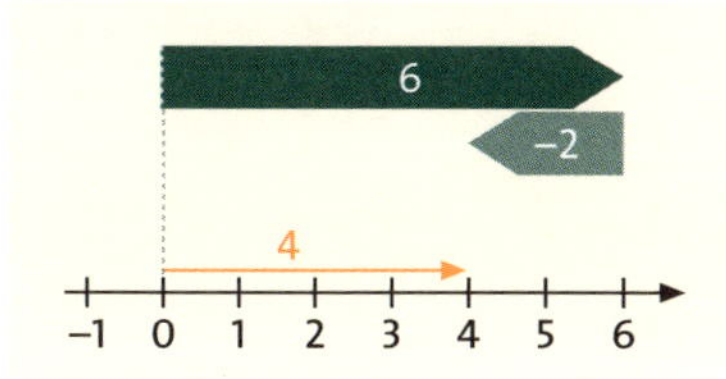

Subtraktion: $2 - (-5) = 7$

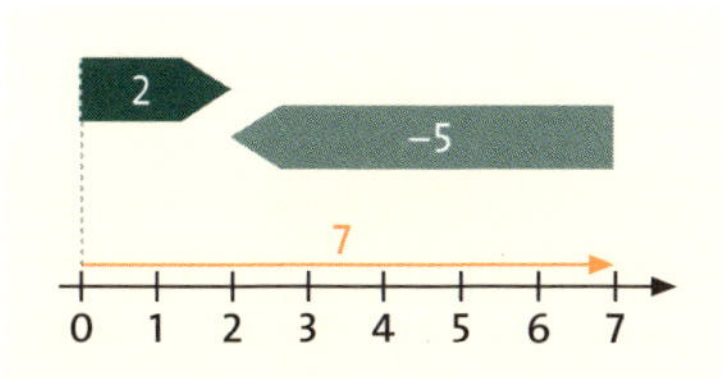

Addition: $2 + 5 = 7$

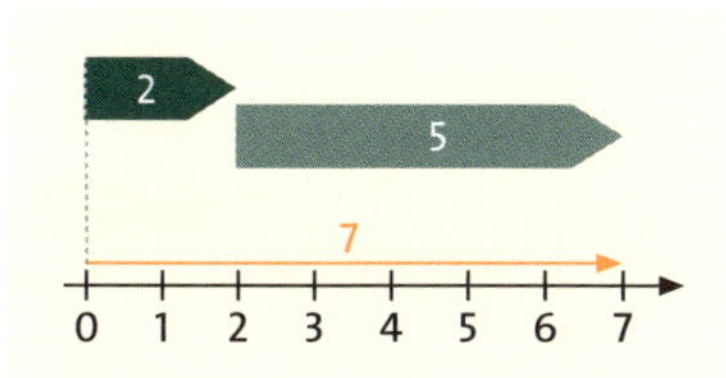

Vergleiche die obigen Subtraktionsaufgaben mit den Additionsaufgaben. *Subtrahieren einer Zahl* und *Addieren der Gegenzahl* liefern das gleiche Ergebnis. Die Regel für das Subtrahieren lautet daher:

> **MERKE** Eine rationale Zahl wird folgendermaßen subtrahiert: Ihre Gegenzahl wird addiert.

Beispiele:

a) $23 - 79 = 23 + (-79) = -56$ b) $18 - (-12) = 18 + 12 = 30$

2.3 Rationale Zahlen multiplizieren

Man multipliziert zwei rationale Zahlen miteinander, indem man ihre Beträge multipliziert und dem Produkt ein Vorzeichen nach den nebenstehenden Regeln gibt.

⊞ · ⊞ = ⊞
⊞ · ⊟ = ⊟
⊟ · ⊞ = ⊟
⊟ · ⊟ = ⊞

Beispiele:

a) $7 \cdot (-3) = -21$ b) $(-5) \cdot 6 = -30$ c) $-3 \cdot (-8) = 24$

⊞ · ⊟ = ⊟ ⊟ · ⊞ = ⊟ ⊟ · ⊟ = ⊞

▶ **BEACHTE** Das Multiplizieren mit 0; 1 oder –1 ist besonders einfach:

	Beispiele:
▸ $0 \cdot a = 0$ und $a \cdot 0 = 0$	$0 \cdot (-6) = 0$; $\left(-\frac{2}{3}\right) \cdot 0 = 0$
▸ $1 \cdot a = a$ und $a \cdot 1 = a$	$1 \cdot (-6) = -6$; $\left(-\frac{2}{3}\right) \cdot 1 = -\frac{2}{3}$
▸ $(-1) \cdot a = -a$ und $a \cdot (-1) = -a$	$(-1) \cdot (-6) = 6$; $\left(-\frac{2}{3}\right) \cdot (-1) = \frac{2}{3}$

Wenn mehrere Zahlen miteinander zu multiplizieren sind, so kannst du dies schrittweise von links nach rechts tun.

Beispiel: $(-7) \cdot 3 \cdot (-5) = (-21) \cdot (-5) = 105$

> **MERKE** Vorzeichenregeln bei der Multiplikation:
> ▸ Ist die Anzahl der negativen Faktoren eine *gerade* Zahl, so ist das Ergebnis *positiv*.
> ▸ Ist die Anzahl der negativen Faktoren eine *ungerade* Zahl, so ist das Produkt *negativ*.

Die Anzahl der positiven Faktoren spielt dabei keine Rolle.

▶ **BEACHTE** Für Potenzen negativer Zahlen gilt deswegen:

▸ Ist die Hochzahl *ungerade*, erhält man eine *negative* Zahl.

▸ Ist die Hochzahl *gerade*, erhält man eine *positive* Zahl.

Beispiele:

a) $(-2)^3 = (-2) \cdot (-2) \cdot (-2) = -8$ b) $\left(-\frac{2}{3}\right)^4 = \frac{16}{81}$

2.4 Rationale Zahlen dividieren

Man dividiert zwei rationale Zahlen durch einander, indem man ihre Beträge dividiert und dem Quotienten ein Vorzeichen nach den nebenstehenden Regeln gibt.

⊞ : ⊞ = ⊞
⊞ : ⊟ = ⊟
⊟ : ⊞ = ⊟
⊟ : ⊟ = ⊞

Vergleiche mit den Vorzeichenregeln beim Multiplizieren. Es fällt auf:

> **MERKE** Bei der Division gelten die gleichen Vorzeichenregeln wie bei der Multiplikation.

Beispiele:

a) $6 : (-3) = -2$ b) $(-3) : 6 = -\frac{1}{2}$ c) $-6 : (-3) = 2$

⊞ : ⊟ = ⊟ ⊟ : ⊞ = ⊟ ⊟ : ⊟ = ⊞

▶ **BEACHTE** Besonderheiten beim Dividieren mit 0 und 1:

	Beispiele:
▸ Wenn man 0 durch eine positive oder negative Zahl dividiert, so ist das Ergebnis 0.	$0 : (-3) = 0$
▸ Aber keine rationale Zahl darf durch 0 dividiert werden.	4 : 0 geht nicht
▸ Wenn man eine rationale Zahl durch 1 dividiert, erhält man stets den Dividenden als Ergebnis.	$(-5) : 1 = -5$
▸ Wenn aber 1 durch eine rationale Zahl dividiert wird, so ist das Ergebnis der Kehrwert des Divisors.	$1 : (-7) = -\frac{1}{7}$
▸ Wenn man eine rationale Zahl durch –1 dividiert, erhält man stets die Gegenzahl des Dividenden.	$3 : (-1) = -3$

3 Rechengesetze

MERKE Für beliebige rationale Zahlen *a, b, c* gelten die folgenden Rechengesetze:

Assoziativgesetze

$(a + b) + c = a + (b + c)$

$(a \cdot b) \cdot c = a \cdot (b \cdot c)$

Kommutativgesetze

$a + b = b + a$

$a \cdot b = b \cdot a$

Distributivgesetz

$a \cdot (b + c) = a \cdot b + a \cdot c$

Diese Rechengesetze kann man oft nutzen, um geschickt zu rechnen.

Beispiele:

a) $4 \cdot (-3{,}6) \cdot 25 = (4 \cdot 25) \cdot (-3{,}6) = 100 \cdot (-3{,}6) = -360$

b) $98 \cdot 7 + 2 \cdot 7 = (98 + 2) \cdot 7 = 100 \cdot 7 = 700$

Test

1 Ordne die folgenden rationalen Zahlen. Beginne mit der kleinsten Zahl.

a) −71; −20; 13; 0; −17; −10; 17; −21 b) 2; −3,5; 5,2; −3,0; −14; 5,15

2 Fülle die Tabelle aus.

	x	y	$x+y$	$x-y$	$y-x$	$x\cdot y$	$x:y$	$y:x$
a)	−65	13						
b)	−90	−10						
c)	4,2	−6						
d)	−0,8	2,4						
e)	35		34,5					
f)	−2,7					0,81		
g)		0,5					−0,8	
h)	$\frac{1}{4}$			$\frac{5}{8}$				

3 Berechne, wenn möglich.

a) $0:\left(-\frac{5}{6}\right)$ b) $1:\left(-\frac{5}{6}\right)$ c) $\left(-\frac{5}{6}\right):1$

d) $\left(-\frac{5}{6}\right):0$ e) $\left(-\frac{5}{6}\right):(-1)$ f) $(-1):\left(-\frac{5}{6}\right)$

4 Beachte die Vorrangregeln: Klammern zuerst, dann Punkt vor Strich.

a) $47-(-8)\cdot(-7)$ b) $3\cdot(-9)+(-5)\cdot 4$ c) $28:(-4)-3\cdot(15-21)$

d) $6-6\cdot\left(-\frac{5}{9}\right):\frac{2}{3}$ e) $\frac{5}{9}-\left(\frac{3}{5}-\frac{2}{9}\right)+\frac{3}{5}$ f) $\frac{4}{5}:(-8)+\frac{1}{2}\cdot\left(-\frac{3}{5}\right)$

5 Achte besonders auf die Vorzeichen.

a) $(-10)\cdot(-10)\cdot(10)\cdot(-10)$ b) $(2\cdot 3)\cdot(-1)^{20}\cdot(7\cdot 3)$

c) $(-100):(-25)$ d) $3\cdot 4\cdot(-4):[(-2)^2\cdot(-6)]$

6 Rechne geschickt. Nutze die Assoziativ- und Kommutativgesetze.

a) $3{,}9+4{,}8+6{,}1$ b) $(-4{,}7)+23{,}2+5{,}7$

c) $2\cdot(-13)\cdot(-50)$ d) $5\cdot(-157)\cdot 20$

7 Rechne geschickt. Nutze das Distributivgesetz.

a) $81\cdot 7+9\cdot 7$ b) $17\cdot 56+17\cdot 44$

c) $12\cdot(-1{,}1)+12\cdot(-0{,}9)$ d) $2{,}9\cdot(-4{,}2)-2{,}9\cdot 5{,}8$

Termumformungen

1 Grundbegriffe

Ein **Term** ist ein Rechenausdruck. Ein Term kann neben Zahlen auch Buchstaben enthalten. Die Buchstaben sind dann **Platzhalter (Variable)** für Zahlen.

Beispiele:

a) Terme ohne Variablen: $5 + 13$; $(2 - 7) \cdot [0{,}2 : (-100)]$

b) Terme mit Variablen: $4a - 3b$; $x^2 + 3x - 5$; $(x + y)(2 - y)$

▶ **BEACHTE** Bei dieser Schreibweise können die Mal-Punkte zwischen Zahlen und Variablen weggelassen werden: $4a$ bedeutet also $4 \cdot a$, $3b = 3 \cdot b$ und $(x + y)(2 - y) = (x + y) \cdot (2 - y)$.

Will man angeben, dass ein Term T die Variable x enthält, schreibt man $T(x)$ (lies: „T von x").

Beispiele: $T(x) = 4x^3 - 2x$; $T(a) = 6a - 4$; $T(x,y) = 3x - 4y$.

■ Werden die Variablen durch Zahlen ersetzt, erhält der Term einen bestimmten Wert. Für dieselbe Variable muss dabei immer dieselbe Zahl eingesetzt werden.

Beispiel: Wir setzen in den Term $T(x; y) = (3x - y) \cdot x$ die Zahlen $x = 5$ und $y = 1$ ein. Dann ist $T(5; 1) = (3 \cdot 5 - 1) \cdot 3 = 14 \cdot 3 = 42$.

Die Menge der Zahlen, die zum Einsetzen vorgegeben ist, heißt **Grundmenge $\mathbb{G}$**. Die Grundmenge $\mathbb{G}$ wird zusammen mit der Aufgabenstellung vergeben. Manchmal lässt sich für eine Zahl aus der Grundmenge der Term nicht berechnen, z. B. weil der Nenner dann null wäre. Diejenigen Zahlen der Grundmenge, für die sich ein Termwert berechnen lässt, bilden die **Definitionsmenge $\mathbb{D}$**. Die Definitionsmenge $\mathbb{D}$ ist eine Teilmenge der Grundmenge $\mathbb{G}$. $\mathbb{D} \subset \mathbb{G}$.

Beispiele:

a) Gegeben: Term $T(a) = 3a - 2$, Grundmenge $\mathbb{G} = \mathbb{Q}$.
Für alle Zahlen aus $\mathbb{Q}$ ist ein Termwert berechenbar: $\mathbb{D} = \mathbb{Q}$.
Einsetzen von 1,5 für a: $T(1{,}5) = 3 \cdot 1{,}5 - 2 = 4{,}5 - 2 = 2{,}5$.
Einsetzen von -2 für a: $T(-2) = 3 \cdot (-2) - 2 = -6 - 2 = -8$.

b) Gegeben: Term $T(x) = \frac{5x+3}{x}$, Grundmenge $\mathbb{G} = \mathbb{Z}$.
Für $x = 0$ ist der Term nicht definiert (der Nenner wäre sonst null), deswegen muss Null aus der Definitionsmenge $\mathbb{D}$ ausgeschlossen werden. Für alle anderen ganzen Zahlen ist ein Wert berechenbar. Somit: $\mathbb{D} = \mathbb{Z}\setminus\{0\}$ (lies: „die ganzen Zahlen ohne 0").
Wertetabelle:

x	−2	−1	1	2
$T(x)$	3,5	2	8	6,5

■ Zwei Terme nennt man **äquivalent (gleichwertig)**, wenn sie für jedes Einsetzen denselben Wert besitzen.

Beispiel:

$T_1(x) = 2x + 2$ und $T_2(x) = 2 \cdot (x + 1)$ sind äquivalent.
Man schreibt: $T_1(x) = T_2(x)$.

2 Summen und Differenzen vereinfachen

Bei Summen oder Differenzen können gleiche Variable zusammengefasst werden. Dazu werden die **Koeffizienten (Beizahlen)** addiert bzw. subtrahiert.

Beispiele:

a) $9x + 6{,}5x = 15{,}5x$; da $9x + 6{,}5x = (9 + 6{,}5)x = 15{,}5x$.
b) $4y - 6y = -2y$; da $4y - 6y = (4 - 6)y = -2y$.
Im Beispiel a) sind 9 und 6,5 die Koeffizenten der Variablen x.

Ungleiche Variablen, wie sie die Terme $3a - 4b$, $6a + 3$ oder $7y - 8z$ enthalten, können nicht zusammengefasst werden.

■ Beim Rechnen mit Variablen gelten dieselben Regeln wie beim Rechnen mit Zahlen:

▶ Die Glieder der Summe können beliebig vertauscht werden. Sie nehmen dabei ihr Rechenzeichen mit.

Beispiele:

a) $4x - 5x + 16x + 5x = 4x + 16x - 5x + 5x = 20x$
b) $3a - 6b + 7a = 3a + 7a - 6b = 10a - 6b$

▸ Vorzeichenregeln beim Weglassen und Setzen von Klammern:
Steht vor der Klammer ein *Plus*-Zeichen, so kann man die Klammer einfach weglassen.
Steht vor der Klammer ein *Minus*-Zeichen, so erhalten nach dem Weglassen der Klammer alle Summanden in der Klammer das entgegengesetzte Vorzeichen.

Beispiele:

a) $3a + (7a - 15a) = 3a + 7a - 15a = 10a - 15a = -5a$
b) $7b - (6b - 9b) = 7b - 6b + 9b = b + 9b = 10b$

■ Treten verschiedene Variablen auf, vereinfacht man so:
1 Gleiche Variablen so weit wie möglich zusammenfassen.
2 Das Ergebnis alphabetisch sortieren.
3 Wenn eine Variable mit verschiedenen Potenzen vorkommt, dann schreibt man zuerst die Potenz mit der größten Hochzahl.

Beispiel:

$6x + 8x^2 + 4y - 10x + 8y = (6 - 10)x + (4+8)y + 8x^2 = 8x^2 - 4x + 12y$

3 Produkte vereinfachen, binomische Formeln

Bei Produkten mit Variablen werden Koeffizienten mit Koeffizienten und Variable mit Variable multipliziert. Im Ergebnis werden die Variablen in alphabetischer Reihenfolge geordnet.

Beispiele:

a) $5ax \cdot 12by = (5 \cdot 12) \cdot (ax \cdot by) = 60abxy$
Kurz: $5ax \cdot 12by = 60abxy$
b) $6yz \cdot (-3xy^2z) = [6 \cdot (-3)] \cdot (yz \cdot xy^2z) = -18xy^3z^2$
Kurz: $6yz \cdot (-3xy^2z) = -18xy^3z^2$

■ Bei Produkten mit Klammern wird beim Ausmultiplizieren das Distributivgesetz angewandt:
$(a + b) \cdot c = a \cdot c + b \cdot c$ und $(a - b) \cdot c = a \cdot c - b \cdot c$.
Jeder einzelne Summand der Klammer wird der Reihe nach mit dem Faktor außerhalb der Klammer multipliziert. Dabei müssen die Vorzeichenregeln beachtet werden.

Beispiele:

a) $(5x + 3y) \cdot 2z = 5x \cdot 2z + 3y \cdot 2z = 10xz + 6yz$

b) $(0{,}5ab - 6bc) \cdot (-4abc) = 0{,}5ab \cdot (-4abc) - 6bc \cdot (-4abc)$
$= -2a^2b^2c + 24ab^2c^2$

Ist der Faktor selbst ein Klammerterm, so kann man in zwei Schritten ausmultiplizieren.

Beispiel:

$(3a - 2b + c) \cdot (2x - 2y)$	
$= 3a \cdot (2x - 2y) - 2b \cdot (2x - 2y) + c \cdot (2x - 2y)$	1. Der rechte Klammerterm bleibt, wie er ist, der linke wird ausmultipliziert.
$= 3a \cdot 2x - 3a \cdot 2y - 2b \cdot 2x + 2b \cdot 2y + c \cdot 2x - c \cdot 2y$	2. Jetzt jedes der drei Summenglieder für sich ausmultiplizieren.
$= 6ax - 6ay - 4bx + 4by + 2cx - 2cy$	3. Ausrechnen und sortieren. Fertig.

■ Einen zweigliedrigen Term wie $a + b$ oder $a - b$ nennt man ein **Binom**. Die Multiplikation zweier solcher Terme ergibt:

$(a + b)^2 = (a + b) \cdot (a + b) = a^2 + ab + ba + b^2 = a^2 + 2ab + b^2$

$(a - b)^2 = (a - b) \cdot (a - b) = a^2 - ab - ba + b^2 = a^2 - 2ab + b^2$

$(a + b) \cdot (a - b) = a^2 - ab + ba - b^2 = a^2 - b^2$

MERKE Damit erhält man die **binomischen Formeln**:

1 $(a + b)^2 = a^2 + 2ab + b^2$

2 $(a - b)^2 = a^2 - 2ab + b^2$

3 $(a + b) \cdot (a - b) = a^2 - b^2$

In den Aufgaben werden dann die Platzhalter a und b durch die entsprechenden Zahlen oder Terme ersetzt.

Beispiele zu den Formeln:

a) $(3x - y)^2$; 2. binomische Formel
$(3x - y)^2 = (3x)^2 - 2 \cdot 3x \cdot y + y^2 = 9x^2 - 6xy + y^2$

b) $(-2a + 4b)^2$; 1. binomische Formel
$(-2a + 4b)^2 = (-2a)^2 + 2 \cdot (-2a) \cdot 4b + (4b)^2 = 4a^2 - 16ab + 16b^2$

c) $(6m + 4n) \cdot (6m - 4n)$; 3. binomische Formel
$(6m + 4n) \cdot (6m - 4n) = (6m)^2 - (4n)^2 = 36m^2 - 16n^2$

4 Faktorisieren durch Ausklammern und binomische Formeln

Besitzen in einer Summe mehrere Summanden gleiche Faktoren, so können diese gleichen Faktoren ausgeklammert werden. Die Summe wird so zu einem Produkt.

Beispiele:

a) $15xy + 20ab = 5 \cdot 3xy + 5 \cdot 4ab = 5 \cdot (3xy + 4ab)$
   Kurz: $15xy + 20ab = 5 \cdot (3xy + 4ab)$

b) $16a^4x - 40a^3x^3y = 8a^3x \cdot (2a - 5x^2y)$

c) $x^2 + x = x \cdot x + 1 \cdot x = x \cdot (x + 1)$

Im letzten Beispiel wurde der Koeffizient 1 beim zweiten Summanden x noch einmal besonders hervorgehoben.

■ Manchmal kann man die binomische Formel „andersherum“ anwenden: Liest man die binomischen Formeln von rechts nach links, so lassen sich bestimmte Summenterme in Produkte umwandeln.

Beispiele:

a) $x^2 - 10xy + 25y^2 = (x - 5y)^2$;
   2. binomische Formel: $a^2 - 2ab + b^2 = (a - b)^2$
   Beim Umwandeln sind folgende Überlegungsschritte wichtig:
   1 Der Term enthält zwei Quadrate: x^2 und $25y^2 = (5y)^2$.
   2 Damit ist $a = x$ und $b = 5y$.
   3 Enthält der Term auch den Substrahenden $-2ab$?
   $-2ab = -2 \cdot x \cdot 5y = -10xy$
   Das ist erfüllt, also darf man die 2. binomische Formel anwenden.

b) $64r^2 + 48rs + 9s^2 = (8r + 3s)^2$; (1. binomische Formel)

c) $36u^2 - 9v^2 = (6u)^2 - (3v)^2 = (6u + 3v) \cdot (6u - 3v)$;
   (3. binomische Formel)

▶ **BEACHTE** Terme vom Typ $a^2 + b^2$ lassen sich mit binomischen Formeln nicht umwandeln.

Test

1 Berechne den Wert des Terms.

$x \cdot (2x+1)$ für $x = -1; 0; 1; 2; 3.$

2 Vereinfache.

a) $8a \cdot 4b$
b) $-2u^2 \cdot 5u \cdot (-6u^2)$
c) $28vw^2 \cdot 5v^3w^2$
d) $(-5xyz) \cdot (8xy^2)$

3 Fasse so weit wie möglich zusammen.

a) $5p + 9p$
b) $3x^2 - 7x^2 + 9x^2$
c) $4u^2 - 3u + 9u - 2u^2$
d) $-a + 12 + 7a - 13$
e) $-4st + 11s^2t + 5ts + 7s^2t$
f) $13xy + 8x^2y - 5yx^2 + 7xy^2$

4 Löse die Klammern auf.

a) $x(x+2)$
b) $4(5r + 2s - 7t)$
c) $5u^2w(9w - 4uw + 12uw^2)$
d) $(9s - 8t) \cdot 2s$
e) $(52p - 39) : 13$
f) $(7u - 2w^3)^2$

5 Multipliziere aus und vereinfache.

a) $(3a + 5b)(2a + b)$
b) $(7q - 5)(10 - 3q)$
c) $(3 + 4x)(2 - 5x)$
d) $(6s^2 - 7s - 5t)(2s - 3t)$
e) $(r^2 + 4)(r^2 - 4)$
f) $(x^4 + x^3 + x^2 + x + 1)(x - 1)$

6 Berechne mit Hilfe der binomischen Formeln.

a) $(x - 2)^2$
b) $(3p + 7)^2$
c) $(8x + y)^2$
d) $(9u - 1)^2$
e) $(4s - 5t)(4s + 5t)$
f) $(3a + b)(3a - b)$

7 Klammere so weit wie möglich aus.

a) $30z + 45$
b) $p^3 - 3p$
c) $36s^2 - 6st$
d) $v^4 - v^3 + v^2$
e) $r^2 + 16r + 64$
f) $39x^3y - 52x^2y^2 + 26x^2yz$

8 Schreibe, falls möglich, die folgenden Summen unter Verwendung der binomischen Formeln als Produkt.

a) $u^2 - 16$
b) $x^2 + 4y^2$
c) $4a^2 - 25b^2$
d) $x^2 + 10xy + 25y^2$

Gleichungen und Ungleichungen

1 Gleichungen

1.1 Lösungsmenge und Äquivalenzumformungen

Beispiel: $x + 3 = 10$; $\mathbb{G} = \mathbb{N}$

Mit welcher Zahl aus der Grundmenge $\mathbb{N}$ muss man die Variable x belegen, um eine wahre Aussage zu erhalten?

Mit $x = 7$ erhält man $7 + 3 = 10$, also eine wahre Aussage.

Die Lösung(en) einer Gleichung – manchmal sind es mehrere – fasst man in der **Lösungsmenge** L zusammen. In dem Beispiel oben ist $L = \{7\}$. Die Lösungsmenge muss Teilmenge der Grundmenge sein ($L \subset \mathbb{G}$).

■ Systematisch löst man Gleichungen, indem man sie durch **Äquivalenzumformungen** (d. h. Umformungen, bei denen die Lösungsmenge gleich bleibt) schrittweise vereinfacht, bis auf einer Seite der Gleichung nur noch die Variable und auf der anderen Seite die Lösung steht.

> **MERKE** Äquivalenzumformungen bei Gleichungen sind:
> 1 Addition und Subtraktion mit derselben Zahl auf beiden Seiten der Gleichung.
> 2 Multiplikation und Division mit derselben *von null verschiedenen* Zahl auf beiden Seiten der Gleichung.

Beispiele:

a)	$x + 3 = 10$; $\mathbb{G} = \mathbb{Q}$	Grundmenge sind die rationalen Zahlen $\mathbb{Q}$. (Diese Angabe wird oft auch weggelassen.)
	$x + 3 = 10 \quad \vert -3$	Subtrahiere 3 auf beiden Seiten.
	$x = 7$	Links die Variable, rechts die Lösung.
	$L = \{7\}$	Schreibe noch die Lösungsmenge auf.
b)	$-3x = 30 \quad \vert :(-3)$	Dividiere beide Seiten durch -3.
	$x = -10$	Links die Variable, rechts die Lösung.
	$L = \{-10\}$	Vergiss nicht die Lösungsmenge.

c) $-3x + 5 = 35 \quad | -5$ — Zuerst die Addition oder Subtraktion.

$-3x = 30 \quad | :(-3)$ — Dann die Division.

$x = -10$

$L = \{-10\}$ — Vergiss nicht die Lösungsmenge.

■ Zum Lösen einer Gleichung der Form $ax + b = cx + d$ (z. B. $5x - 7 = 3x + 8$) mit rationalen Zahlen a, b, c und d geht man folgendermaßen vor:

1 Durch Addition oder Subtraktion bringt man die Summanden mit der Variablen x auf die eine Seite der Gleichung und die Summanden ohne Variable auf die andere Seite.

2 Anschließend dividiert man durch die Beizahl der Variablen.

3 Man schreibt die Lösungsmenge auf.

Beispiel:

$5x - 7 = 3x + 8 \quad | -3x$

$2x - 7 = 8 \quad | +7$

$2x = 15 \quad | :2$

$x = \frac{15}{2}$

$L = \left\{\frac{15}{2}\right\}$

1. Schritt: Subtrahiere $3x$, addiere 7. So kommen alle Summanden mit der Variablen auf die linke Seite, die anderen auf die rechte.

2. Schritt: Dividiere durch die Beizahl von x.

3. Schritt: Lösungsmenge notieren.

Die **Probe**:

$\text{lT} = 5 \cdot \frac{15}{2} - 7 = \frac{75}{2} - \frac{14}{2} = \frac{61}{2}$

$\text{rT} = 3 \cdot \frac{15}{2} + 8 = \frac{45}{2} + \frac{16}{2} = \frac{61}{2}$

Bei der **Probe** setzten wir die Lösung in den linken Term (lT) und den rechten Term (rT) ein und berechnen beide für sich. Ergibt sich für beide Terme derselbe Zahlenwert, ist das Ergebnis richtig.

▶ **BEACHTE** Sonderfälle:

▸ Ergibt sich beim Vereinfachen einer Gleichung eine wahre Aussage (z. B. $0 = 0$ oder $5 = 5$), so ist die Lösungsmenge $L = \mathbb{G}$.

▸ Ergibt sich eine falsche Aussage (z. B. $0 = 2$), so ist $L = \{\,\}$. Die Gleichung ist also unlösbar.

Beispiele:

a) $10x - 3 = 10x - 3 \quad | -10x$

$-3 = -3$

$L = \mathbb{G} = \mathbb{Q}$

b) $x + 4 = x + 5 \quad | -x$

$4 = 5$

$L = \{\,\}$

1.2 Umfangreiche Gleichungen vereinfachen

Umfangreichere Gleichungen ohne Bruchterme werden durch bereits bekannte Rechengesetze und mit Äquivalenzumformungen in einfache Gleichungen verwandelt und dann gelöst. Durch eine Probe kannst du deine Rechnung überprüfen.

Lösungsschritte:

1 Beide Seiten als (möglichst einfache) Summen schreiben.

2 Durch geeignete Äquivalenzumformungen störende Summanden wie x^2, $5x^4$ und Ähnliches beseitigen. (Wenn das nicht geht, dann ist es keine *lineare* Gleichung!)

3 Die entstehende einfache Gleichung wie im Abschnitt 1 lösen.

Beispiel:

$(x-3)(x+3) = (x+4)^2 - 5(x-7)$

$x^2 - 9 = x^2 + 8x + 16 - 5x + 35$

$x^2 - 9 = x^2 + 3x + 51 \quad | -x^2$

$-9 = 3x + 51 \quad | -51$

$-60 = 3x \quad | :3$

$-20 = x$

1. Schritt: Als Summen schreiben und vereinfachen.
2. Schritt: x^2 entfernen.
3. Schritt: Ich rechne mit Äquivalenzumformungen weiter.

$L = \{-20\}$

Probe:

$\text{lT} = -23 \cdot (-17)$
$= 391$

$\text{rT} = (-16)^2 - 5 \cdot (-27)$
$= 256 + 135$
$= 391$

2 Ungleichungen

Bei einer Ungleichung steht statt des Gleichheitszeichens ein Ungleichheitszeichen (<, ≤, > oder ≥).

Beispiel: $x \geq 7$; $\mathbb{G} = \mathbb{N}$; $L = \{7; 8; 9; 10; 11; 11; 12 \ldots\}$

Ungleichungen kann man ebenso wie Gleichungen mit Äquivalenzumformungen lösen.

▶ **BEACHTE** Bei Multiplikation und Division gibt es eine abweichende Regel (Äquivalenzumformung 3)!

MERKE Äquivalenzumformungen bei Ungleichungen sind:

1 Addition und Subtraktion mit derselben Zahl auf beiden Seiten der Ungleichung.
2 Multiplikation und Division mit derselben *positiven* Zahl auf beiden Seiten der Ungleichung.
3 Multiplikation und Division mit derselben *negativen* Zahl auf beiden Seiten der Ungleichung, wobei sich das Ungleichheitszeichen *umkehrt* (aus < wird >, aus ≤ wird ≥ und umgekehrt).

Beispiele:

a) $5x + 1 > -31 \quad | -1$

$5x > -32 \quad | :5$

$x > -\frac{32}{5}$

$x > -6{,}4$

$L = \{x \in \mathbb{Q} \mid x > -6{,}4\}$

Da wir durch die *positive* Zahl 5 dividieren, bleibt das Ungleichzeichen erhalten.

Das bedeutet: Die Lösungsmenge ist die Menge aller rationalen Zahlen größer als – 6,4.

b) $-11a + 4 \leq 6 - 11a \quad | +11a$

$4 \leq 6$

$L = \mathbb{Q}$

Die Aussage ist immer richtig. Lösungsmenge ist deshalb die Grundmenge, also $\mathbb{Q}$.

c) $-3x + 7 \geq 1 \quad | -7$

$-3x \geq -6 \quad | : (-3)$

Wir dividieren durch eine *negative* Zahl. Also müssen wir das Ungleichheitszeichen umdrehen.

$x \leq -6 : (-3)$

$x \leq 2$

$L = \{x \in \mathbb{Q} \mid x \leq 2\}$

Lösungsmenge ist die Menge aller rationalen Zahlen kleiner gleich 2.

3 Lösen von Textaufgaben

Beim Lösen von Textaufgaben kannst du dich an folgendes Schema halten:

1 Lege genau die Bedeutung der Variablen fest. Meist wird sie x genannt.

2 Übersetze den Text in eine Gleichung.

3 Löse die Gleichung.

4 Mache die Probe.

5 Formuliere den Antwortsatz. Er soll genau die gestellte Frage beantworten.

Beispiel: Hans ist 8 Jahre jünger als Peter. Zusammen sind sie 48 Jahre alt. Wie alt ist jeder?

Als Erstes legen wir die Bedeutung der Unbekannten x fest. Man könnte dafür das Alter von Hans oder Peter wählen. Wir entscheiden uns für Hans.

1 Hans ist x Jahre alt.
Peter ist 8 Jahre älter, also $(x + 8)$ Jahre alt.

2 In der Aussage „Zusammen sind sie 48 Jahre alt" steckt eine Gleichung, nämlich: (Alter von Hans) + (Alter von Peter) = 48 Jahre.
Wir erhalten also: $x + (x + 8) = 48$.
Da x eine Zahl (ohne die Einheit „Jahre") ist, haben wir auch auf der rechten Seite die Einheit weggelassen.

3 Nun lösen wir die Gleichung:

$$
\begin{aligned}
x + (x + 8) &= 48 \\
2x + 8 &= 48 \quad | -8 \\
2x &= 40 \quad | :2 \\
x &= 20
\end{aligned}
$$

4 Probe: $20 + 28 = 48$, stimmt.

5 Antwortsatz: Hans ist 20 Jahre alt, Peter ist 28 Jahre alt.

Test

1 Löse mit zwei Äquivalenzumformungen.

a) $2x + 6 = 26$

b) $0{,}5x - 2 = 10$

c) $3x + 4 = 0$

d) $10x - 11 \leq 4$

2 Wie heißt die Lösungsmenge: $\mathbb{Q}$, { } oder {0}?

a) $2x = -7x$

b) $3(x + 5) = 8 + 3x$

c) $(x + 1)^2 - x^2 - 2x - 1 = 0$

d) $x + 5 > x + 6$

3 Bestimme die Lösungsmenge.

a) $16 - 5z = -7z$

b) $6t - 13 = 5t - 3$

c) $-12x - 14 \geq 3x + 6$

d) $4 - 5z > -1 - 5z$

e) $(3 - 7)z + 6 < 9 - 8z + 13$

f) $6u - (-3u + 4) = 8(u + 4)$

4 Textaufgaben

a) Ein Vater ist viermal so alt wie sein Sohn. Der Altersunterschied beträgt 33 Jahre. Wie alt ist der Sohn und wie alt ist der Vater?

b) Addiert man zu einer Zahl ihr Dreifaches und ihr Fünffaches, so erhält man 135. Wie heißt die Zahl?

Bruchterme

1 Definitionsmenge eines Bruchterms

Bei **Bruchtermen** können Variable auch im Nenner auftreten $\left(\text{z. B. } \frac{2x+1}{x}\right)$. Wie für alle Brüche gilt auch für Bruchterme mit Variablen: Der Nenner darf nicht 0 sein. Deswegen darf man für die Variable nur Zahlen einsetzen, mit denen der Nenner nicht null wird. Das muss bei der Bestimmung der Definitionsmenge $\mathbb{D}$ berücksichtigt werden: Aus der Grundmenge werden die Zahlen entfernt, für die der Nenner null wird.

Beispiele: Die Grundmenge sei stets $\mathbb{G} = \mathbb{Q}$.

a) $\frac{2x+1}{x}$, $\mathbb{D} = \mathbb{Q}\setminus\{0\}$ (lies: „die Menge der rationalen Zahlen ohne 0"), denn für $x = 0$ wird der Nenner null.

b) $\frac{5x-7}{2x-6}$, $\mathbb{D} = \mathbb{Q}\setminus\{3\}$, da für $x = 3$ der Nenner $2x - 6$ null wird.

c) $\frac{x^4+6}{x^2+1}$, $\mathbb{D} = \mathbb{Q}$, da $x^2 + 1$ für keine Zahl aus $\mathbb{Q}$ null wird.

2 Rechnen mit Bruchtermen

2.1 Erweitern und Kürzen von Bruchtermen

Beim **Erweitern** werden Zähler und Nenner mit demselben Term *multipliziert.*

Beispiele:

a) Erweitere $\frac{3x}{5x-2}$ mit x: $\frac{3x}{5x-2} = \frac{3x \cdot x}{(5x-2) \cdot x} = \frac{3x^2}{5x^2-2x}$.

b) Erweitere $\frac{3}{xy}$ auf den Nenner $8x^2y$.

Bestimme zunächst den Erweiterungsfaktor: $8x^2y = xy \cdot 8x$.
xy steht schon im Nenner, deswegen muss noch mit $8x$ erweitert werden:

$$\frac{3}{xy} = \frac{3 \cdot 8x}{xy \cdot 8x} = \frac{24x}{8x^2y}$$

■ Beim **Kürzen** werden Zähler und Nenner durch denselben Term *dividiert.* Dazu werden Zähler und Nenner in Faktoren zerlegt.

▶ **BEACHTE** Es dürfen nur Faktoren gekürzt werden. Aus Summen und Differenzen darf *nicht* gekürzt werden!

Beispiele:

a) $\frac{2x}{x^2} = \frac{2x}{x \cdot x} = \frac{2}{x}$; $x \in \mathbb{Q}\setminus\{0\}$

b) $\frac{2a + ab}{a^2 - a} = \frac{a \cdot (2 + b)}{a \cdot (a - 1)} = \frac{2 + b}{a - 1}$; $(a \in \mathbb{Q}\setminus\{0; 1\}$

In den umgeformten Term $\frac{2 + b}{a - 1}$ könnte man auch $a = 0$ einsetzen, ohne dass der Nenner null wird. Trotzdem muss man die Definitionsmenge des Ausgangsbruchterms beibehalten. Der Ausgangsbruch aber wäre mit $a = 0$ ungültig.

2.2 Addition und Subtraktion von Bruchtermen

Bruchterme mit *gleichem* Nenner werden addiert bzw. subtrahiert, indem man die Zähler addiert bzw. subtrahiert und den Nenner beibehält:

$\frac{a}{c} + \frac{b}{c} = \frac{a+b}{c}$; $\frac{a}{c} - \frac{b}{c} = \frac{a-b}{c}$.

Beispiele:

a) $\frac{2}{3x} + \frac{10}{3x} = \frac{2 + 10}{3x} = \frac{12}{3x} = \frac{4}{x}$

b) $\frac{1}{x - 2x^2} - \frac{4x^2}{x - 2x^2} = \frac{1 - 4x^2}{x - 2x^2} = \frac{(1 + 2x)(1 - 2x)}{x(1 - 2x)} = \frac{1 + 2x}{x}$

Das Ergebnis wird immer vollständig gekürzt.

■ Bruchterme mit *verschiedenen* Nennern werden vor dem Addieren bzw. Subtrahieren auf den gleichen Nenner **(Hauptnenner)** gebracht.

Beispiele:

a) $\frac{4}{x} + \frac{3}{y}$

$= \frac{4 \cdot y}{x \cdot y} + \frac{3 \cdot x}{y \cdot x}$

$= \frac{4y + 3x}{x \cdot y} = \frac{3x + 4y}{xy}$

Ich erweitere den linken Summanden mit dem Nenner des rechten Summanden. Den rechten Summanden erweitere ich mit dem Nenner des linken. Jetzt ausrechnen und sortieren.

b) $\frac{u+v}{6x} + \frac{u}{y} = \frac{(u+v)\cdot y}{6x\cdot y} + \frac{u\cdot 6x}{y\cdot 6x} = \frac{(u+v)\cdot y + u\cdot 6x}{6xy}$

$= \frac{uy + vy + 6ux}{6xy} = \frac{6ux + uy + vy}{6xy}$

■ Bei der Bestimmung des Hauptnenners müssen die gegebenen Nenner häufig in Faktoren zerlegt werden.

Beispiel:

$\frac{5}{6x+6} + \frac{10}{4x+4}$

$= \frac{5}{6\,(x+1)} + \frac{10}{4\,(x+1)}$ — Die Nenner in Faktoren zerlegen.

$= \frac{5\cdot 2}{6\,(x+1)\cdot 2} + \frac{10\cdot 3}{4\,(x+1)\cdot 3}$ — Beide Summanden auf den gemeinsamen Hauptnenner erweitern.

$= \frac{10}{12\,(x+1)} + \frac{30}{12\,(x+1)}$ — Der Hauptnenner ist das kgV der gegebenen Nenner.

$= \frac{40}{12\,(x+1)} = \frac{10}{3\,(x+1)}$ — Berechnen und kürzen.

▶ **BEACHTE** Der **Hauptnenner** ist das kgV der gegebenen Nenner.

2.3 Multiplikation und Division von Bruchtermen

Bruchterme werden multipliziert, indem man Zähler mit Zähler und Nenner mit Nenner multipliziert:

$\frac{a}{b}\cdot\frac{c}{d} = \frac{a\cdot c}{b\cdot d}$.

Es empfiehlt sich, vor dem Ausmultiplizieren zu kürzen.

Beispiele:

a) $\frac{6a}{x}\cdot\frac{b}{2x} = \frac{6a\cdot b}{x\cdot 2x} = \frac{3a\cdot b}{x\cdot 1x} = \frac{3ab}{x^2}$

b) $\frac{x}{3}\cdot\frac{x+1}{x} = \frac{x\cdot(x+1)}{3\cdot x} = \frac{x+1}{3}$

Bei a) wurde mit 3 gekürzt, bei b) wurde mit x gekürzt.

■ Durch einen Bruchterm wird dividiert, indem man mit seinem Kehrbruch multipliziert: $\frac{a}{b} : \frac{c}{d} = \frac{a}{b}\cdot\frac{d}{c}$.

Beispiele:

a) $\frac{2a}{3b} : \frac{2}{3a} = \frac{2a}{3b} \cdot \frac{3a}{2} = \frac{a}{b} \cdot \frac{a}{1} = \frac{a^2}{b}$

b) $(2x + 2) : \frac{x + 1}{x} = (2x + 2) \cdot \frac{x}{x + 1}$

$= \frac{(2x + 2) \cdot x}{x + 1} = \frac{2(x + 1) \cdot x}{x + 1} = \frac{2x}{1} = 2x$

Bei a) wurde mit 2 und mit 3 gekürzt, bei b) mit $(x + 1)$.

3 Bruchgleichungen

Zum Lösen einer Bruchgleichung gehst du folgendermaßen vor:

1 Gleichung auf den Hauptnenner erweitern.
2 Definitionsmenge bestimmen.
3 Mit dem Hauptnenner multiplizieren.
4 Die entstandene Gleichung mit Äquivalenzumformungen (S. 147) lösen.
5 Überprüfen, ob das berechnete Lösungselement in der Definitionsmenge liegt, und die Lösungsmenge aufschreiben.

Beispiel:

$\frac{9 - y}{y + 4} = 2$

$\frac{9 - y}{y + 4} = \frac{2\,(y + 4)}{y + 4}$

1. Schritt: Erweitern auf den Hauptnenner $y + 4$.

$y + 4 = 0 \Rightarrow y = -4$
Also ist $\mathbb{D} = \mathbb{Q} \setminus \{-4\}$.

2. Schritt: Definitionsmenge bestimmen.

$\frac{9 - y}{y + 4} = \frac{2\,(y + 4)}{y + 4} \quad | \cdot (y + 4)$

3. Schritt: Mit Hauptnenner multiplizieren.

$9 - y = 2y + 8 \quad | + y - 8$

$3y = 1 \quad | : 3$

$y = \frac{1}{3} \in \mathbb{D}$

4. Schritt: Gleichung mit Äquivalenzumformungen lösen.

$L = \left\{\frac{1}{3}\right\}$

5. Schritt: Lösungsmenge aufschreiben.

■ Beim Lösen von Bruchgleichungen der Form $\frac{a}{b} = \frac{c}{d}$ kann man mit etwas Übung Schritt 1 und Schritt 3 zusammenfassen. Dazu muss man „über Kreuz multiplizieren". Du erhältst: $a \cdot d = b \cdot c$.

Beispiel:

$$\frac{5}{x} = \frac{1}{x-8} \qquad \mathbb{D} = \mathbb{Q}\setminus\{0; 8\}$$

$$5 \cdot (x-8) = 1 \cdot x$$

$$5x - 40 = x \qquad | -x + 40$$

$$4x = 40 \qquad | : 4$$

$$x = 10;\ 10 \in \mathbb{D}$$

$$L = \{10\}$$

Test

1 Bestimme die Definitionsmenge der folgenden Terme.

a) $\frac{3}{7x}$ b) $\frac{d}{d-11}$

c) $\frac{3y-5}{8y+24}$ d) $\frac{2z-3}{(5z-7)\,(3z+5)}$

2 Vereinfache die Terme. Kürze so weit wie möglich.

a) $\frac{5ab}{bc}$ b) $\frac{72x}{21y}$ c) $\frac{98e^2f^6}{49e^6f^2}$ d) $\frac{32u^3-18u}{6u}$

e) $\frac{3}{5x} \cdot \frac{6y}{15}$ f) $\frac{6ab}{5c} : \frac{12}{c^2}$ g) $5x \cdot \frac{2}{25x^2}$ h) $3a : \frac{a^2}{2b}$

3 Erweitere Term 1 und Term 2 auf einen möglichst einfachen gemeinsamen Nenner.

a) Term 1: $\frac{a}{5b}$ Term 2: $\frac{b}{7a}$ b) Term 1: $\frac{u}{u-5}$ Term 2: $\frac{3-u}{u}$

4 Fasse zusammen und vereinfache so weit wie möglich.

a) $\frac{2}{a} - \frac{3}{ab}$ b) $\frac{x}{y} + \frac{1-x}{y+1}$ c) $\frac{1}{4} - \frac{p}{4p+7}$

5 Bestimme die Definitionsmenge und die Lösungsmenge der folgenden Bruchgleichungen. Mache auch die Probe.

a) $\frac{4}{x+6} = 2$ b) $\frac{6}{x-4} = \frac{8}{x-3}$ c) $\frac{1}{x} + \frac{2}{5} = \frac{1}{2x}$

d) $\frac{x-2}{x-4} = 3$ e) $\frac{3}{2z} = \frac{3}{z+3}$ f) $\frac{1}{a+6} - \frac{5}{3-a} = 0$

Lineare Funktionen

1 Funktion als spezielle Zuordnung

Eindeutige Zuordnungen nennt man **Funktionen**.

▸ Die zugeordneten Zahlen heißen Funktionswerte und ergeben die **Wertemenge** 𝕎 der Funktion.

▸ Die Zahlen, denen jeweils ein Funktionswert zugeordnet wird, bilden die **Definitionsmenge** 𝔻.

▸ *Eindeutig* bedeutet, dass jeder Zahl aus der Definitionsmenge *genau eine* Zahl zugeordnet wird.

Beispiel: Diese Funktion f ordnet den Zahlen $-2; -1; 0; 1; 2$ jeweils ihre Quadratzahl zu.

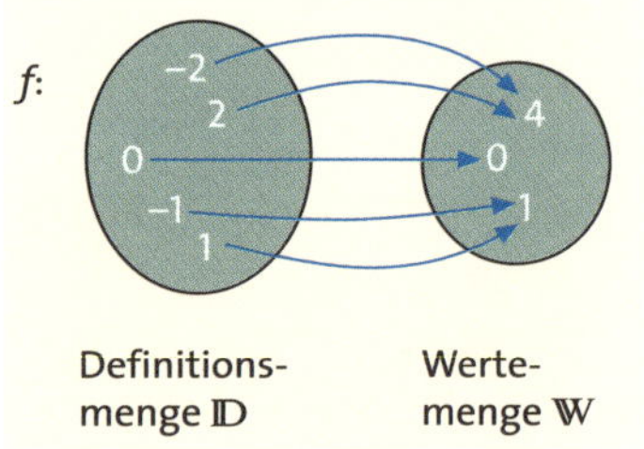

1.1 Darstellungsformen für Funktionen

a) **Wertetabelle**
Angabe der Zuordnung in Tabellenform. Dabei ist y der Funktionswert von x.

x	-2	-1	0	1	2
y	4	1	0	1	4

b) **Graph der Funktion**
Zeichnung der Zahlenpaare einer Funktion in einem Koordinatensystem.

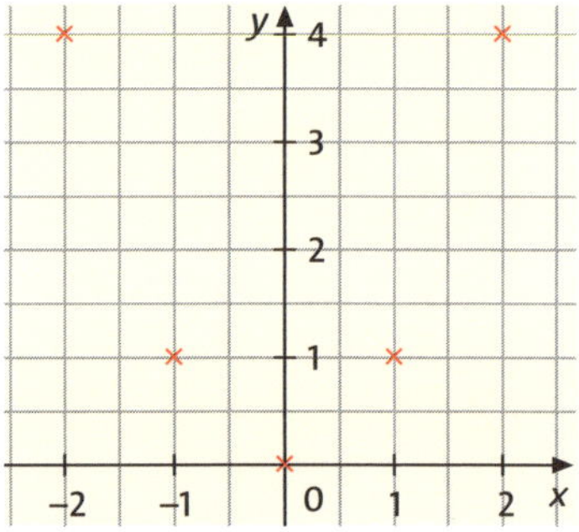

c) **Funktionsgleichung**
Angabe der Zuordnung durch einen Rechenterm.

$f: x \rightarrow x^2$ (oder $f: y = x^2$);
$x \in \{-2; -1; 0; 1; 2\}$
x-Werte einsetzen, y-Werte ausrechnen, z. B.: $f(-2) = (-2)^2 = 4$

2 Lineare Funktionen

Eine Funktion mit einer Gleichung $y = mx + n$; $m, n \in \mathbb{Q}$ heißt **lineare Funktion.** Ihr Graph liegt auf einer Geraden. Manchmal werden auch die Bezeichnungen $y = mx + t$ oder $y = ax + b$ verwendet.

2.1 Die Funktion $y = mx$ $(m \neq 0)$

Die Funktion $y = mx$ beschreibt eine (direkte) **Proportionalität** $y \sim x$.
m ist eine Konstante **(Proportionalitätsfaktor)**.

Beispiel: $y = 2x$

Der Graph der Funktion $y = mx$ ist eine Gerade, die durch den Koordinatenursprung $U\ (0; 0)$ verläuft. m bestimmt die Steigung der Geraden. m heißt deshalb **Anstieg** oder **Steigung**.

Beispiel: $y = 3x$ (also ist $m = 3$)

- Ein Punkt der Geraden ist $U\ (0; 0)$.
- Von U aus geht man um eine Einheit nach rechts und um 3 Einheiten (weil $m = 3$) nach oben. So erhält man einen zweiten Punkt $P(1; 3)$ der Geraden.
- Das Dreieck UAP heißt **Anstiegsdreieck** oder **Steigungsdreieck**.

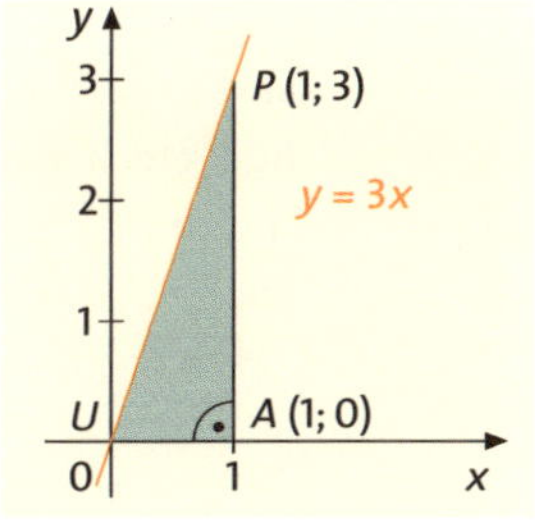

■ Nebenstehende Abbildung zeigt den Einfluss von m auf die Lage der Geraden $y = mx$ im Koordinatensystem.

- Für $m > 0$ erhält man eine von links nach rechts ansteigende, für $m < 0$ eine von links nach rechts fallende Gerade.
- Für $m = 1$ und $m = -1$ erhält man die Winkelhalbierenden der Koordinatenachsen.
- Je größer der Betrag von m, desto steiler steigt bzw. fällt die Gerade.

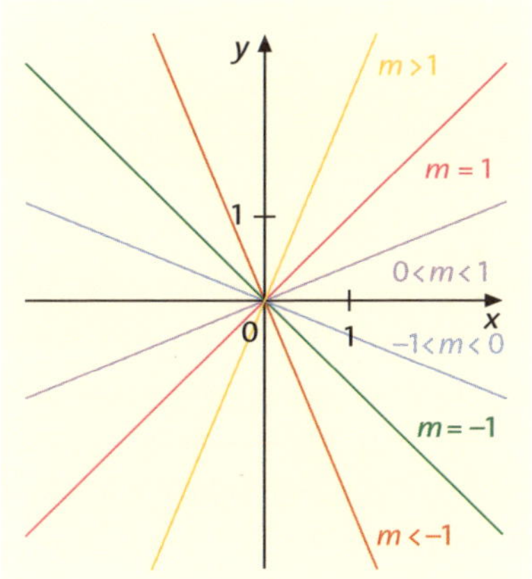

2.2 Die Funktion $y = x + n$

Die Funktion $y = x + n$ (z. B. $y = x + 2$) enthält ein von Variablen freies Glied n, eine Zahl (absolutes Glied). In der grafischen Darstellung bewirkt das eine Verschiebung der Geraden $y = x$ um n Einheiten in Richtung der y-Achse. n nennt man **y-Achsen-Abschnitt**.

Beispiele:

a) $y = x + 2$; ($n = 2$)
Man erhält das Bild der Funktion $y = x + 2$, indem man die Gerade $y = x$ um 2 in Richtung der y-Achse verschiebt.
▸ n gibt den Schnittpunkt mit der y-Achse an.

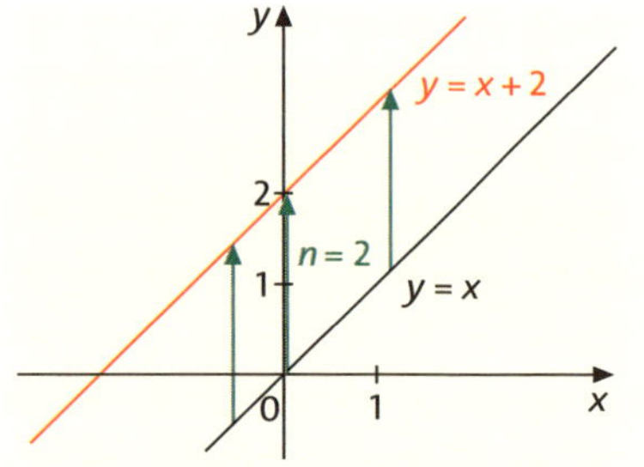

b) $y = x - 3$; ($n = -3$)
Ist n negativ, so erscheint die Gerade $y = x$ um den Betrag von n, in diesem Beispiel $|n| = 3$, nach unten verschoben.

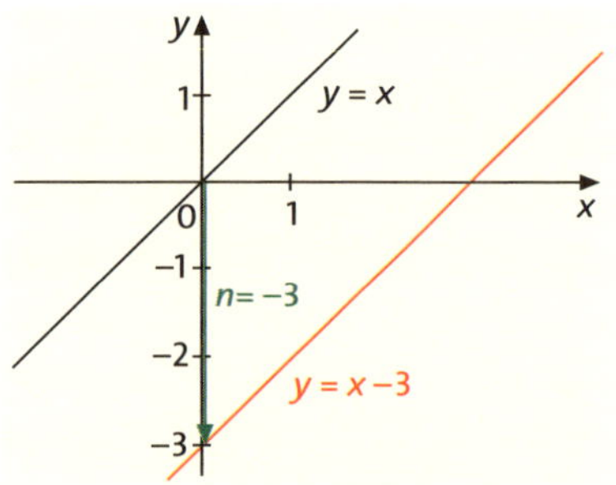

■ Allgemein gilt:

▸ $n > 0$:
Die Gerade $y = x$ erscheint um n nach oben verschoben. Sie schneidet die y-Achse im Punkt $P\,(0; n)$.

▸ $n = 0$:
Spezialfall $y = x$.

▸ $n < 0$:
Die Gerade $y = x$ erscheint um den Betrag von n nach unten verschoben. Sie schneidet die y-Achse im Punkt $P\,(0; n)$.

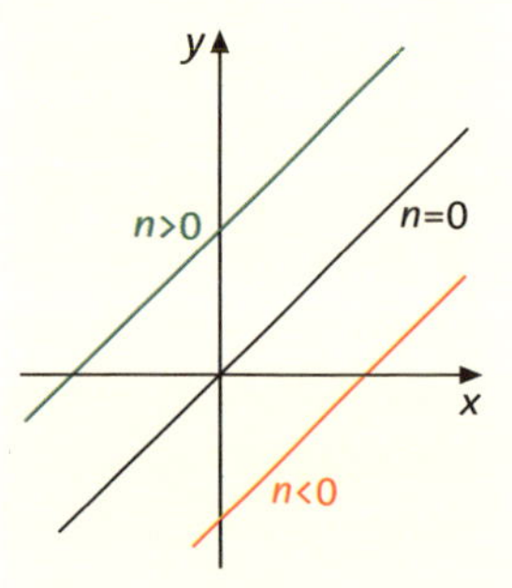

2.3 Die Funktion $y = n$ (konstante Funktion)

Wird jedem Element x eines gegebenen Definitionsbereiches das eine Element n zugeordnet, so spricht man von einer **konstanten Funktion**. $y = n$ (z. B. $y = 3$) ist die Gleichung einer konstanten Funktion. Der Wertebereich enthält nur das eine Element n.

Beispiel: $y = 3$

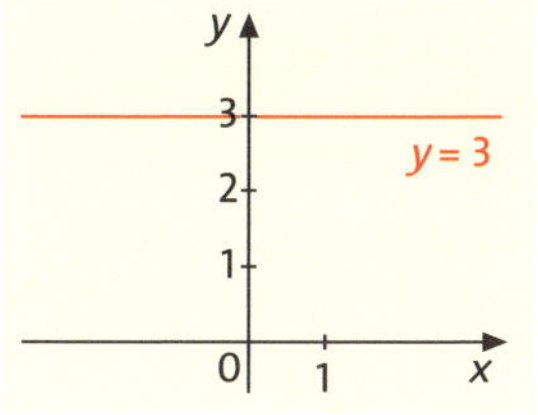

▶ Das Bild einer konstanten Funktion ist eine Parallele zur x-Achse.

▶ Konstante Funktionen $y = n$ mit $n \neq 0$ haben keine Nullstellen (d. h. Stellen mit $y = 0$).

2.4 Die Funktion $y = mx + n$

Um lineare Funktionen grafisch darzustellen, gibt es mehrere Möglichkeiten.

Beispiel: $y = 2x - 6$

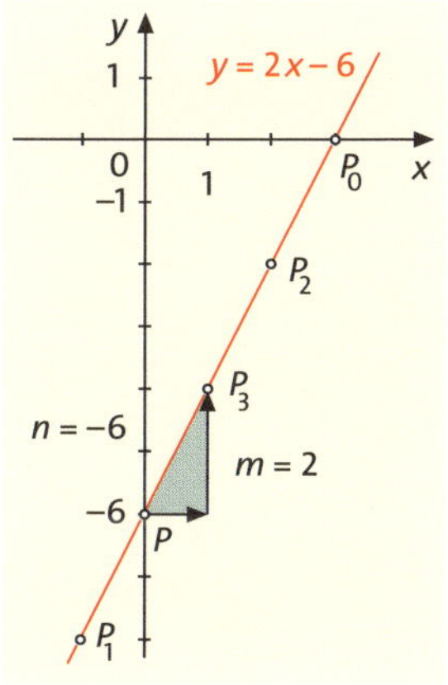

1. Möglichkeit: Man ermittelt 2 Wertepaare der Funktion. Durch 2 Punkte ist die Gerade dann eindeutig bestimmt und man kann sie einzeichnen. Die Punkte sollten nicht zu nahe beieinander liegen, z. B. $x_1 = -1$ und $x_2 = 2$.
Man erhält: $P_1(-1; -8)$, $P_2(2; -2)$.

2. Möglichkeit: Man ermittelt die Schnittpunkte mit den Koordinatenachsen:
Aus $n = -6$ ergibt sich der Schnittpunkt mit der y-Achse: $P(0; -6)$. Berechnen der Nullstelle (Schnittpunkt mit der x-Achse):

$y = 2x - 6$	Gleichung aufschreiben,
$2x_0 - 6 = 0$	$y = 0$ setzen und
$x_0 = 3$, $P_0(3; 0)$	ausrechnen.

3. Möglichkeit: Aus $n = -6$ ergibt sich $P(0; -6)$.
Mit Hilfe von $m = 2$ erhält man einen zweiten Punkt: Von $P(0; -6)$ aus 1 Einheit nach rechts und 2 nach oben, man erhält $P_3(1; -4)$.

3 Bestimmen der Funktionsgleichung

Wenn die Funktionsgleichung $y = mx + n$ einer linearen Funktion unbekannt ist, aber zwei Punkte dieser Funktion gegeben sind, dann können wir daraus die Funktionsgleichung bestimmen.

Beispiel:

Gegeben sind die Punkte $P_1(1; 2)$ und $P_2(5; 4)$. Gesucht sind m und n für die Funktionsgleichung $y = mx + n$.

▶ Zuerst berechnen wir die Steigung m:
Wir wissen, dass wir die Steigung am Steigungsdreieck ablesen können:

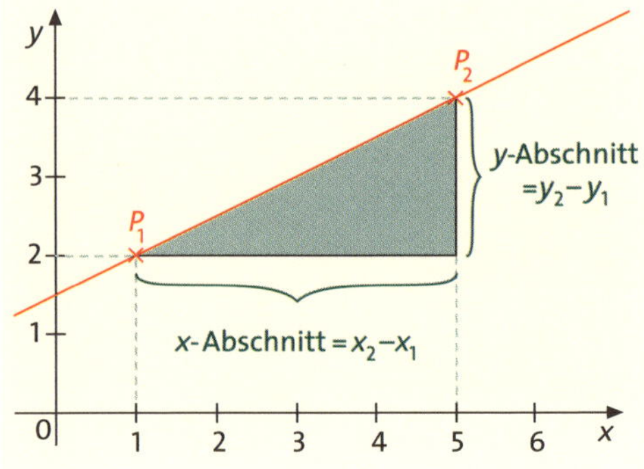

$$m = \frac{y\text{-Abschnitt}}{x\text{-Abschnitt}} = \frac{y_2 - y_1}{x_2 - x_1}$$

$$= \frac{4-2}{5-1} = \frac{2}{4} = \frac{1}{2}$$

▶ Jetzt können wir das Absolutglied n berechnen, indem wir bekannte Werte in die Gleichung $y = \frac{1}{2}x + n$ einsetzen, z. B. den x-Wert und den y-Wert des Punktes $P_1(1; 2)$:

$$2 = \frac{1}{2} \cdot 1 + n$$

$$2 = \frac{1}{2} + n \qquad \left| -\frac{1}{2}\right.$$

$$1\frac{1}{2} = n$$

Die Funktionsgleichung lautet also: $y = \frac{1}{2}x + 1\frac{1}{2}$

Test

1 Erstelle zu jeder Funktion eine Wertetabelle für die Punkte $x = -3; -1; -\frac{1}{2}; \frac{1}{2}; 1; 3$ und, wenn möglich, für $x = 0$.
Trage die Punkte dann in ein Koordinatensystem ein, verwende dabei für jede Funktion eine andere Farbe. Verbinde die zu einer Funktion gehörenden Punkte jeweils zu einer Kurve bzw. zu einer Geraden.

a) $f\colon y = x^2$ b) $f\colon y = \frac{1}{5}x$ c) $f\colon y = \frac{1}{x}$

2 Zeichne die Geraden zu den Gleichungen.

a) $y = 4 \cdot x$ b) $y = \frac{1}{3} \cdot x$ c) $y = -\frac{5}{4} \cdot x$

d) $y = -3x - 2$ e) $y = -4x + 6{,}5$ f) $y = 2{,}5x - 4{,}5$

3 Beschreibe die Graphen der folgenden Funktionen, ohne sie zu zeichnen. Beschreibe jeweils, ob die Gerade steigt, konstant bleibt oder fällt und gib den Schnittpunkt mit der *y*-Achse an.

a) $y = -2x + 5$ b) $y = 2{,}4x - 1{,}5$ c) $y = -\frac{1}{3}x$

d) $y = \frac{3}{5}x - \frac{2}{5}$ e) $y = -11$ f) $y = -x$

4 Gib an, welche der Geraden aus Aufgabe 3

a) am steilsten ansteigt. b) am steilsten fällt.

c) am wenigsten steil ansteigt. d) am wenigsten steil fällt.

5 Zeichne jeweils die Gerade, die durch den gegebenen Punkt und durch den Ursprung verläuft.
Gib die Steigung und die zugehörige Funktionsgleichung an.

a) $P_A\,(1; 4)$ b) $P_B\,(-3; -2)$ c) $P_C\,(2; -6)$

6 Bestimme die Nullstellen folgender linearer Funktionen.

a) $y = 2x + 3$ b) $y = -\frac{1}{2}x + 1$ c) $y = 3$

7 Wie lautet die Funktionsgleichung einer linearen Funktion mit den angegebenen zwei Punkten? Überprüfe dein Ergebnis mit einer Zeichnung des Graphen.

a) $P_1\,(0; 2)$, $P_2\,(4; 3)$ b) $Q_1\,(-3; 2)$, $Q_2\,(-1; -4)$

Geometrische Abbildungen

1 Grundlagen

Beispiele für Abbildungen:

a) Ein Fotokopierer erzeugt eine Kopie des Originals.
b) In einem Spiegel sehen wir ein spiegelverkehrtes Bild von allem, was davorsteht.

Die beiden Beispielen haben Folgendes gemeinsam: Es gibt ein Original (Dokument auf dem Kopierer, Gegenstände vor dem Spiegel). Dieses Original wird **abgebildet** (kopiert bzw. gespiegelt) und wir erhalten ein Bild des Originals (Fotokopie, Spiegelbild).

■ Auch bei einer geometrischen **Abbildung** geht es darum, aus einer **Original-Figur** eine **Bild-Figur** zu erzeugen.

Beispiele:

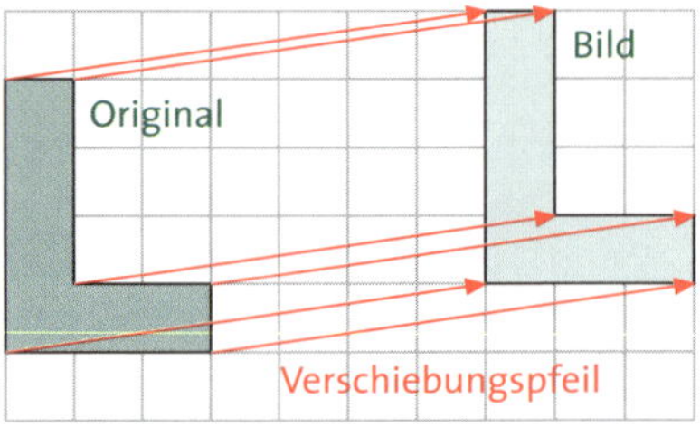

Alle Punkte werden um 3,5 cm nach rechts und 0,5 cm nach oben verschoben.

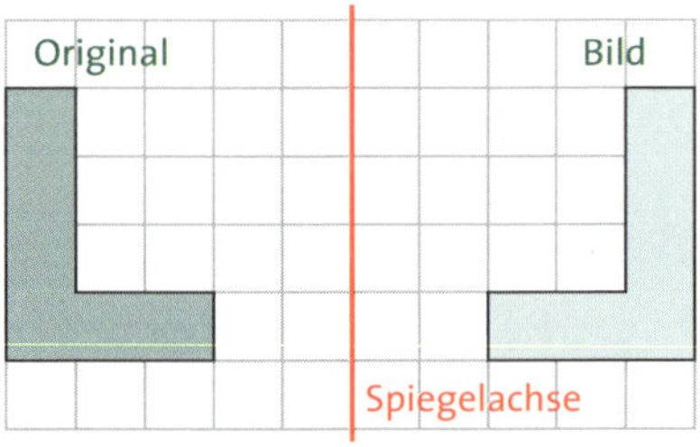

Alle Punkte werden an der Achse gespiegelt. Die Bild-Figur ist spiegelverkehrt.

In diesem Kapitel werden folgende geometrische Abbildungen behandelt: Verschiebung, Drehung, Punktspiegelung und Achsenspiegelung.

2 Verschiebung

MERKE Eine **Verschiebung** ist eine Abbildung, die durch einen **Verschiebungspfeil** festgelegt ist.
Der Verschiebungspfeil gibt an,
- in welche Richtung und
- um welche Strecke verschoben wird.

Beispiel: $\triangle ABC$ wird mit Verschiebungspfeil $\vec{v}$ auf $\triangle A'B'C'$ abgebildet. Jeder Punkt des Dreiecks wird mit dem Verschiebungspfeil auf seinen Bild-Punkt abgebildet. Den Bild-Punkt von A bezeichnet man mit A'.

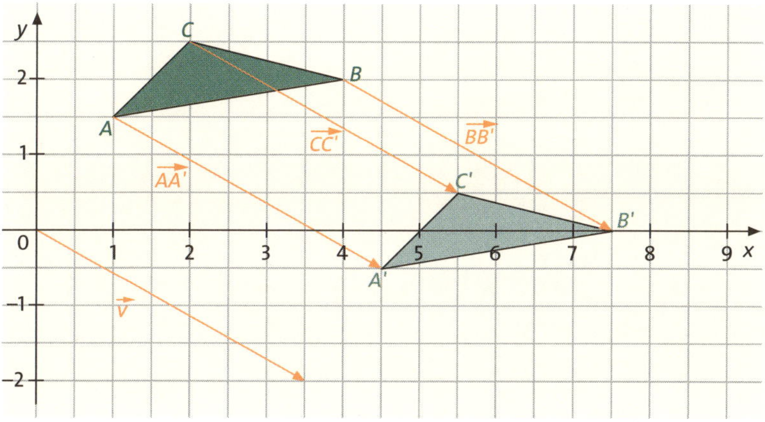

Die Verschiebungspfeile bezeichnet man mit $\overrightarrow{AA'}$, $\overrightarrow{BB'}$ und $\overrightarrow{CC'}$. Sie haben alle die gleiche Richtung und gleiche Länge: Sie weisen jeweils 3,5 Einheiten in Richtung der x-Achse und -2 Einheiten in Richtung der y-Achse. Deswegen schreibt man:

$$\overrightarrow{AA'} = \overrightarrow{BB'} = \overrightarrow{CC'} = \begin{pmatrix} 3{,}5 \\ -2 \end{pmatrix}$$

Legt man den Verschiebungspfeil an den Ursprung des Koordinatensystems an, so erhält man den **Verschiebungsvektor** $\vec{v}$; die Pfeilspitze von $\vec{v}$ liegt bei dem Punkt (3,5; –2). Deswegen:

$$\vec{v} = \overrightarrow{AA'} = \overrightarrow{BB'} = \overrightarrow{CC'} = \begin{pmatrix} 3{,}5 \\ -2 \end{pmatrix}$$

Die Werte 3,5 und –2 werden auch **x- und y-Koordinate** des Vektors $\vec{v}$ genannt.

MERKE

Verschiebungsvektor $\vec{v} = \begin{pmatrix} v_x \\ v_y \end{pmatrix}$

v_x: Verschiebung in Richtung der x-Achse

v_y: Verschiebung in Richtung der y-Achse

Die Koordinaten eines Pfeils $\overrightarrow{PP'}$ vom Punkt P zum Bildpunkt P' kann man aus den Koordinaten der Pfeilspitze $P'(x'; y')$ und den Koordinaten des Fußpunktes $P(x; y)$ berechnen. Der Verschiebungsvektor ist dann $\vec{v} = \overrightarrow{PP'}$.

MERKE

$\vec{v} = \overrightarrow{PP'} = P' - P = \begin{pmatrix} x' \\ y' \end{pmatrix} - \begin{pmatrix} x \\ y \end{pmatrix} = \begin{pmatrix} x' - x \\ y' - y \end{pmatrix}$ („Pfeilspitze minus Fuß.“)

Beispiel:

Mit $A(3; 2)$ und $A'(-1; 0)$ erhält man:

$\vec{v} = \overrightarrow{AA'} = A' - A$

$= \begin{pmatrix} (-1) - 3 \\ 0 - 2 \end{pmatrix} = \begin{pmatrix} -4 \\ -2 \end{pmatrix}$

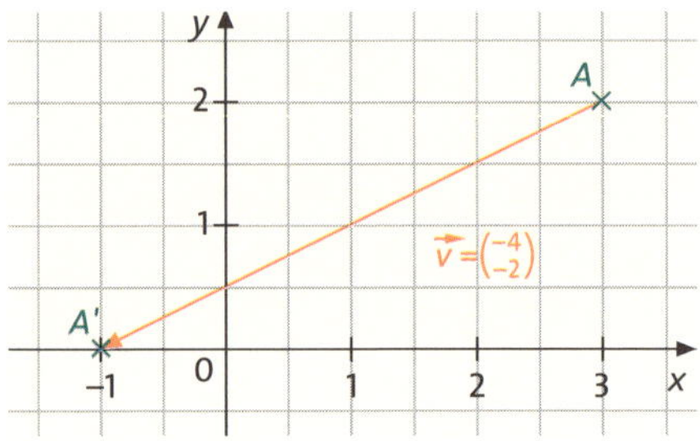

3 Drehung und Punktspiegelung

MERKE Eine **Drehung** ist durch das **Drehzentrum *Z*** und den **Drehwinkel *α*** festgelegt. Man erhält P', indem man $\overline{ZP}$ um Z mit Drehwinkel α nach links dreht.

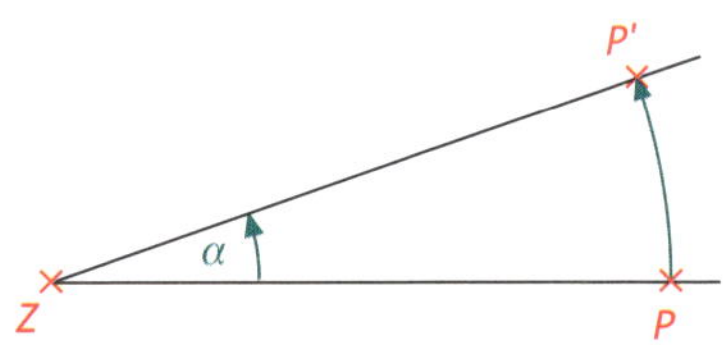

Man benötigt dazu einen Zirkel und ein Geodreieck.

Beispiel:

P soll um *Z* mit einem Drehwinkel von 30° gedreht werden.

1. Mit dem Zirkel einen Kreisbogen mit Mittelpunkt *Z* durch *P* zeichnen.
2. $\overline{ZP}$ zeichnen. Mit dem Geodreieck bei *Z* den Winkel von 30° antragen und den Schenkel einzeichnen.
3. Der gesuchte Punkt *P'* ist der Schnittpunkt von Kreisbogen und Schenkel.

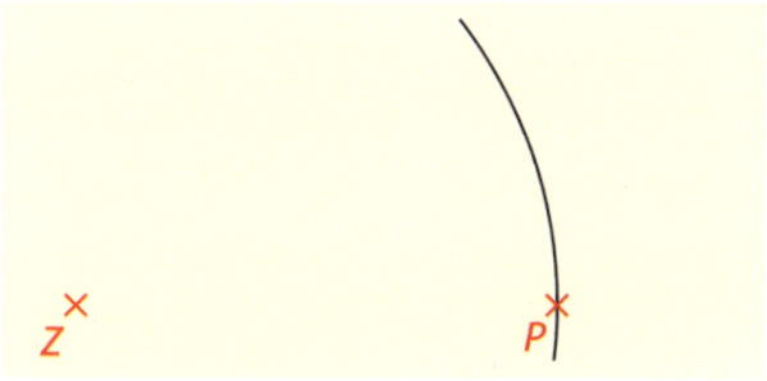

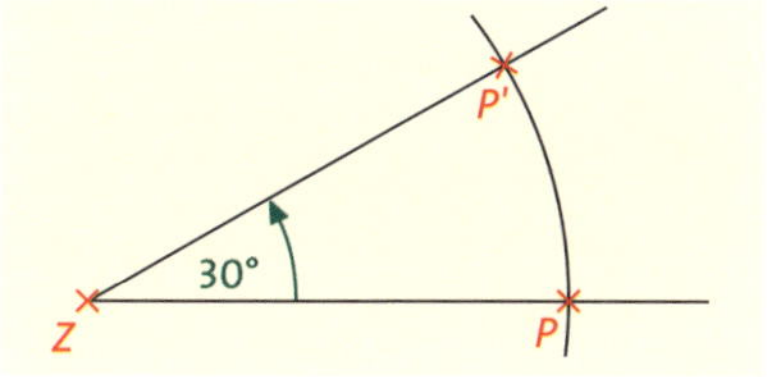

Für einige Drehungen gibt es besondere Namen:
$\alpha = 90°$: Vierteldrehung
$\alpha = 180°$: Halbdrehung oder Punktspiegelung
$\alpha = 270°$: Dreivierteldrehung
$\alpha = 360°$: Volldrehung

■ Für eine Halbdrehung oder Punktspiegelung benötigt man keinen Winkelmesser, weil *P'* auf der Verlängerung von $\overline{PZ}$ liegt:

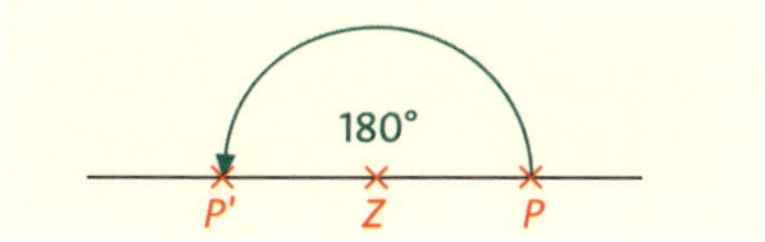

Figuren, die bei einer Halbdrehung (Punktspiegelung) auf sich selbst abgebildet werden, heißen **punktsymmetrisch**. Der Drehmittelpunkt heißt Symmetriezentrum.

Beispiel:

Der Buchstabe Z ist punktsymmetrisch.

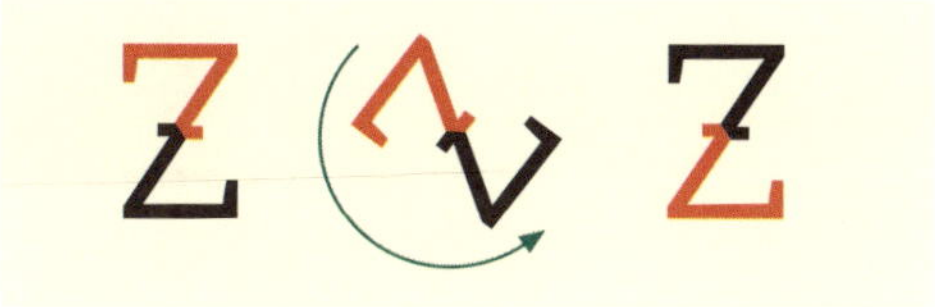

4 Achsenspiegelung

Bei einer **Achsenspiegelung** wird ein Punkt P auf die andere Seite einer **Spiegelachse** $\boldsymbol{a}$ abgebildet, und zwar so, dass $\overline{PP'}$ auf a senkrecht steht und von a halbiert wird. Liegt der Punkt auf der Spiegelachse, so stimmt er mit seinem Bildpunkt überein.

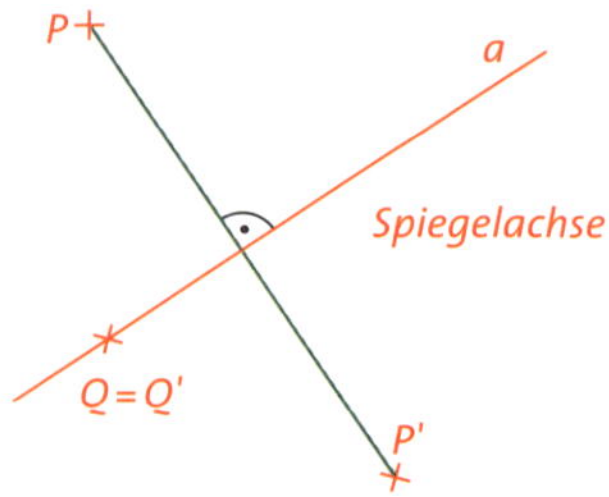

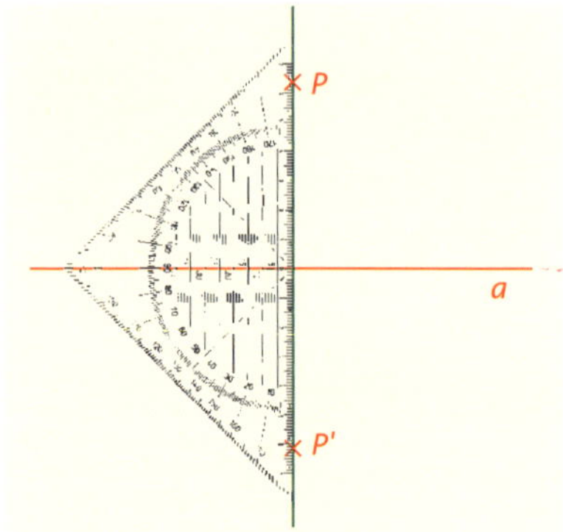

Den Bildpunkt kannst du mit dem Geodreieck konstruieren:
Lege das Geodreieck so an, dass seine Mittellinie auf der Spiegelachse liegt und die lange Kante durch P geht.
P' liegt beim gleichen Skalenwert auf der anderen Seite des Nullpunktes.

Eine Figur, die bei der Achsenspiegelung auf sich abgebildet wird, heißt **achsensymmetrisch**.

Beispiel:

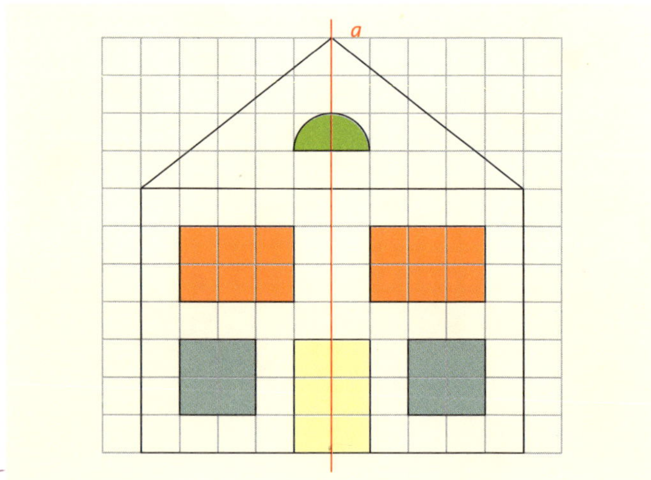

Test

1 Zeichne die Punkte $A\,(2|1)$, $B\,(4|1)$, $C\,(3|3)$ und $C'\,(7|4)$ in ein Koordinatensystem. Verbinde A, B, C zu einem Dreieck. Verschiebe das Dreieck so, dass C auf C' abgebildet wird.
Gib auch den Verschiebungsvektor $\vec{v}$ an.

2 Zeichne ein Dreieck ABC mit $A\,(3|1)$, $B\,(6|1)$, $C\,(4{,}5|2)$ und drehe es um $Z\,(0|0)$ mit einem Drehwinkel von 45°.

3 Welche der folgenden Vielecke sind punktsymmetrisch? Kennzeichne ggf. das Symmetriezentrum.

Dreieck Rechteck Parallelogramm Drachenviereck

4 Gegeben sind $A\,(5|3)$, $B\,(2|4)$, $C\,(1|1)$, $P\,(6|3)$, $Q\,(5|4)$.
Spiegele das Dreieck ABC an der Achse durch P und Q.

5 Zeichne den Punkt $A\,(-1|1)$ in ein Koordinatensystem.

Verschiebe ihn mit $\vec{v_1} = \begin{pmatrix}2\\2\end{pmatrix}$ zu A'. Verschiebe nun A' mit $\vec{v_2} = \begin{pmatrix}3\\-1\end{pmatrix}$ zu A''.
Wie lautet $\vec{v} = \overrightarrow{AA''}$?

6 Welche der folgenden Buchstaben sind achsensymmetrisch? Zeichne ggf. die Symmetrieachse(n) ein.

A C H L

Winkelgesetze

1 Winkel an sich schneidenden Geraden

Zwei sich schneidende Geraden bilden eine **Kreuzung** mit 4 Winkeln.

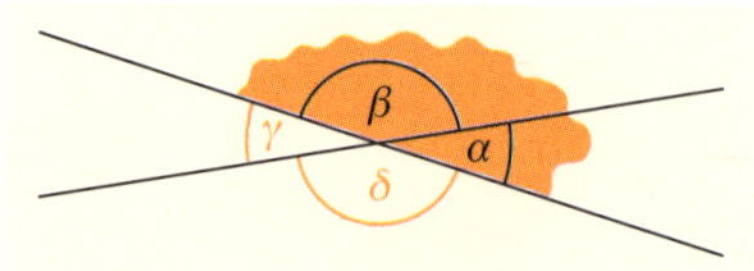

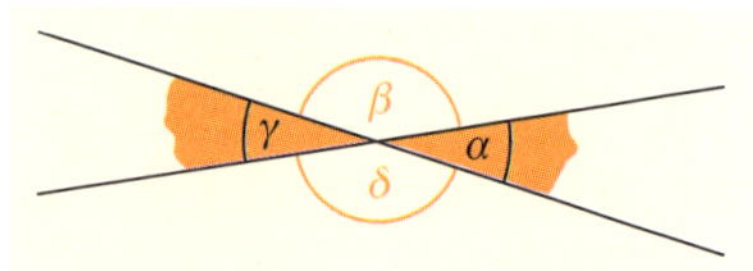

Nebenwinkel sind je zwei aneinander liegende Winkel einer Geradenkreuzung. Z. B. ist α Nebenwinkel von β. Es gibt 4 Paare von Nebenwinkeln: $(\alpha; \beta)$, $(\beta; \gamma)$, $(\gamma; \delta)$, $(\delta; \alpha)$.

MERKE
Nebenwinkel ergänzen einander zu 180°, z. B. $\alpha + \beta = 180°$.

Scheitelwinkel sind je zwei gegenüberliegende Winkel einer Geradenkreuzung. Es gibt 2 Paare Scheitelwinkel: $(\alpha; \gamma)$, $(\beta; \delta)$.

MERKE
Scheitelwinkel sind gleich groß.

- Zwei Geraden, die von einer dritten geschnitten werden, bilden eine **Doppelkreuzung**. Dabei entstehen acht Winkel.

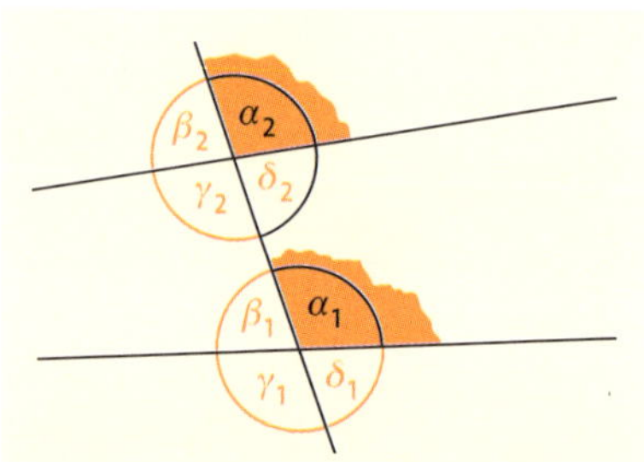

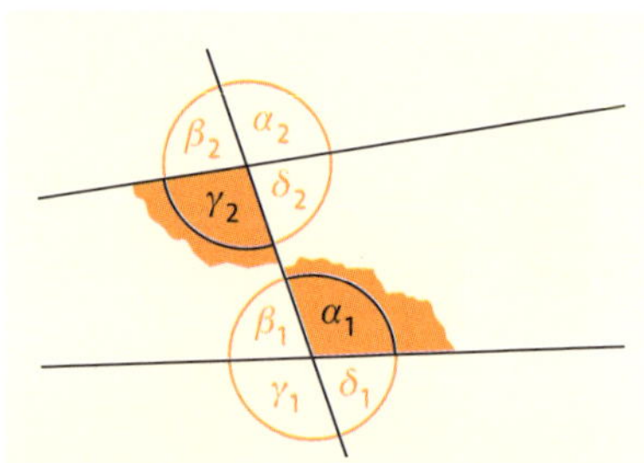

Stufenwinkel haben sowohl zur schneidenden als auch zu den geschnittenen Geraden die gleiche Lage. Es sind 4 Paare:
$(\alpha_1; \alpha_2)$, $(\beta_1; \beta_2)$, $(\gamma_1; \gamma_2)$, $(\delta_1; \delta_2)$.

Wechselwinkel wechseln ihre Lage sowohl zur schneidenden als auch zu den geschnittenen Geraden.
Es sind 4 Paare:
$(\alpha_1; \gamma_2)$, $(\beta_1; \delta_2)$, $(\gamma_1; \alpha_2)$, $(\delta_1; \beta_2)$.

1.1 Stufen- und Wechselwinkel an Parallelen

Werden zwei Parallelen von einer Geraden geschnitten, dann sind Stufenwinkel gleich groß.
Auch umgekehrt kann man folgern: Wenn Stufenwinkel gleich groß sind, dann sind die geschnittenen Geraden parallel.

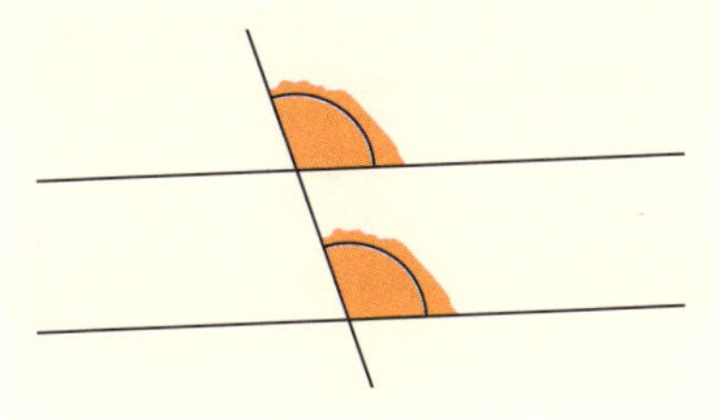

Werden zwei Parallelen von einer Geraden geschnitten, dann sind Wechselwinkel gleich groß.
Und umgekehrt: Sind Wechselwinkel gleich groß, dann sind die geschnittenen Geraden parallel.

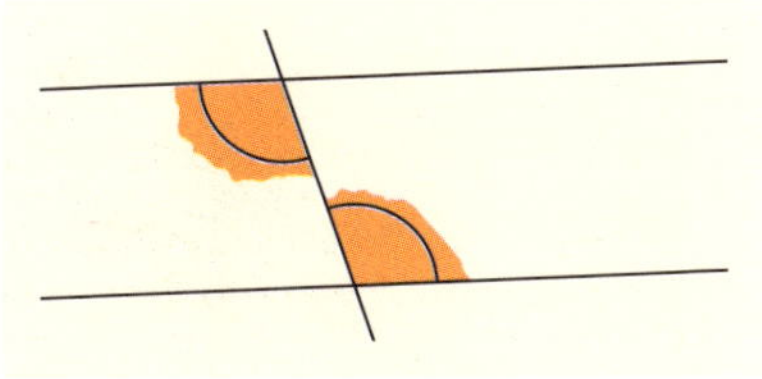

2 Winkel bei Vielecken

2.1 Winkel beim Dreieck

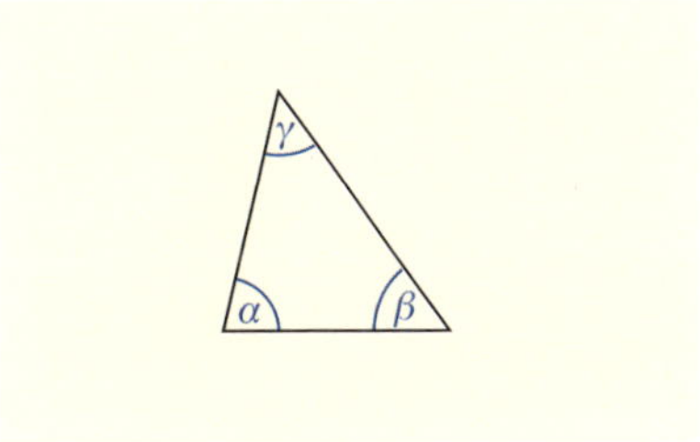

Innenwinkel liegen innerhalb des Dreiecks; sie werden von zwei Dreiecksseiten gebildet.
α, β, γ sind Innenwinkel.

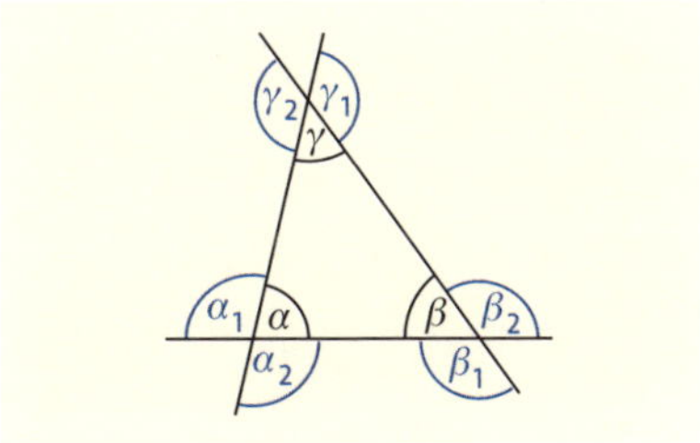

Außenwinkel liegen außerhalb des Dreiecks; sie werden von einer Seite und der Verlängerung ihrer Nachbarseite gebildet.
Ein Dreieck hat 6 Außenwinkel:
α_1, α_2, β_1, β_2, γ_1, γ_2.

Jeder Innenwinkel und sein anliegender Außenwinkel ergänzen sich zu 180°, z. B. $\alpha + \alpha_1 = 180°$.
Denn: Innen- und anliegender Außenwinkel ergeben einen gestreckten Winkel.

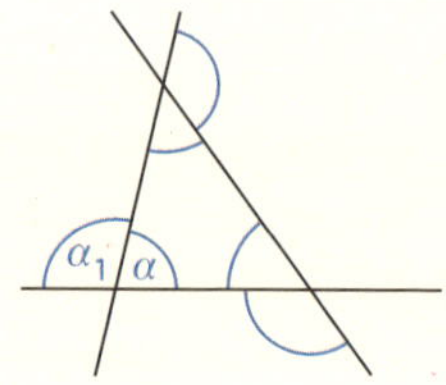

MERKE Die Summe aller Innenwinkel beträgt 180°.

Beweis: In Rot habe ich eine Parallele zur unteren Dreiecksseite eingezeichnet. Man kann ablesen:
Die Winkel α', γ, β' ergeben zusammen einen gestreckten Winkel, also $\alpha' + \beta' + \gamma = 180°$.

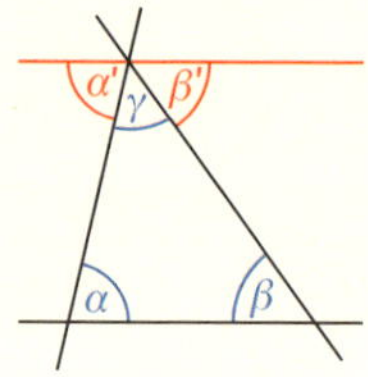

Wir wissen außerdem, dass $\alpha = \alpha'$ und $\beta = \beta'$, denn dies sind jeweils Wechselwinkel an parallelen Geraden (s. S. 171). Also: $\alpha' + \beta' + \gamma = \alpha + \beta + \gamma = 180°$.

- Die Summe aller sechs *Außenwinkel* beträgt 720°:
$\alpha_1 + \alpha_2 + \beta_1 + \beta_2 + \gamma_1 + \gamma_2 = 720°$ (vgl Grafik S. 171).

2.2 Winkel beim Viereck

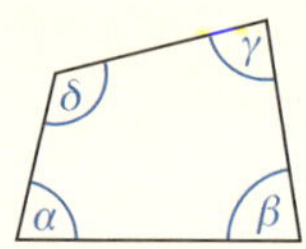

Innenwinkel liegen innerhalb des Vierecks; sie werden von zwei benachbarten Vierecksseiten gebildet. α, β, γ, δ sind Innenwinkel.

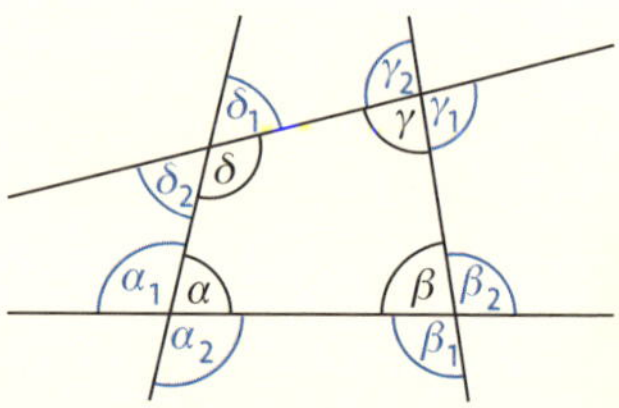

Außenwinkel liegen außerhalb des Vierecks; sie werden von einer Seite und der Verlängerung ihrer Nachbarseite gebildet.
Ein Viereck hat 8 Außenwinkel:
α_1, α_2, β_1, β_2, γ_1, γ_2, δ_1, δ_2.

Jeder Innenwinkel und sein anliegender Außenwinkel ergänzen sich zu 180°. Denn wie beim Dreieck gilt: Innen- und anliegender Außenwinkel ergeben einen gestreckten Winkel.

MERKE Die Summe aller Innenwinkel beträgt 2 · 180°, also 360°.

Beweis: Ein Viereck lässt sich in zwei Dreiecke zerlegen. Also ist die Summe der Innenwinkel beim Viereck so groß wie bei 2 Dreiecken: 2 · 180° = 360°.

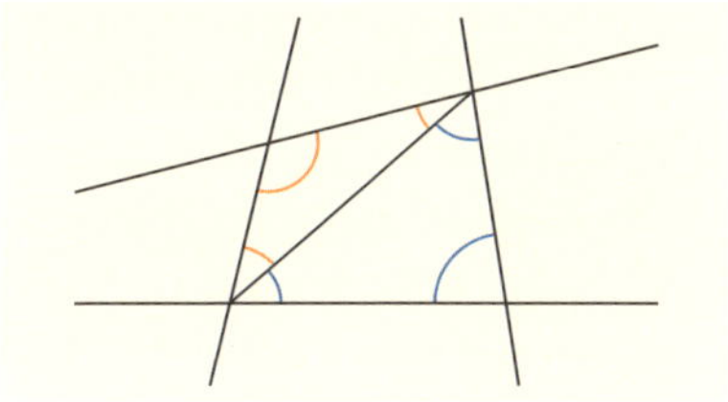

- Die Summe aller acht *Außenwinkel* beträgt 720° (wie beim Dreieck).

Test

1 Die zwei Parallelen *a* und *b* werden von der Geraden *g* geschnitten. Nur ein einziger Winkel ist bekannt, es ist $\lambda = 130°$. Wie groß sind die anderen Winkel?

2 Berechne die gesuchten Winkel.

a) $\alpha = ?$

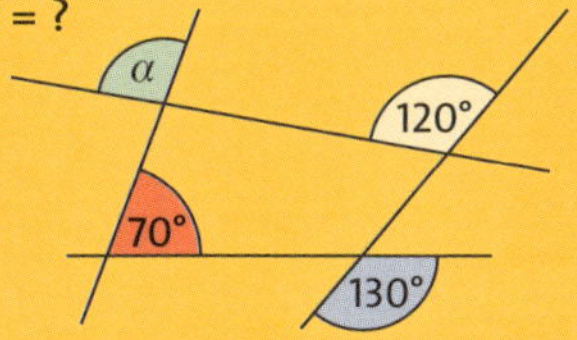

b) $\beta = ?$

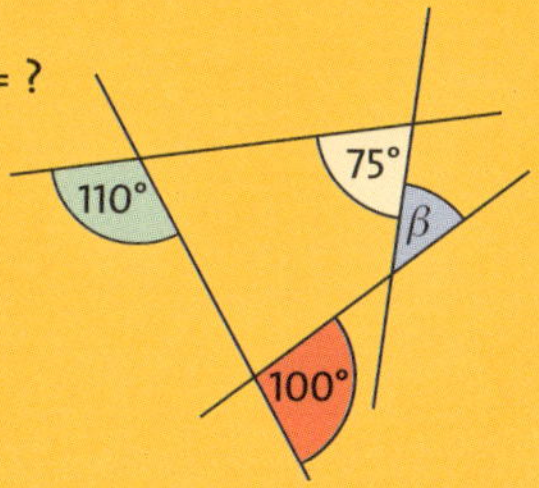

3 Bestimme die Summe der Innenwinkel im Fünfeck.
Tipp: Zerlege dazu ein Fünfeck in Dreiecke.

Dreiecke

1 Dreiecksungleichung und Seiten-Winkel-Beziehung

An dieser Figur siehst du noch einmal die üblichen Bezeichnungen bei einem Dreieck. Die Bezeichnung der Eckpunkte erfolgt entgegen dem Uhrzeigersinn. Winkel im Dreieck haben wir schon behandelt. Die wichtigste Erkenntnis war:

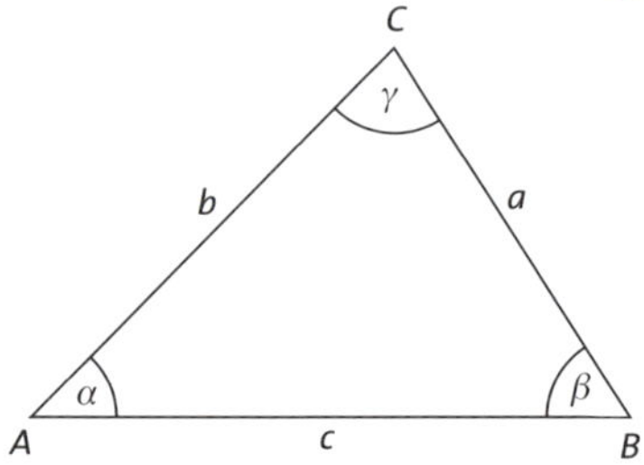

MERKE $\alpha + \beta + \gamma = 180°$ **(Innenwinkelsatz)**

■ Kann man auch über die Seitenlängen bei einem Dreieck eine Aussage machen? Natürlich kann man ein Dreieck beliebig groß machen. Für die Summe der Seitenlängen gibt es keine Vorschrift wie bei den Winkeln. Sind die Seitenlängen ganz beliebig?
Mach folgenden Versuch: Drittele ein Streichholz. Versuche aus einem ganzen Streichholz und zwei Streichholzdritteln ein Dreieck zu legen.
Es geht nicht! Die Summe der Längen zweier Dreiecksseiten muss größer als die Länge der dritten Seite sein.

MERKE Für jedes Dreieck ABC gilt die **Dreiecksungleichung**:
$a + b > c$ und $a + c > b$ und $b + c > a$.

■ Für den Zusammenhang zwischen den Seiten und den Winkeln eines Dreiecks gibt es folgenden Lehrsatz, der hier ohne Beweis angeführt wird:

MERKE In jedem Dreieck liegt der längsten Seite auch der größte Winkel gegenüber.
Der kürzesten Seite gegenüber liegt immer der kleinste Winkel.

2 Dreiecksarten

Man unterscheidet verschiedene Arten von Dreiecken. Unterscheidungsmerkmale sind Seitenlängen und Winkel. Bei manchen Dreiecksarten haben bestimmte Stücke einen besonderen Namen.

▸ Vergleicht man die *Seitenlängen*, so findet man Dreiecke mit:

3 verschieden langen Seiten

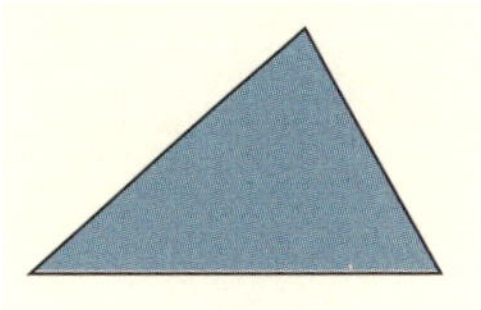

unregelmäßiges Dreieck

2 gleich langen Seiten

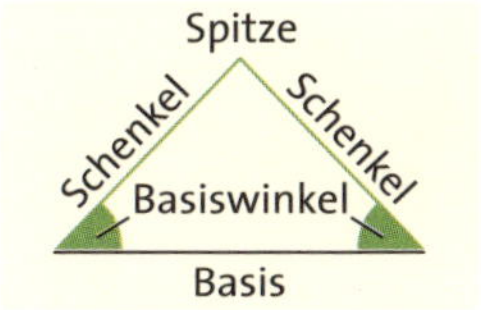

gleichschenkliges Dreieck

3 gleich langen Seiten

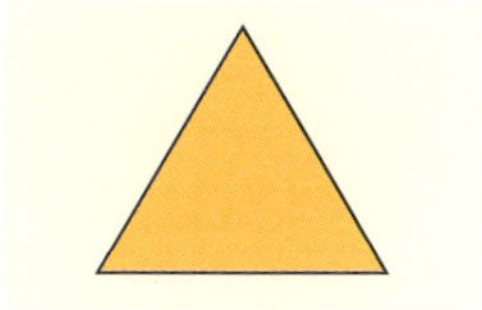

gleichseitiges Dreieck

▸ Vergleicht man *Winkel* verschiedener Dreiecke, findet man Dreiecke mit:

stumpfem Winkel

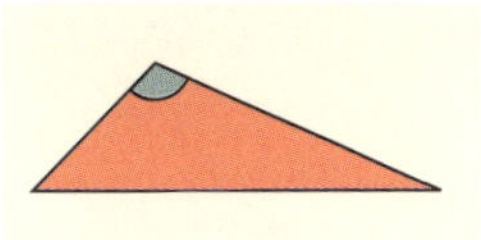

stumpfwinkliges Dreieck

rechtem Winkeln

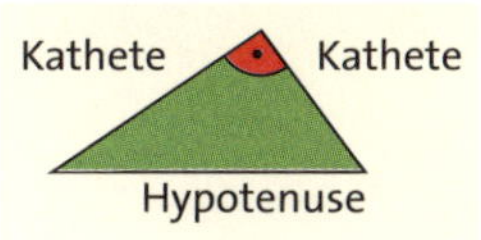

rechtwinkliges Dreieck

3 spitzen Winkel

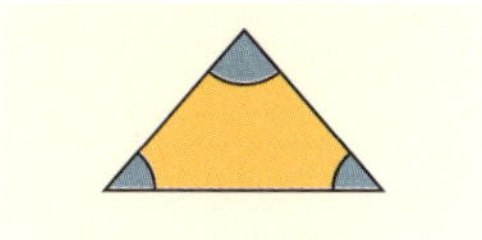

spitzwinkliges Dreieck

■ Alle Dreiecksarten auf einen Blick:

	unregelmäßig	gleichschenklig	gleichseitig
spitz-winklig	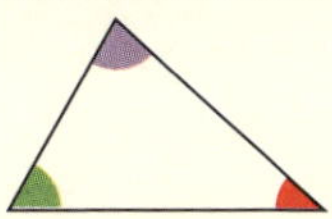	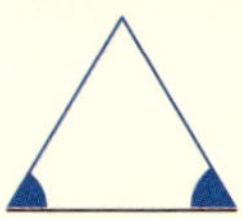	
recht-winklig	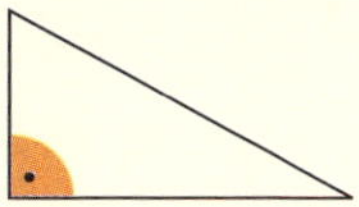	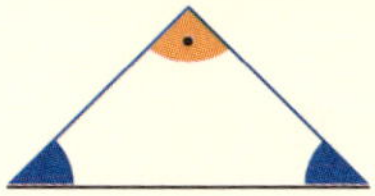	
stumpf-winklig	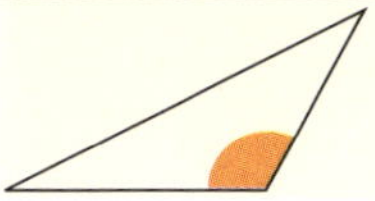	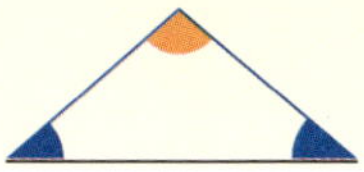	

3 Kongruenz

3.1 Grundlagen

Die folgenden Abbildungen heißen **Kongruenzabbildungen**.

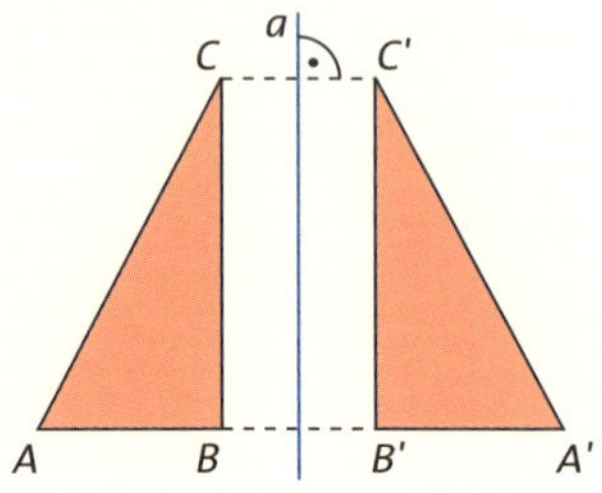

Achsenspiegelung an der Achse *a*

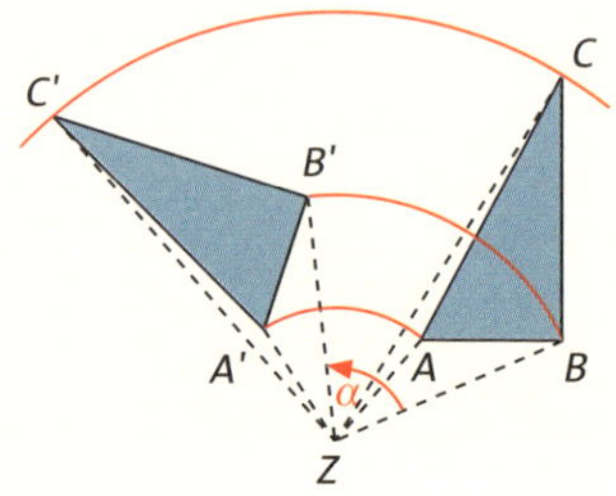

Drehung um *Z* mit dem Drehwinkel *α*

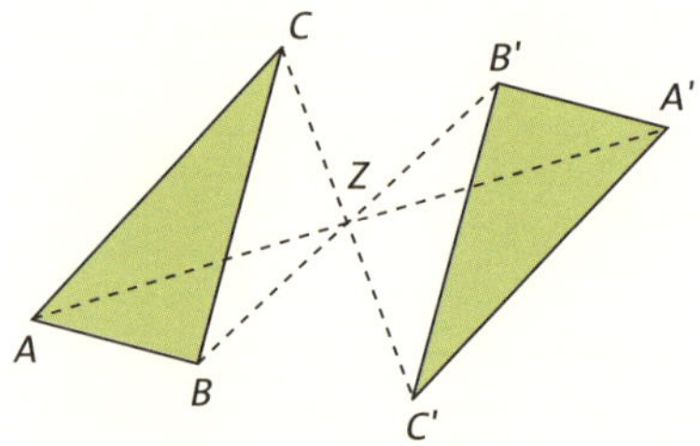

Punktspiegelung an *Z*
(= Drehung um 180°)

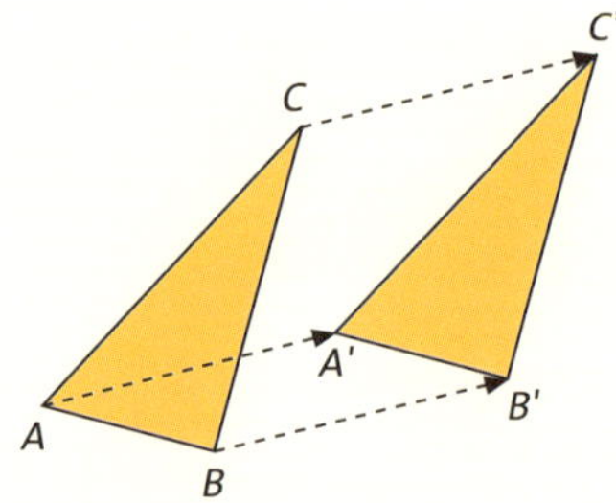

Verschiebung mit Verschiebungspfeil

Wenn wir die Originalfigur mit der Bildfigur bei obigen Abbildungen vergleichen, stellen wir fest:

- Sie sind nicht gleich, denn ihre Lage (bei der Achsenspiegelung auch ihr Umlaufsinn) hat sich geändert.
- Sie haben gleich große Winkel und gleich lange Seiten. Diese Art der Verwandtschaft zweier Figuren nennt man **Kongruenz** oder **Deckungsgleichheit**.

MERKE Zwei Figuren heißen kongruent (deckungsgleich), wenn sie in Form und Größe übereinstimmen. Genauer: wenn alle Seiten gleich lang und alle Winkel gleich groß sind.

■ Eine anschauliche Vorstellung von Kongruenz kannst du so erhalten:

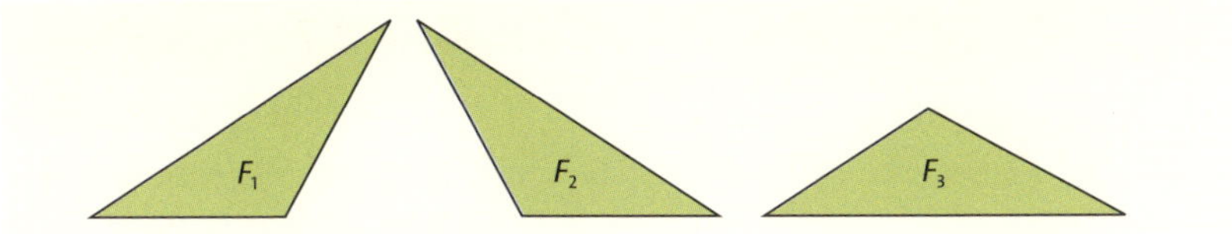

Diese drei kongruenten Figuren könntest du durch Ausschneiden und Übereinanderlegen zur Deckung bringen. Man sagt daher statt „kongruent" auch „deckungsgleich".
Schreibweise: $F_1 \cong F_2$ (lies: F_1 ist kongruent zu F_2.)

3.2 Kongruenzsätze beim Dreieck

Ein Dreieck hat 6 charakteristische Eigenschaften: 3 Seitenlängen und 3 Winkelgrößen.
Wann sind zwei Dreiecke kongruent? Ganz einfach: wenn die 3 Seiten gleich lang und die 3 Winkel gleich groß sind.

■ Das Erstaunliche bei Dreiecken ist: Meist reichen 3 Angaben (z. B. 2 Seitenlängen und 1 Winkelgröße) aus, um das Dreieck eindeutig zu bestimmen.
Das heißt: Alle Dreiecke, die in diesen 3 gegebenen Angaben übereinstimmen, stimmen garantiert auch in den übrigen 3 Eigenschaften überein, sind also kongruent.
Diese Besonderheit kann man benutzen,
- um nachzuweisen, dass zwei Dreiecke kongruent sind: Es reicht aus nachzuweisen, dass die Dreiecke in diesen 3 Angaben übereinstimmen.
- um Dreiecke zu konstruieren: Nur 3 Angaben müssen gegeben sein. Alle Dreiecke, die nach diesen 3 gegebenen Angaben konstruiert werden, sind kongruent. (Das wird im Kapitel „Konstruktion von Dreiecken" behandelt.)

■ *Welche* 3 Angaben reichen nun aus, um ein Dreieck eindeutig zu bestimmen? Reicht es z. B. aus, wenn man die Größe der 3 Winkel kennt?

Beispiel:

Diese beiden Dreiecke haben zwar die gleichen Winkel, aber offensichtlich sind sie trotzdem nicht deckungsgleich. Wir sehen, dass die Angabe der 3 Winkelgrößen nicht ausreicht, um ein Dreieck eindeutig zu bestimmen.

■ Die **Kongruenzsätze** sagen aus, *welche* 3 Angaben ausreichen, um ein Dreieck eindeutig zu bestimmen.

Zwei Dreiecke sind zueinander kongruent, wenn sie übereinstimmen in:

So kannst du sie dir merken:

▸ 3 Seiten

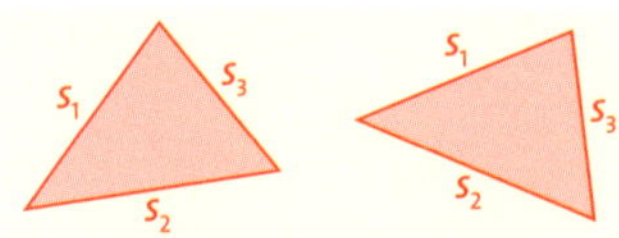

sss (**S**eite, **S**eite, **S**eite)

▸ 2 Seiten und dem eingeschlossenen Winkel

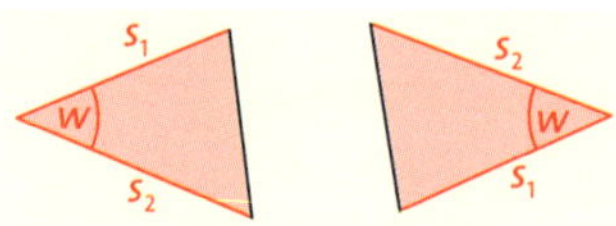

sws (**S**eite, **W**inkel, **S**eite)

▸ 2 Seiten und dem Winkel, der der größeren Seite gegenüberliegt

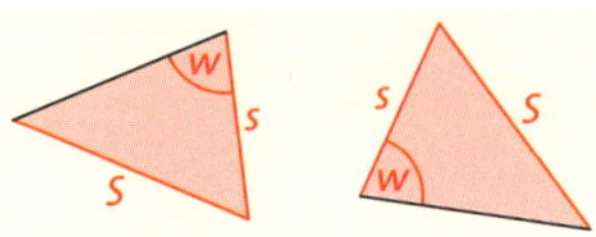

Ssw
S (größere Seite)
s (kleinere Seite)

▸ 1 Seite und 2 anliegenden Winkeln

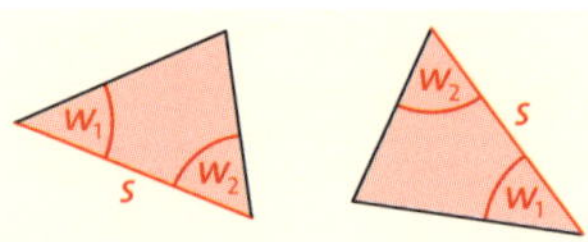

wsw

▶ **BEACHTE** Wenn du die Angaben *sww* oder *wws* hast, dann kannst du mit dem Innenwinkelsatz den für den Satz „wsw" notwendigen dritten Winkel berechnen.

Beispiel: Ein Rechteck wird durch eine Diagonale in zwei Dreiecke aufgeteilt. Sind die beiden Dreiecke kongruent?
Es gilt: $b = d$; $a = c$; $\beta = \delta$.
Die Dreiecke stimmen in zwei Seiten und dem eingeschlossenen Winkel überein. Also gilt nach dem sws-Satz:
$\triangle ABC \cong \triangle ACD$ (lies: „Die Dreiecke *ABC* und *ACD* sind kongruent.“)

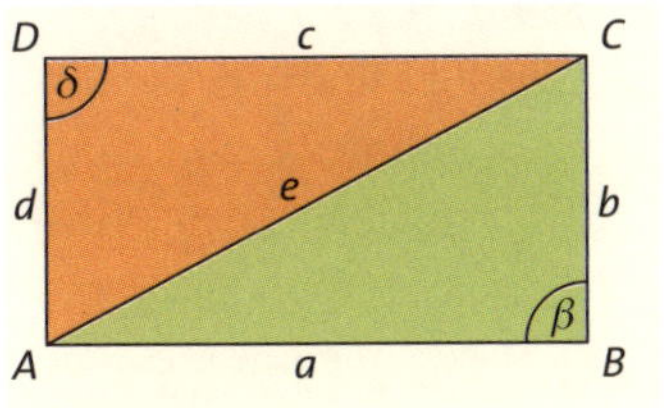

4 Konstruktion von Dreiecken

Damit man ein Dreieck nach gegebenen Werten konstruieren kann, dürfen sich die gegebenen Werte natürlich nicht widersprechen.
Z. B. dürfen der Innenwinkelsatz und die Dreiecksungleichungen (siehe S. 174) nicht verletzt werden.

Beispiele:

a) $a = 10\,\text{cm}, b = 5\,\text{cm}, c = 1\,\text{cm}$. $a > b + c$
Dreiecksungleichung verletzt.

b) $\alpha = 100°, c = 5\,\text{cm}, \beta = 90°$. $\alpha + \beta > 180°$
Innenwinkelsatz verletzt.

■ *Eindeutig* lässt sich ein Dreieck dann konstruieren, wenn die gegebenen Stücke einem der Kongruenzsätze entsprechen (z. B. sws):

sss

Gegeben sind die drei Seitenlängen *a*, *b* und *c*.

- Zeichne $\overline{AB}$ mit Länge *c*.
- *C* liegt
  a) auf einem Kreis um *A* mit Radius *b*,
  b) auf einem Kreis um *B* mit Radius *a*.
  Zeichne die beiden Kreise mit dem Zirkel.
- Die Kreise haben zwei Schnittpunkte, wähle einen der beiden Schnittpunkte als Punkt *C*. (Von den zwei möglichen Lösungen betrachtet man üblicherweise nur diejenige, bei der *A*, *B*, *C* im Gegenuhrzeigersinn aufeinanderfolgen.)

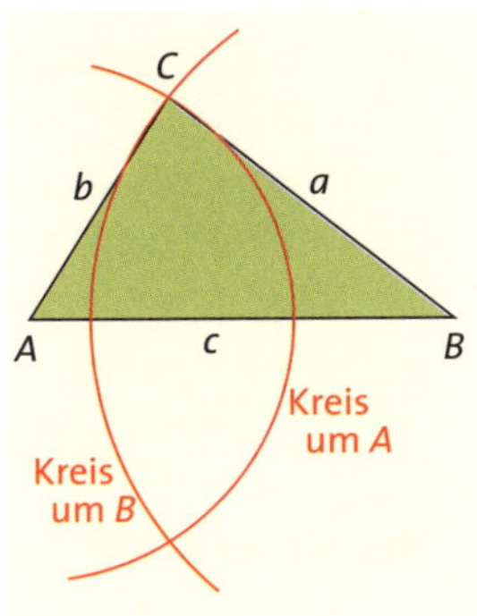

Ssw

Gegeben sind z. B. die (größere) Seite c, die (kleinere) Seite b und Winkel γ.

- Zeichne $\overline{AC}$ mit Länge b.
- Trage bei C den Winkel γ ein und zeichne den anliegenden Schenkel a. (Zeichne ihn recht lang, denn seine Länge kennst du noch nicht.)
- B liegt
  a) auf dem Schenkel a *und*
  b) auf einem Kreis um A mit Radius c.
  Zeichne den Kreis um A mit dem Zirkel.
- Der Schnittpunkt von Schenkel und Kreis ist der gesuchte Punkt B.

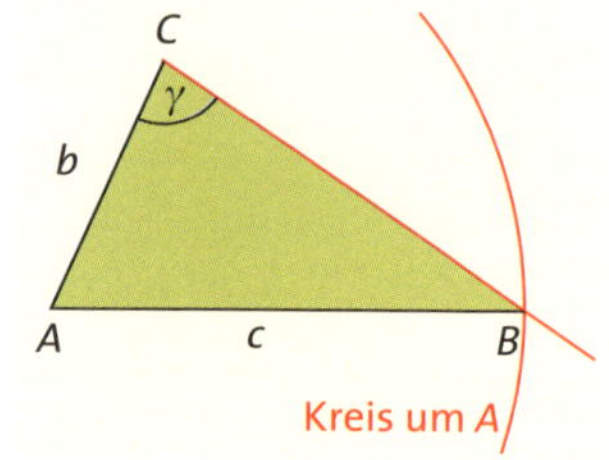

sws

Gegeben sind zum Beispiel b, α und c.

- Zeichne $\overline{AB}$ mit Länge c.
- Trage bei A den Winkel α ein und zeichne den anliegenden Schenkel b in der gegebenen Länge.
- Der Endpunkt der Linie ist der gesuchte Punkt C.
- Verbinde nun die Eckpunkte miteinander.

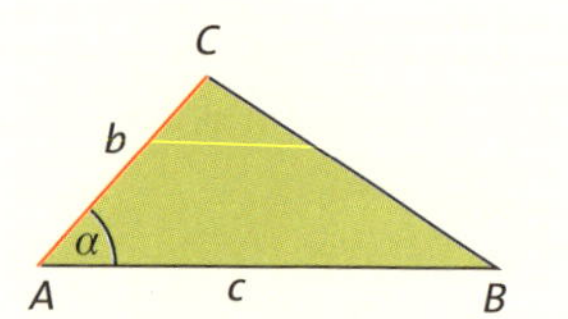

wsw

Gegeben sind zum Beispiel α, c und β.

- Zeichne $\overline{AB}$ mit Länge c.
- Trage bei A den Winkel α ein und zeichne den anliegenden Schenkel b. (Zeichne ihn recht lang, denn seine Länge kennst du noch nicht.)
- Verfahre genauso mit B, dem Winkel β und dem anliegenden Schenkel a.
- Der gesuchte Punkt C ist der Schnittpunkt der Schenkel a und b.

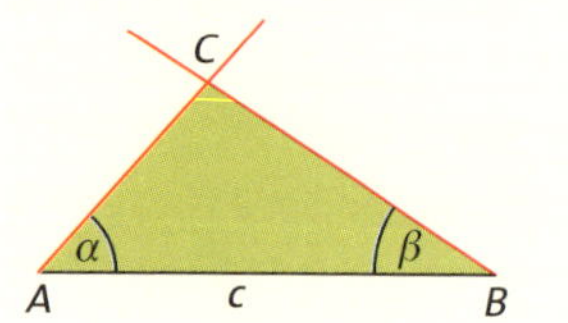

sww oder wws

- Berechne den dritten Winkel mit dem Innenwinkelsatz.
- Konstruiere wie bei wsw.

Zu einer Dreieckskonstruktion gehören normalerweise drei Schritte:

1 Skizze (Planfigur),

2 Konstruktionsbeschreibung,

3 Konstruktion.

Beispiel: Konstruiere $\triangle ABC$ aus $c = 3\,\text{cm}$, $\alpha = 60°$, $\beta = 40°$.

1. Vorüberlegung und Skizze:

Fertige eine Skizze an.

Anhand der Skizze kannst du überlegen, wie du weiter vorgehst.

In der Skizze müssen die Strecken und Winkel noch *nicht* genau stimmen. (Du kennst sie ja schließlich noch gar nicht!)

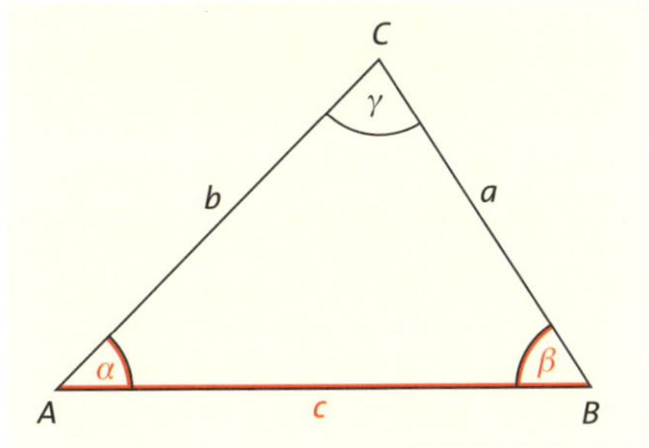

Markiere die gegebenen Werte farbig.

Überlege nun, womit du bei der Konstruktion beginnen kannst.

2. Konstruktionsbeschreibung:

▸ Zeichne $\overline{AB}$ mit Länge $c = 3\,\text{cm}$.

▸ Trage bei A den Winkel α ein und zeichne den anliegenden Schenkel b. (Zeichne ihn recht lang, denn seine Länge kennst du noch nicht.)

▸ Verfahre genauso mit B, dem Winkel β und dem anliegenden Schenkel a.

▸ Der gesuchte Punkt C ist der Schnittpunkt der Schenkel a und b.

3. Konstruktion

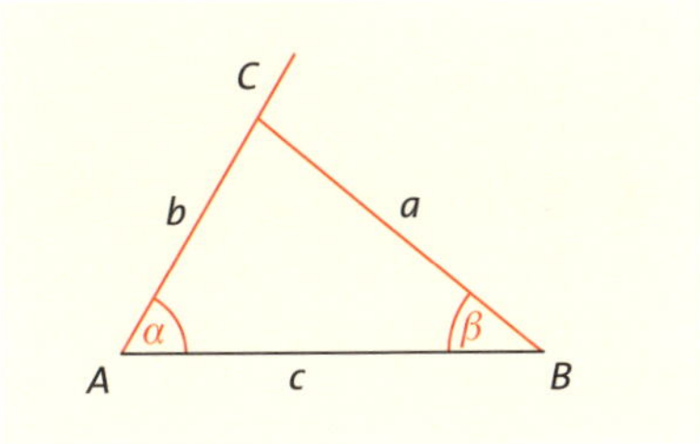

5 Besondere Linien im Dreieck

a)

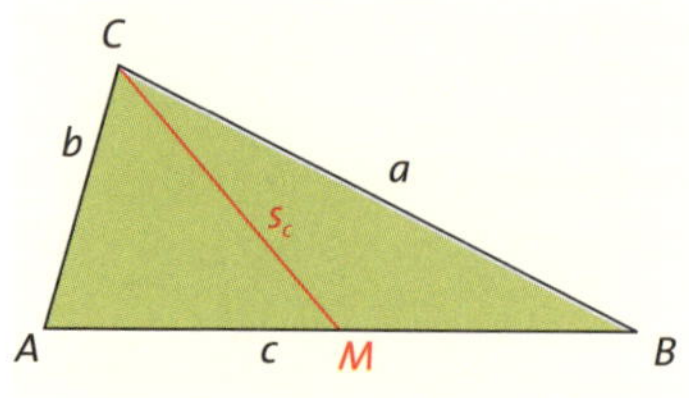

$\overline{AM} = \overline{MB}$

$s_c = \overline{CM}$ heißt **Seitenhalbierende** der Seite c.

b)

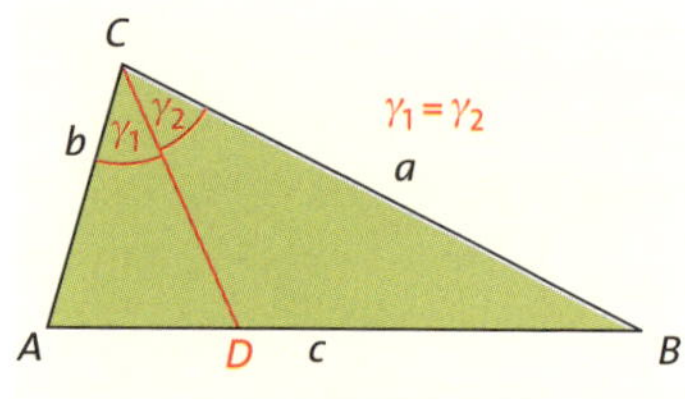

$\gamma_1 = \gamma_2$

$\omega_\gamma = \overline{CD}$ heißt **Winkelhalbierende** des Winkels γ.

c)

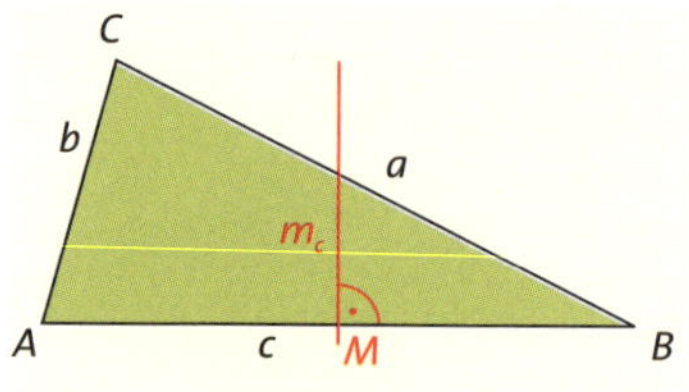

$\overline{AM} = \overline{MB}$

m_c heißt **Mittelsenkrechte** auf der Seite c.

d)

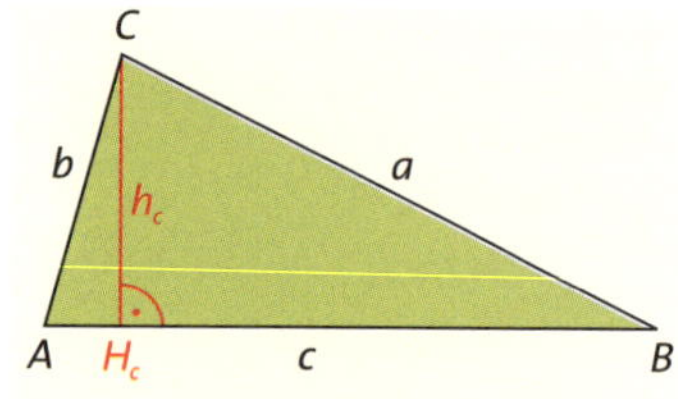

$\overline{CH_c} \perp \overline{AB}$

$h_c = \overline{CH_c}$ heißt **Höhe** auf der Seite c.

▶ **BEACHTE** Ein Dreieck hat drei Ecken, drei Seiten und drei Innenwinkel. Also gibt es zu jedem Dreieck

a) drei Seitenhalbierende,
b) drei Winkelhalbierende,
c) drei Mittelsenkrechten,
d) drei Höhen.

5.1 Seitenhalbierende

Eine Seitenhalbierende eines Dreiecks verläuft von einem Eckpunkt zum Mittelpunkt der gegenüberliegenden Seite. Eine Seitenhalbierende ist eine **Strecke.**

$s_a = \overline{AM}$ heißt Seitenhalbierende der Seite a.

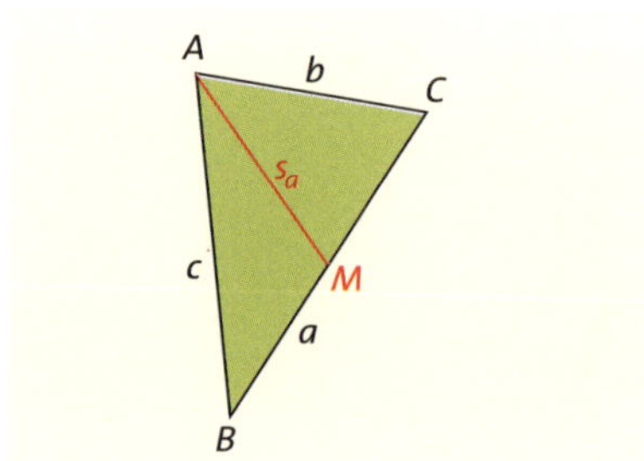

MERKE Die drei Seitenhalbierenden eines Dreiecks schneiden sich in einem Punkt. Man nennt ihn den Schwerpunkt des Dreiecks.

Die Seitenhalbierenden heißen deshalb auch Schwerelinien. Der Schwerpunkt liegt stets im Inneren des Dreiecks.

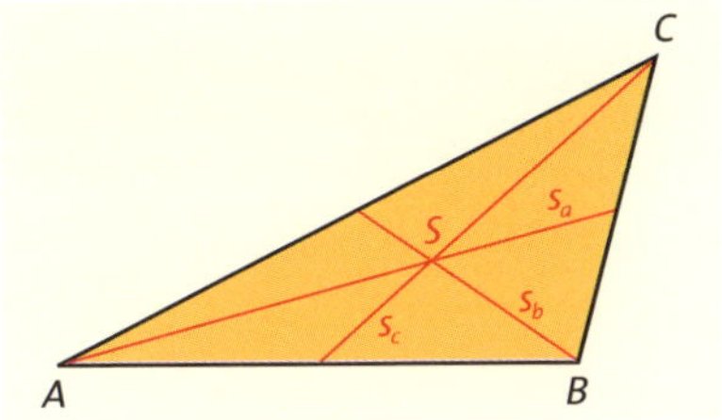

5.2 Winkelhalbierende und Inkreis

Die Winkelhalbierende w_α halbiert den Winkel α. Sie schneidet die Gegenseite im Punkt D. Die Winkelhalbierende im Dreieck ist eine **Strecke**: $w_\alpha = \overline{AD}$.

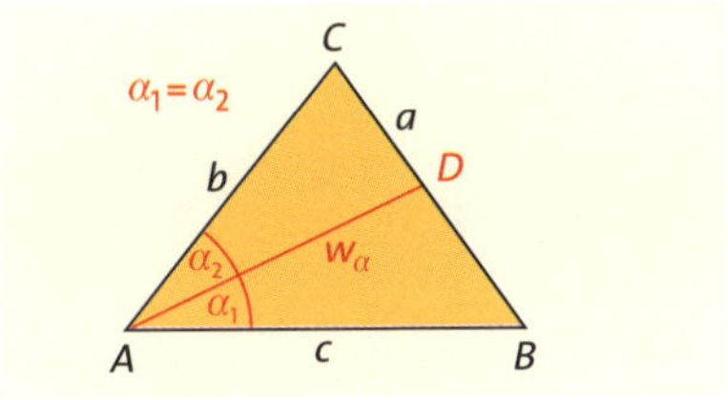

MERKE Die drei Winkelhalbierenden eines Dreiecks schneiden einander in einem Punkt.

Der Schnittpunkt W der Winkelhalbierenden liegt stets im Inneren des Dreiecks.

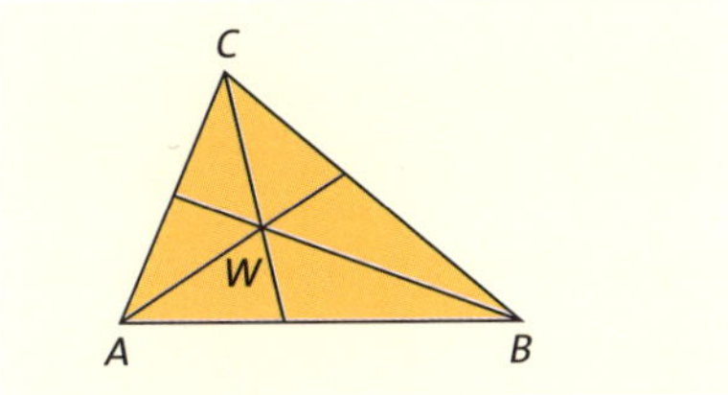

Der Kreis, der innerhalb des Dreiecks liegt und jede Seite berührt, heißt **Inkreis**.
Sein Mittelpunkt ist der Schnittpunkt der Winkelhalbierenden.

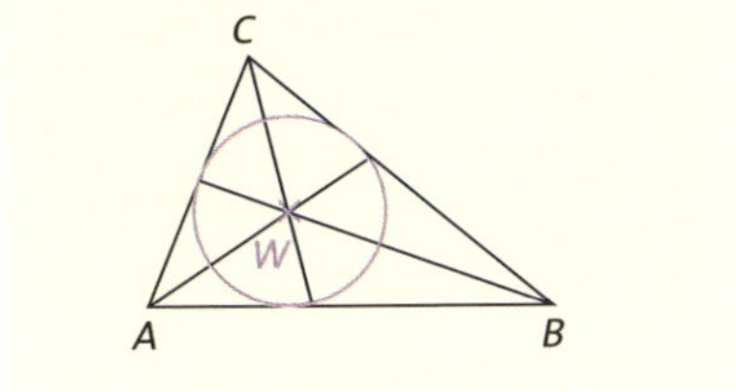

5.3 Mittelsenkrechte und Umkreis

Die Mittelsenkrechte m_a schneidet die Dreiecksseite a mittig und senkrecht. Die Mittelsenkrechten eines Dreiecks sind Geraden. Meistens verlaufen die Mittelsenkrechten *nicht* durch einen Eckpunkt.

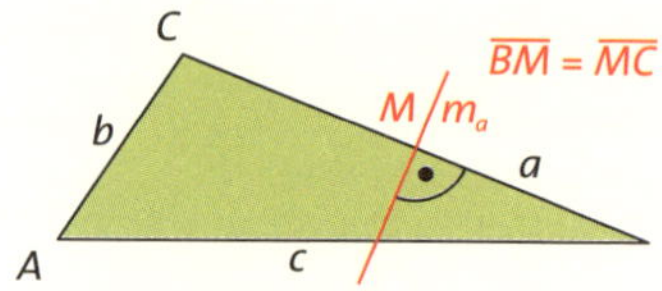

MERKE Die drei Mittelsenkrechten eines Dreiecks schneiden einander genau in einem Punkt. Dieser Punkt *M* ist Mittelpunkt des **Umkreises** des Dreiecks.

Der Kreis, der um das Dreieck verläuft und jede Seite berührt, heißt Umkreis. Sein Mittelpunkt ist der Schnittpunkt der Mittelsenkrechten.

■ Konstruktion des Umkreismittelpunktes in einem Dreieck:

▸ Konstruiere die drei Mittelsenkrechten.

▸ Der Schnittpunkt ist der gesuchte Umkreismittelpunkt.

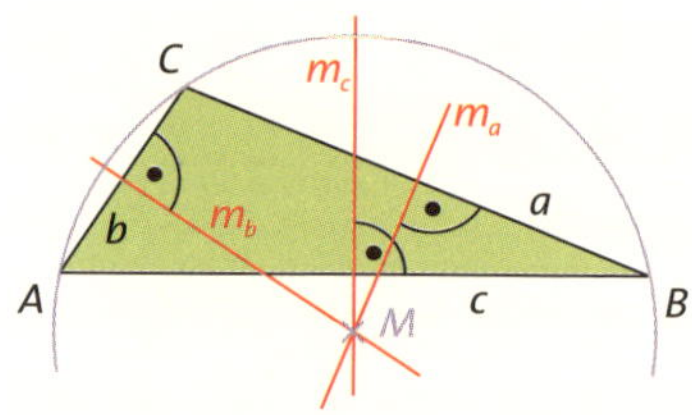

Konstruktion des Umkreismittelpunktes in einem *rechtwinkligen* Dreieck:

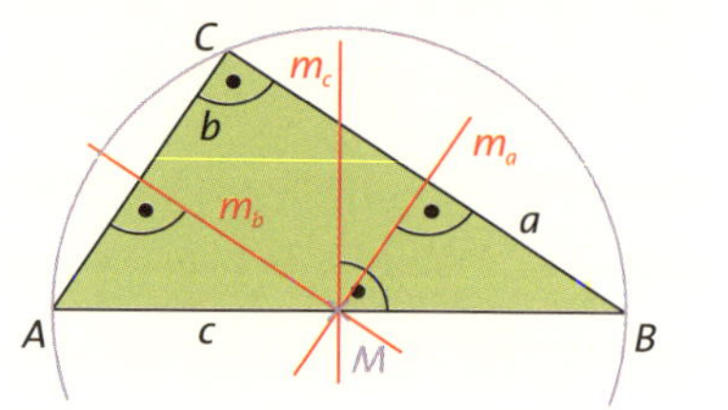

■ Der Schnittpunkt *M* der Mittelsenkrechten liegt

▸ bei spitzwinkligen Dreiecken innerhalb des Dreiecks,

▸ bei rechtwinkligen Dreiecken im Mittelpunkt der größten Seite,

▸ bei stumpfwinkligen Dreiecken außerhalb des Dreiecks.

5.4 Höhe

Eine Höhe eines Dreiecks ist der Abstand eines Eckpunktes von der gegenüberliegenden Seite: $h_a = \overline{AH_a}$. Sie ist also eine **Strecke.** H_a heißt Fußpunkt der Höhe h_a.

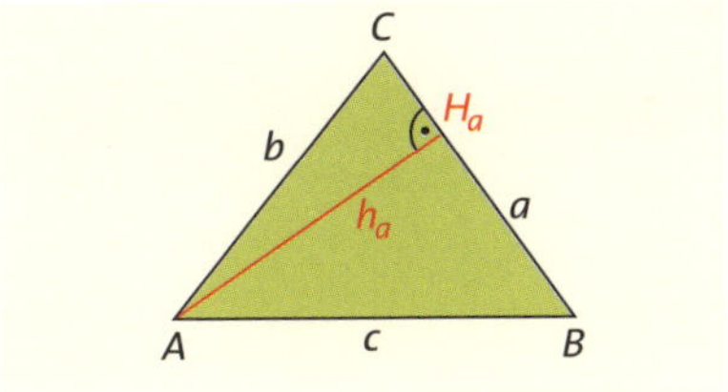

■ Konstruktion einer Höhe h_a im Dreieck:

▸ Zeichne eine Senkrechte zur Seite *a*.

▸ Nun zeichne eine zu der Senkrechten parallele Gerade durch die Ecke *A*.

▸ Der Streckenabschnitt $\overline{AH_a}$ ist die gesuchte Höhe h_a.

■ Die Höhen eines Dreiecks schneiden einander in einem Punkt *H*. Der Schnittpunkt der Höhen liegt:

▸ bei spitzwinkligen Dreiecken innerhalb des Dreiecks,

▸ bei rechtwinkligen Dreiecken im Scheitel (Eckpunkt) des rechten Winkels,

▸ bei stumpfwinkligen Dreiecken außerhalb des Dreiecks.

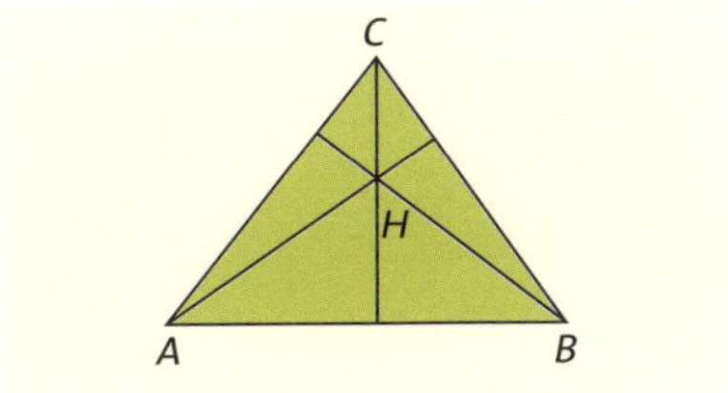

6 Umfang und Flächeninhalt

6.1 Umfang

Für jedes Dreieck ABC mit den Seiten a, b und c ist der Umfang die Summe der Längen aller drei Seiten: $u = a + b + c$.

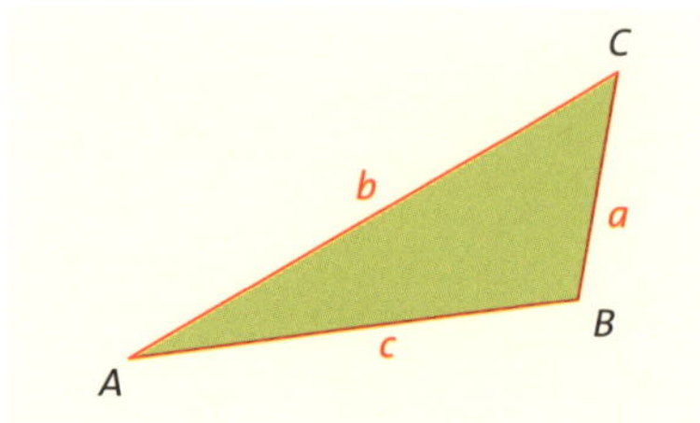

6.2 Flächeninhalt

Für den Flächeninhalt eines Dreiecks gilt:

$$A_D = \frac{a \cdot h_a}{2} = \frac{b \cdot h_b}{2} = \frac{c \cdot h_c}{2}.$$

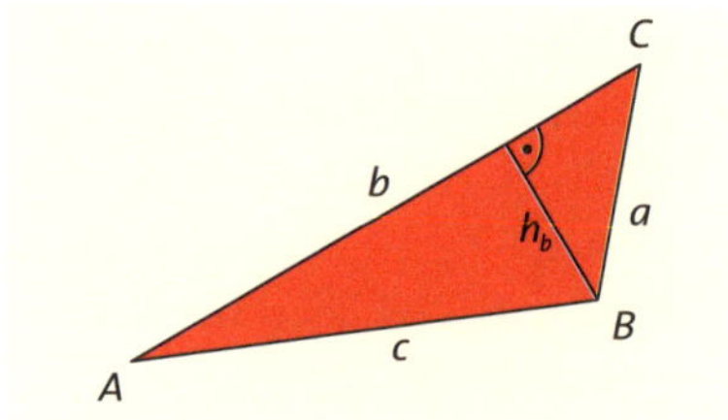

Weil es unwesentlich ist, welche Seite mit der zugehörigen Höhe man zur Inhaltsberechnung benutzt, findest du in Formelsammlungen auch diese Darstellung:

> **MERKE** Flächeninhalt eines Dreiecks = $\frac{\text{Grundseite} \cdot \text{Höhe}}{2}$
>
> $A_D = \frac{g \cdot h}{2}$ bzw. $A_D = \frac{g \cdot h_g}{2}$.

Die Grundseite g ist eine beliebig zu wählende Seite und h bzw. h_g ist die dazugehörige Höhe.

Beim rechtwinkligen Dreieck gibt es eine Besonderheit: $A_{\llcorner} = \frac{a \cdot b}{2}$.

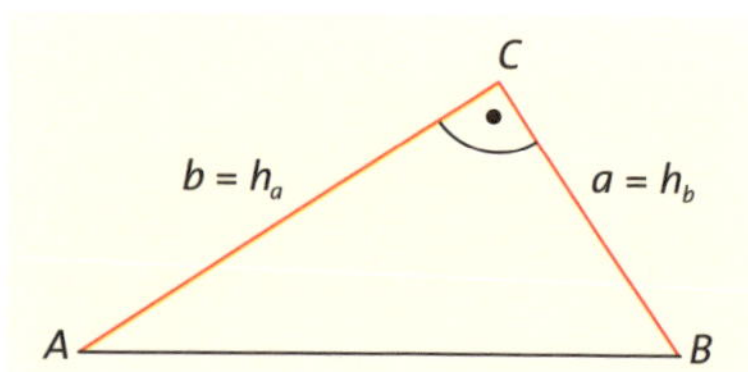

7 Übersicht

7.1 Das allgemeine Dreieck

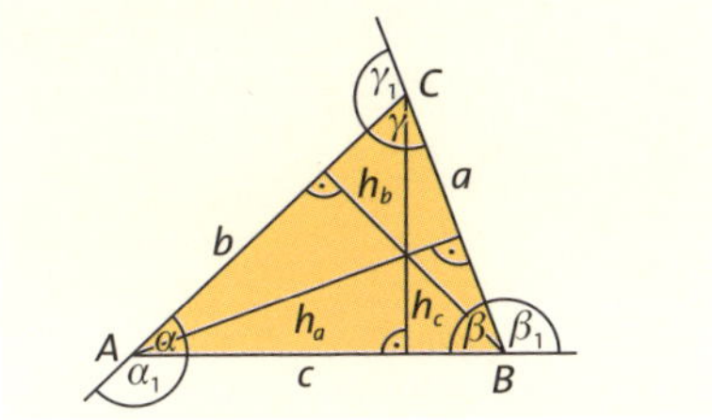

A, B, C	Ecken
a, b, c	Seiten
α, β, γ	Innenwinkel
$\alpha_1, \beta_1, \gamma_1$	Außenwinkel
h_a, h_b, h_c	Höhen

Dreiecksungleichungen

$a+b>c \quad a+c>b \quad b+c>a$

Innenwinkelsatz

$\alpha + \beta + \gamma = 180°$

Außenwinkelsatz

$\alpha_1 + \beta_1 + \gamma_1 = 360°$

Beziehungen zwischen Innen- und Außenwinkeln

$\alpha_1 = \beta + \gamma \quad \beta_1 = \alpha + \gamma \quad \gamma_1 = \alpha + \beta$

Flächeninhalt

$A = \frac{a \cdot h_a}{2} \quad A = \frac{b \cdot h_b}{2} \quad A = \frac{c \cdot h_c}{2}$

7.2 Das rechtwinklige Dreieck

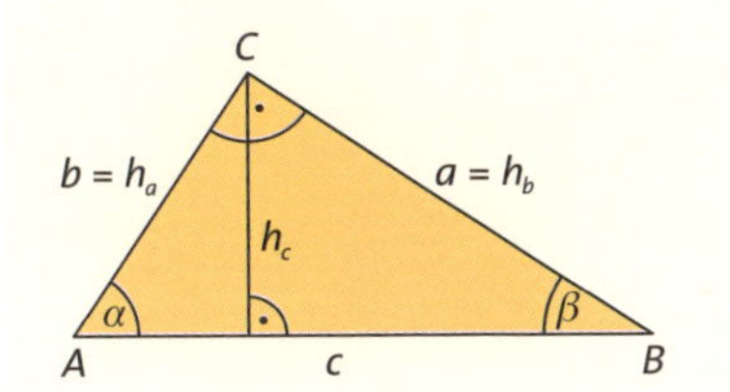

a, b	Katheten
c	Hypotenuse (dem rechten Winkel gegenüber)

$\gamma = 90°$

$\alpha + \beta = 90°$

$A = \frac{a \cdot b}{2}$

7.3 Das gleichschenklige Dreieck

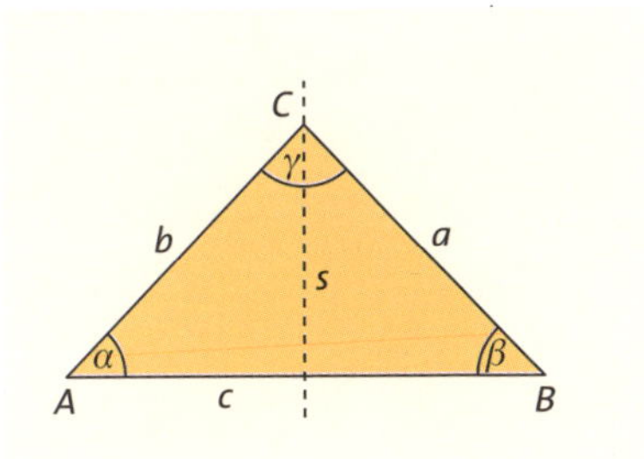

a, b	Schenkel
c	Basis
α, β	Basiswinkel
γ	Winkel an der Spitze
C	Spitze
s	Symmetrieachse

$a = b \qquad \alpha = \beta$

Test

1 **Konstruiere Dreiecke, die in der üblichen Weise bezeichnet sind. Gegeben sind jeweils folgende Stücke:**

a) $a = 4{,}0$ cm; $b = 5{,}0$ cm; $c = 6{,}0$ cm
b) $b = 3{,}0$ cm; $c = 8{,}0$ cm; $\alpha = 25°$
c) $c = 7{,}0$ cm; $\alpha = 30°$; $\beta = 100°$
d) $c = 6{,}5$ cm; $\beta = 55°$; $\gamma = 65°$

2 **Von zwei Dreiecken $\triangle ABC$ und $\triangle A_1B_1C_1$ sei Folgendes bekannt:**

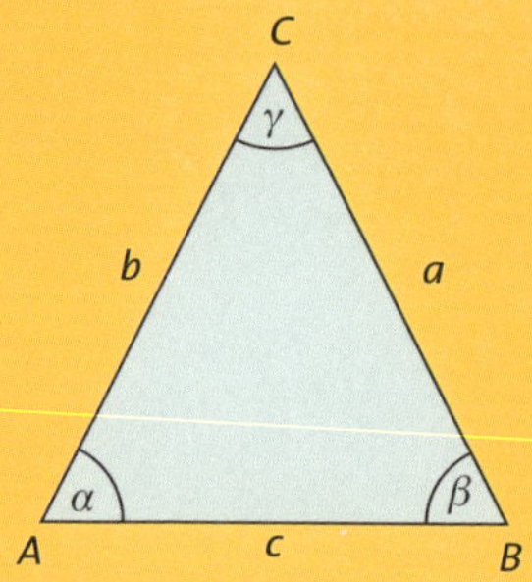

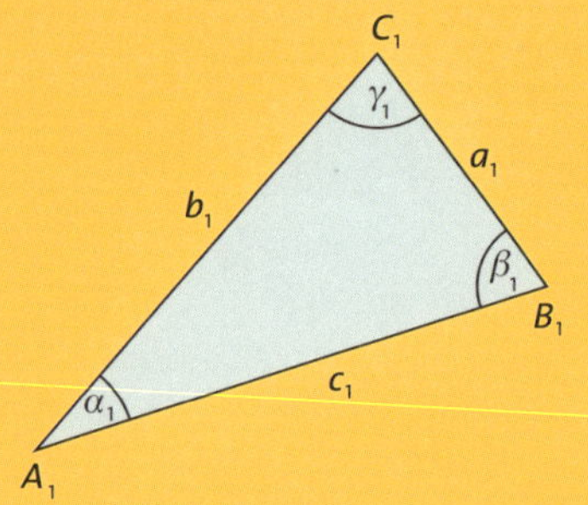

a) $b = a_1$; $c = b_1$; $\alpha = \gamma_1$
b) $a = c_1$; $\gamma = \beta_1$; $\beta = \alpha_1$
c) $\overline{BC} = \overline{A_1B_1}$; $\alpha = \alpha_1$; $\gamma = \beta_1$
d) $\overline{AB} = \overline{A_1B_1}$; $\overline{BC} = \overline{B_1C_1}$; $\alpha = \alpha_1 = 120°$
e) $\overline{AC} = \overline{A_1C_1}$; $\overline{BC} = \overline{B_1C_1}$; $\beta = \beta_1$
f) $b = a_1$; $a = b_1$; $c = c_1$

In welchen der aufgeführen Fälle sind die Dreiecke $\triangle ABC$ und $\triangle A_1B_1C_1$ kongruent? Gib an, welcher Kongruenzsatz zutrifft.

3 **Miss den Umfang der vier Dreiecke aus Aufgabe 1.**

4 **Von einem Dreieck *ABC* sind folgende Stücke gegeben:**

a) $c = 8$ cm
$h_c = 5$ cm

b) $a = 11$ m
$b = 7$ m
$\gamma = 90°$

Bestimme den Flächeninhalt der Dreiecke, ohne sie zu konstruieren.

Vierecke

1 Vierecksarten

1.1 Allgemeines Viereck

Ein Viereck hat:

- 4 Ecken,
- 4 Seiten,
- 4 Winkel (Innenwinkel).

Die Verbindungsstrecken gegenüberliegender Ecken heißen Diagonalen.

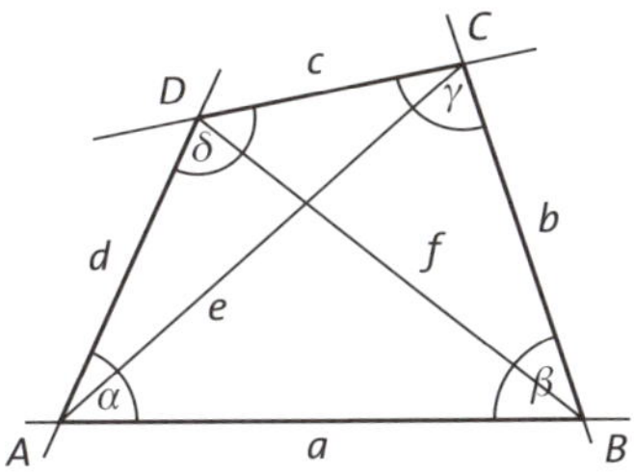

Eigenschaften von Vierecken:

- Die Summe der Innenwinkel beträgt 360°.
- Umfang: $u = a + b + c + d$.
- Flächeninhalt: Der Flächeninhalt eines allgemeinen Vierecks kann als Summe der Flächen von zwei Teildreiecken bestimmt werden, die durch eine Diagonale entstehen.

Flächeninhalt *Viereck ABCD* = Flächeninh. $\triangle ACD$ + Flächeninh. $\triangle ABC$.

Zur Berechnung des Flächeninhalts eines Dreiecks, siehe S. 178.

1.2 Trapez

Man erhält ein Trapez, wenn man von einem Dreieck parallel zu einer Seite eine Ecke abschneidet.

a)

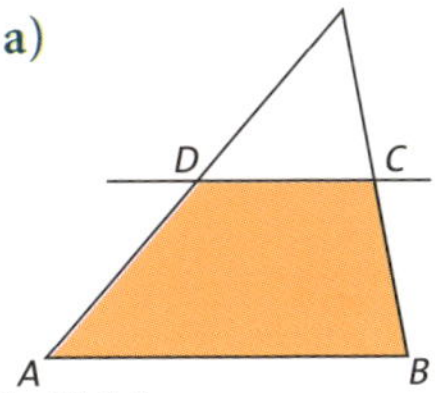

beliebiges Trapez

b)

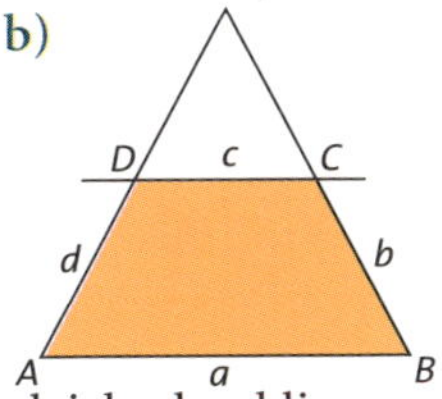

gleichschenkliges Trapez (Seitenlänge $b = d$)

c)

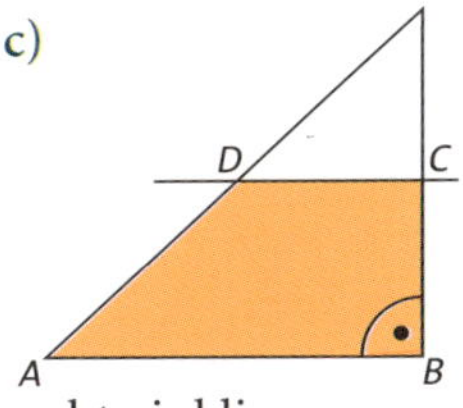

rechtwinkliges Trapez

MERKE Ein **Trapez** ist ein Viereck mit wenigstens zwei parallelen Seiten: $a \parallel c$.

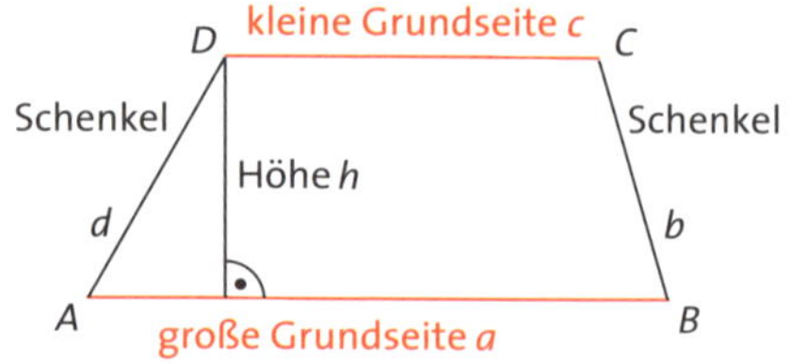

- Umfang: $u = a + b + c + d$
- Flächeninhalt: $A = \frac{a + c}{2} \cdot \mathrm{h}$
- Ein *gleichschenkliges* Trapez hat eine Symmetrieachse.

1.3 Parallelogramm

MERKE Ein **Parallelogramm** ist ein Viereck mit zwei Paaren paralleler Gegenseiten: $a \parallel c$ und $b \parallel d$.

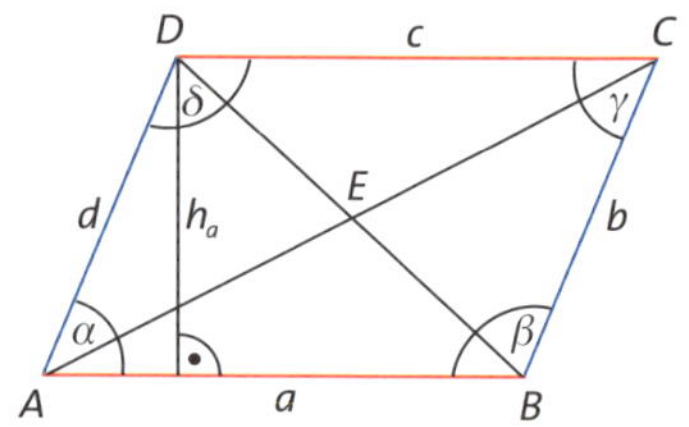

- Die Gegenseiten sind gleich lang, deswegen gilt: Umfang $u = 2 \cdot a + 2 \cdot b$.
- Flächeninhalt A = Grundseite g · Höhe h. Das heißt: $A = a \cdot h_a = b \cdot h_b$
- Ein Parallelogramm ist punktsymmetrisch zum Schnittpunkt seiner Diagonalen (im Beispiel Punkt E).

1.4 Rhombus (Raute)

MERKE Ein **Rhombus** (eine **Raute**) ist ein Viereck, in dem alle Seiten gleich lang sind: $a = b = c = d$.

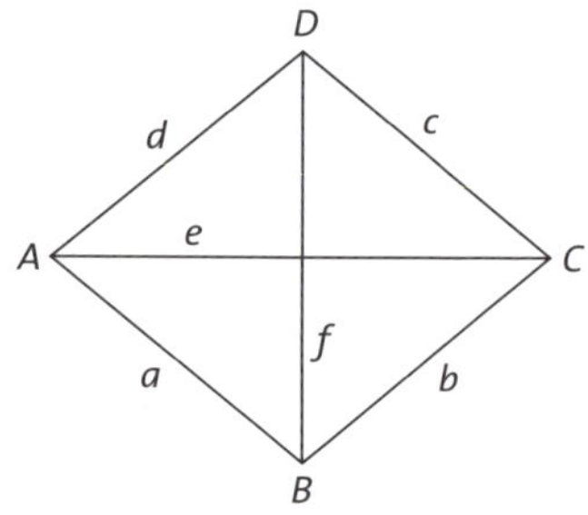

- Gegenüberliegende Seiten sind parallel, d. h., ein Rhombus ist ein besonderes Parallelogramm.
- Umfang: $u = 4 \cdot a$
- Flächeninhalt: $A = \frac{e \cdot f}{2}$
- Ein Rhombus ist punktsymmetrisch und achsensymmetrisch.
- Die Diagonalen sind die Symmetrieachsen.

1.5 Drachenviereck

> **MERKE** Ein **Drachenviereck** ist ein Viereck, bei dem mindestens eine Diagonale Symmetrieachse ist.

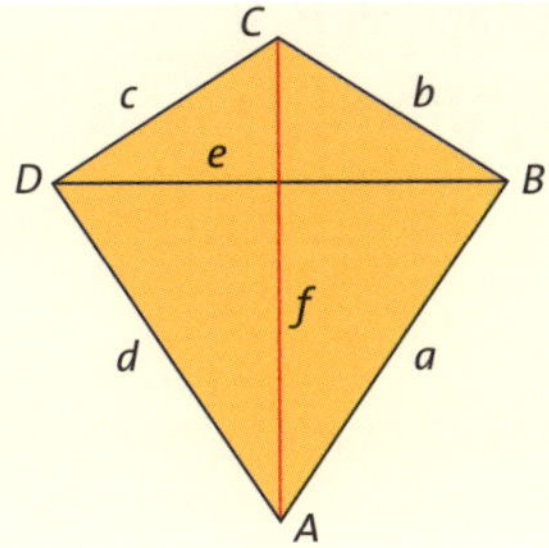

- In diesem Beispiel ist f die Symmetrieachse, also ist $\triangle ABC \cong \triangle ACD$ und $a = d$, $b = c$.
- Umfang: $u = 2 \cdot a + 2 \cdot b$
- Flächeninhalt: $A = \frac{e \cdot f}{2}$

2 Übersicht

Allgemeines Viereck

Innenwinkel: $\alpha + \beta + \gamma + \delta = 360°$
Außenwinkel: $\alpha_1 + \beta_1 + \gamma_1 + \delta_1 = 360°$
Flächeninhalt: $A = A_{\triangle ABC} + A_{\triangle ACD}$
Umfang: $u = a + b + c + d$

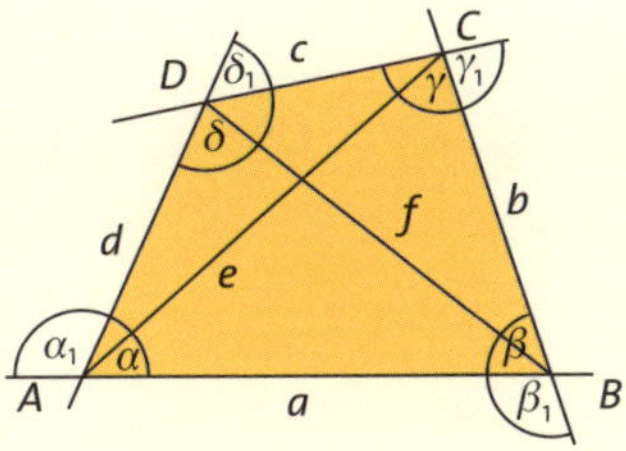

Quadrat

$a = b = c = d$
$\alpha = \beta = \gamma = \delta = 90°$
$a \| c$; $b \| d$
Die Diagonalen:
$e = f$; $e \perp f$

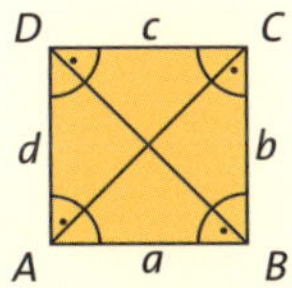

$A = a^2$
$u = 4 \cdot a$

Rechteck

$a = c$; $b = d$
$\alpha = \beta = \gamma = \delta = 90°$
$a \| c$; $b \| d$
Die Diagonalen: $e = f$

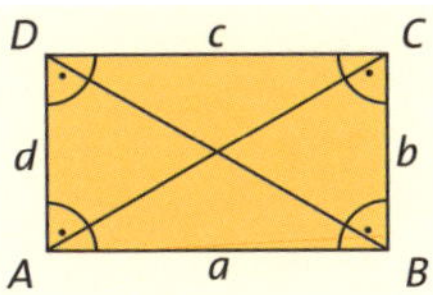

$A = a \cdot b$
$u = 2 \cdot (a + b)$

Parallelogramm

$a = c; b = d$

$a \parallel c; b \parallel d$

$\alpha = \gamma; \beta = \delta$

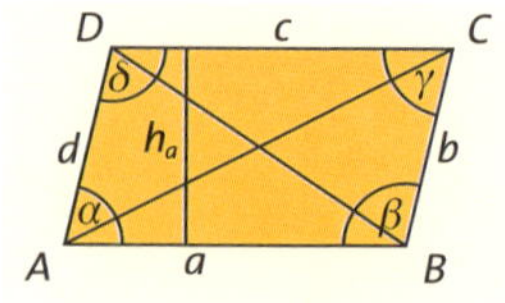

$A = a \cdot h_a$

$u = 2 \cdot (a + b)$

Rhombus (Raute)

$a = b = c = d$

$a \parallel c; b \parallel d$

$\alpha = \gamma; \beta = \delta$

Die Diagonalen: $e \perp f$

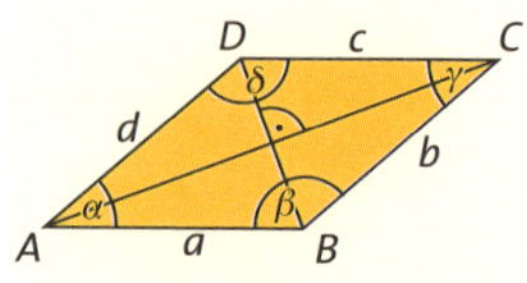

$A = \frac{e \cdot f}{2}$

$u = 4 \cdot a$

Trapez

$a \parallel c$

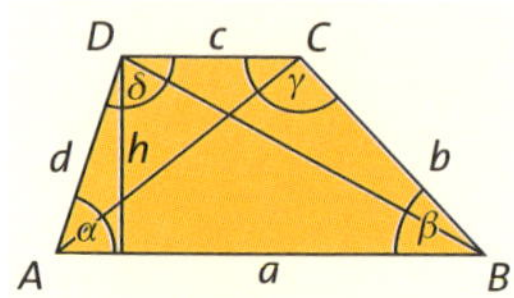

$A = \frac{a \cdot c}{2} \cdot h$

$u = a + b + c + d$

Drachenviereck

Diagonale f ist Symmetrieachse.

$a = d; b = c$

$\beta = \delta$

Die Diagonalen: $e \perp f$

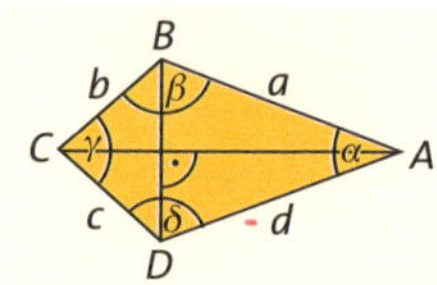

$A = \frac{e \cdot f}{2}$

$u = 2 \cdot (a + b)$

3 Hierarchie der Vierecke

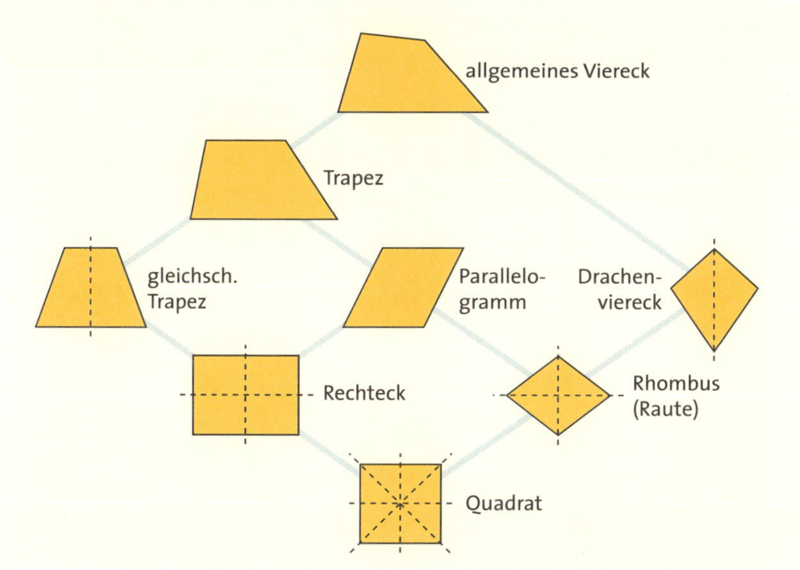

■ Von *oben nach unten* liest man diese Hierarchie so:
Ein allgemeines Viereck kann gleichzeitig ein Trapez sein (wenn zwei seiner Seiten parallel zueinander sind), es kann ein Drachenviereck sein (wenn eine seiner Diagonalen eine Symmetrieachse ist) – oder aber es ist weder Trapez noch Drachenviereck.
Ein Trapez wiederum kann ein gleichschenkliges Trapez oder ein Parallelogramm sein – oder es ist weder gleichschenklig noch ein Parallelogramm. Und so weiter.

■ Von *unten nach oben* liest man diese Hierarchie so:
Jedes Quadrat hat sowohl die Eigenschaften eines Rechtecks als auch die eines Rhombus.
Jedes Rechteck wiederum hat sowohl die Eigenschaften eines gleichschenkligen Trapezes als auch die eines Parallelogramms. Und so weiter.
So kann man der Hierarchie entnehmen, dass z. B. jeder Rhombus auch ein Parallelogramm, ein Trapez, ein Drachenviereck und ein allgemeines Viereck ist.

Test

1 Du kennst die Eigenschaften der Vierecksarten. Fülle die Tabelle aus. Setze ein Kreuz, wenn die Eigenschaft zutrifft, bzw. einen Strich, wenn sie nicht zutrifft.

Eigenschaften	Trapez	Parallelogramm	Rechteck	Quadrat	Rhombus	Drachenviereck
mindestens 1 Paar Seiten parallel						
2 Paar Seiten parallel						
mindestens 1 Paar Seiten gleich lang						
2 Paar Seiten gleich lang						
Gegenseiten gleich lang						
alle Seiten gleich lang						
mind. 1 Paar Gegenwinkel gleich groß						
2 Paar Gegenwinkel gleich groß						
Nachbarseiten zueinander senkrecht						
Diagonalen gleich lang						
Diagonalen halbieren einander						
Diagonalen zueinander senkrecht						
mindestens eine Symmetrieachse						
mindestens 2 Symmetrieachsen						
4 Symmetrieachsen						

2 In einem Koordinatensystem sind Vierecke mit folgenden Koordinaten eingezeichnet (Einheit 1 cm):

a) *A* (4; 2), *B* (6; 7), *C* (4; 9), *D* (2; 7)
b) *A* (1; 1), *B* (4; 4), *C* (4; 10), *D* (1; 7)
c) *A* (3; 2), *B* (6; 2), *C* (7,5; 4,5), *D* (1,5; 4,5)

Zeichne die Figuren in ein Koordinatensystem, jede mit einer anderen Farbe. Wie heißt die jeweilige Figur? Berechne den Flächeninhalt.

Das gerade Prisma

1 Definition

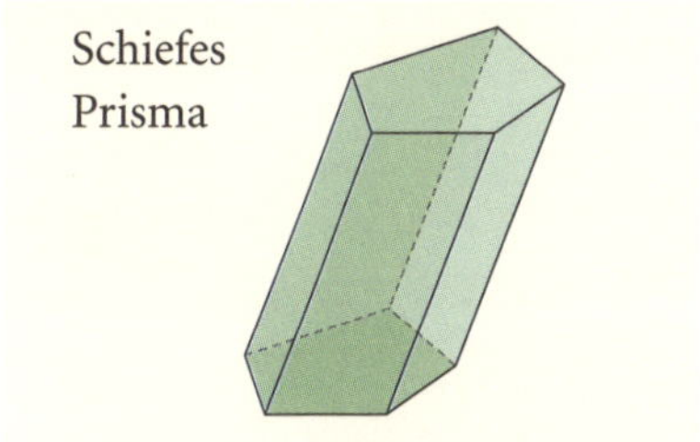

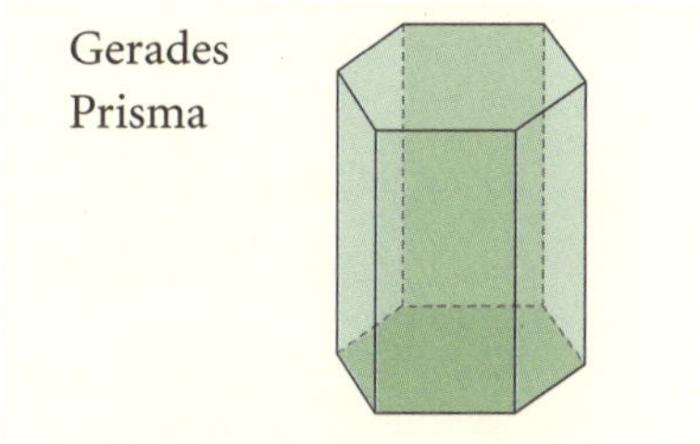

MERKE Ein Prisma ist ein von ebenen Flächenstücken begrenzter Körper. Es hat eine Grundfläche, eine Deckfläche und beliebig viele Seitenflächen. Sowohl die Grund- und Deckfläche als auch alle Seitenkanten sind zueinander parallel.

Bei einem **geraden Prisma** stehen die Seitenkanten senkrecht auf der Grund- und Deckfläche. Die Seitenflächen sind Rechtecke.

Würfel und Quader sind gerade Prismen. Auch oben siehst du ein gerades Prisma.

2 Schrägbild und Netz

2.1 Zeichnen eines Schrägbildes

Wie zeichnet man ein Prisma?
Wenn man es von oben (Draufsicht, Grundriss) oder von vorn (Frontalansicht) zeichnet, so sind immer einige Seitenflächen oder auch Grund- und Deckfläche verdeckt.
Du kennst als Lösung dieses Darstellungsproblems bereits die **Schrägbilder** von Würfel und Quader. Und auf dieser Seite siehst du oben zwei Prismen als Schrägbilder dargestellt.

■ Wie ein Schrägbild entsteht, ist in dem Bild unten dargestellt:
Auf einen Körper (einen gläsernen Würfel mit Kanten aus Metall) fällt von hinten Licht (hier als parallele Lichtstrahlen dargestellt). So entsteht auf einer vor dem Körper hängenden Leinwand ein Bild des Körpers (ein Schattenriss seiner Kanten).
Man sagt: Der Körper (der Würfel) wird auf eine Projektionsebene E (das ist hier die Leinwand) projiziert.

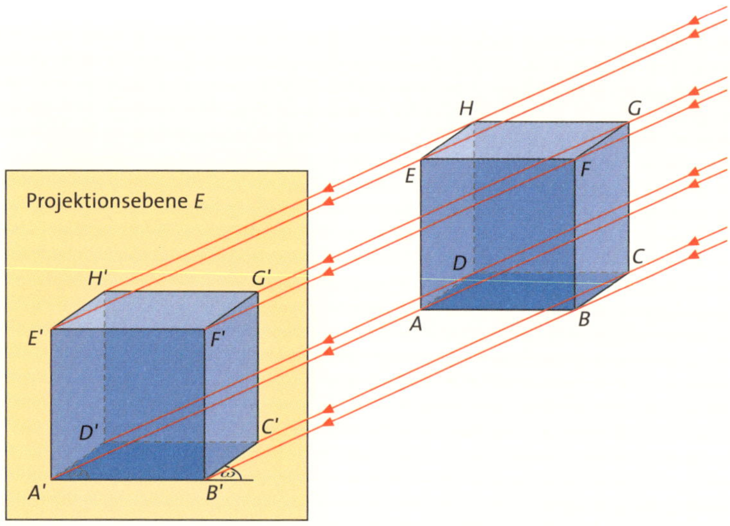

Das entstehende Bild des Körpers – das **Schrägbild** – erweckt einen räumlichen Eindruck. Man spricht bei dieser Art von Abbildung auch von **Parallelprojektion.**
Dabei gelten folgende Gesetze:

1 Strecken, die parallel zur Projektionsebene verlaufen, werden in gleicher Richtung und Länge abgebildet.
Zum Beispiel verläuft die Strecke $\overline{DH}$ parallel zur Projektionsebene. Deswegen gilt für die Längen von Original und Projektionsbild: $\overline{DH} = \overline{D'H'}$; und für die Richtung: $\overline{D'H'}$ verläuft ebenso lotrecht wie $\overline{DH}$.

2 Parallele Strecken werden auf parallele Strecken abgebildet.
Zum Beispiel sind im Würfel die Strecken $\overline{BC}$ und $\overline{FG}$ parallel zueinander. Im Projektionsbild sind die Strecken nun zwar verkürzt dargestellt, aber weiterhin parallel.

3 Strecken, die senkrecht zur Projektionsebene verlaufen (z. B. die Strecke $\overline{BC}$), werden im Maßstab q verkürzt und bilden mit der Waagerechten einen Winkel ω.

Häufig verwendet man $q = \frac{1}{2}$ (das bedeutet, dass man direkt nach hinten führende Strecken auf die Hälfte verkürzt) und $\omega = 45°$ (ein Winkel, der sich auf kariertem Papier mit Hilfe der Kästchendiagonalen leicht zeichnen lässt).
Man nennt ω Verzerrungswinkel und q Verkürzungsfaktor.

▶ **BEACHTE** Wenn nichts anderes festgelegt wird, verwende $q = \frac{1}{2}$ und $\omega = 45°$!

Beispiel: Zeichne das Schrägbild einer Dreieckssäule.

Grundfläche in wahrer Größe

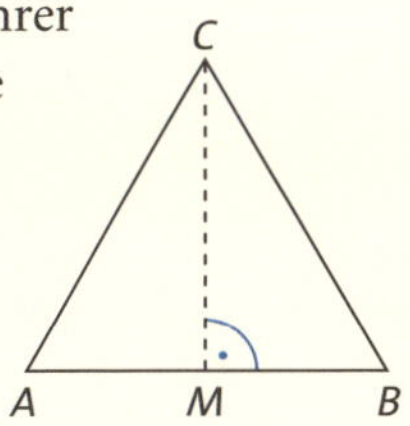

Säule

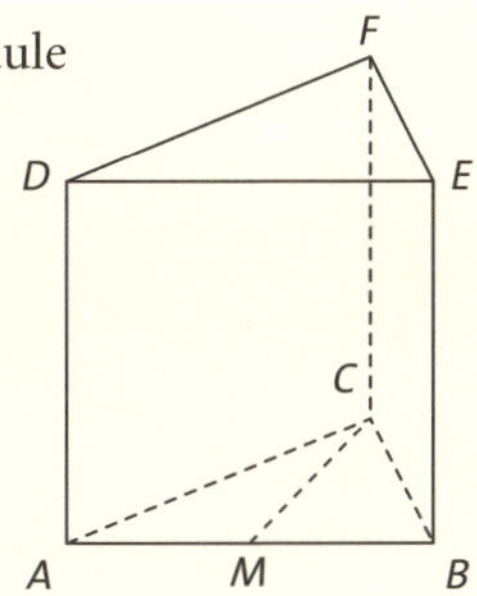

Die Kanten $\overline{AB}$ und $\overline{AD}$ wurden in wahrer Größe gezeichnet. $\overline{MC}$ wurde um die Hälfte verkürzt und mit $\omega = 45°$ angetragen.

2.2 Das Netz eines Körpers

Denkt man sich einige Kanten (nicht alle) eines Körpers aufgetrennt und faltet den Körper so auseinander, dass alle Flächen in einer Ebene liegen, so erhält man das **Netz** eines Körpers. Alle Flächen haben dabei – im Gegensatz zum Schrägbild – ihre wahre Größe.

Beispiel:

Das ist das Netz der Dreieckssäule von Seite 197. Versuche dir vorzustellen, die beiden Seitenteile und die beiden Dreiecke „nach hinten“ zu klappen. So erhältst du (im Kopf) die Dreieckssäule.

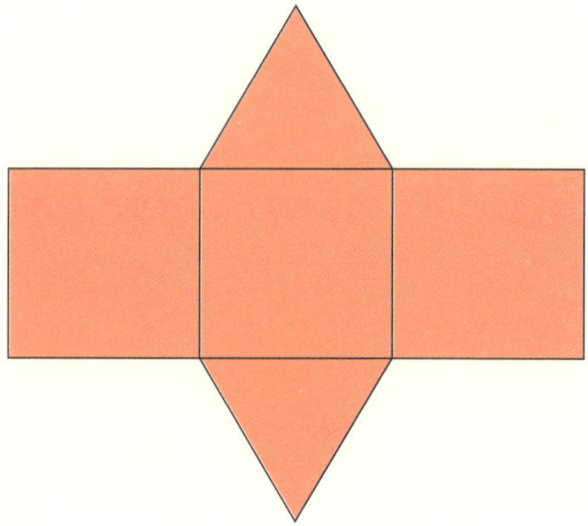

3 Oberfläche und Volumen

3.1 Oberfläche

Am Beispiel eines geraden Prismas mit einer sechseckigen Grundfläche wollen wir uns eine Formel für die Oberfläche von beliebigen geraden Prismen überlegen. Das Netz des sechsseitigen Prismas besteht aus zwei deckungsgleichen sechseckigen Grundflächen G_6 und den sechs rechteckigen Seitenflächen R.

Oberfläche = 2 Sechsecke + 6 Rechtecke

$$O = 2 \cdot G_6 + 6 \cdot R.$$

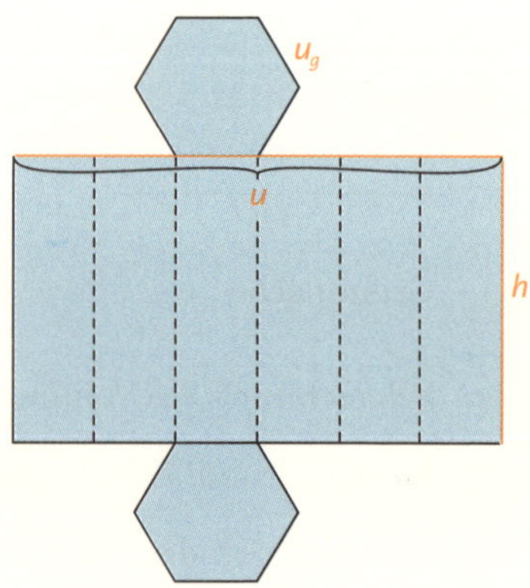

Die Höhen aller Seitenflächen stimmen überein. Man kann daher alle Seitenflächen zu einem großen Rechteck zusammenfassen. Diese Fläche heißt Mantelfläche M. Für die Oberfläche O gilt also auch:

$$O = 2 \cdot G_6 + M.$$

Bezeichnet man mit u_G den Umfang der Grundfläche und mit h die Höhe des Prismas, so gilt für die Mantelfläche: $M = u \cdot h = u_G \cdot h$. (Denn $u_G = u$, siehe die Skizze auf der vorigen Seite.)

■ Was für ein sechsseitiges senkrechtes Prisma gilt, gilt ganz entsprechend auch für jedes n-seitige senkrechte Prisma:

Oberfläche = 2 · n-Eck + n · Rechteck

Oberfläche = 2 · n-Eck + Mantelfläche M

$$O = 2 \cdot G_n + u_G \cdot h$$

3.2 Volumen

Jedes gerade Prisma – gleichgültig ob 3-, 4-, 5-, … oder n-seitig – ist volumengleich zu einem Quader gleicher Höhe h und gleicher Grundfläche G. Deshalb ist: $V = G \cdot h$ (Volumen = Grundfläche · Höhe).

Beispiel zur Volumen- und Oberflächenberechnung:

Wir betrachten ein gerades Prisma, dessen Grundfläche ein rechtwinkliges Dreieck mit den Seiten 3 cm, 4 cm und 5 cm ist. Seine Höhe beträgt 2,5 cm.

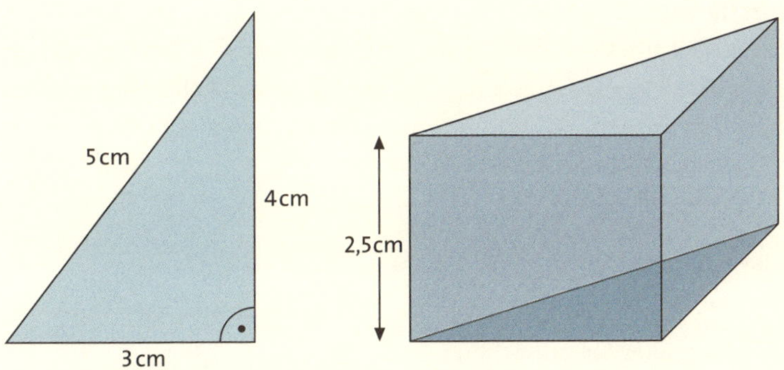

Grundfläche Prisma

▶ Berechnung des Volumens (Formel: $V = G \cdot h$)

Für die Grundfläche G gilt: $G = \frac{1}{2} \cdot 3\,\text{cm} \cdot 4\,\text{cm} = 6\,\text{cm}^2$

Jetzt kann ich das Volumen berechnen:

$V = G \cdot h = 6\,\text{cm}^2 \cdot 2{,}5\,\text{cm} = 15\,\text{cm}^3$

▸ Berechnung der Oberfläche (Formeln: $O = 2G + M$ und $M = u_G \cdot h$)
Für den Umfang der Grundfläche u_G gilt:
$u_G = 3\,\text{cm} + 4\,\text{cm} + 5\,\text{cm} = 12\,\text{cm}$
Für die Mantelfläche M gilt: $M = u_G \cdot h = 12\,\text{cm} \cdot 2{,}5\,\text{cm} = 30\,\text{cm}^2$
Jetzt kann ich die Oberfläche berechnen:
$O = 2G + M = 2 \cdot 6\,\text{cm}^2 + 30\,\text{cm}^2 = 42\,\text{cm}^2$

Test

1 Schrägbilder und Körper

a) Zeichne ein Schrägbild eines Quaders mit den Kantenlängen $a = 6$ cm, $b = 5$ cm und $c = 4$ cm.

b) Zeichne ein Schrägbild eines Würfels mit der Kantenlänge $a = 6$ cm.

b) Zeichne in den Würfel eine Pyramide ein, deren Grundfläche mit der Grundfläche des Würfels übereinstimmt. Die Spitze der Pyramide liegt im Schnittpunkt der Diagonalen der Deckfläche des Würfels.

2 Ein gerades Prisma mit der Höhe $h = 10$ cm hat als Grundfläche folgendes Parallelogramm.

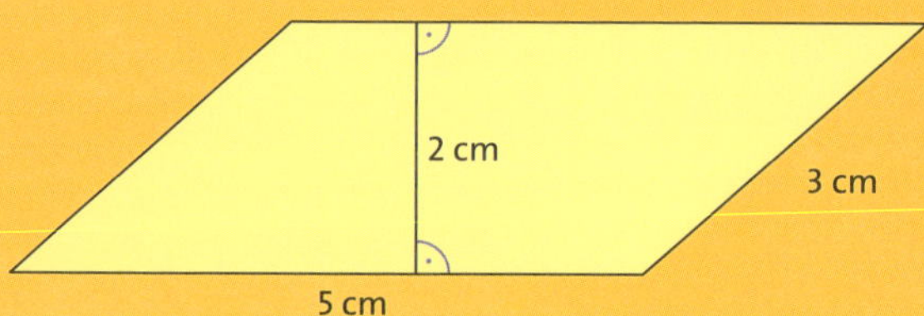

Berechne Oberfläche und Volumen des Prismas.

3 Ein Damm hat den gezeichneten Querschnitt. Wie viel m³ Erde braucht man, um einen solchen Damm auf einer Länge von 50 m aufzuschütten?

Tipp: Der Damm bildet ein liegendes gerades Prisma, dessen Grundfläche ein Trapez ist.

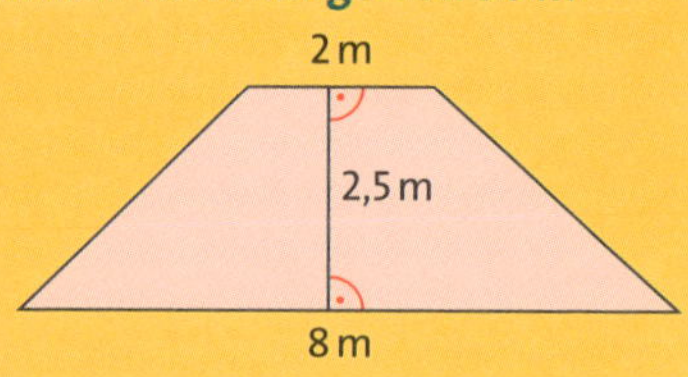

Stochastik

1 Zufallsexperiment, Ergebnis

Das Drehen eines Glücksrades, das Werfen eines Würfels oder einer Münze, das Ziehen eines Loses sind **Zufallsexperimente**.

Beispiele für Zufallsexperimente:

a) Die Münze fällt beim Werfen entweder so, dass „Kopf“ oder dass „Zahl“ zu sehen ist.
Man sagt: „Kopf“ und „Zahl“ sind die möglichen **Ergebnisse**.

b) Beim Werfen eines Würfels sind die Ergebnisse „1“, „2“, „3“, „4“, „5“ und „6“ möglich.

c) Beim Ziehen eines Loses kann es beispielsweise die Ergebnisse „Hauptgewinn“, „2. Gewinn“, „3. Gewinn“, „Freilos“ und „Niete“ geben.

■ Ein **Zufallsexperiment** ist durch folgende Eigenschaften gekennzeichnet:

- Es können verschiedene Ergebnisse auftreten, von denen vor Ausführung des Experiments nicht mit Sicherheit vorausgesagt werden kann, welches eintreten wird.
- Es können nicht zwei Ergebnisse gleichzeitig auftreten.
- Das Experiment ist beliebig oft wiederholbar.

2 Wahrscheinlichkeit

Jedes Ergebnis eines Zufallsexperiments hat eine bestimmte **Wahrscheinlichkeit**. Das ist eine Zahl, die mindestens 0 und höchstens 1 beträgt und etwas darüber aussagt, wie häufig ein bestimmtes Ergebnis eintritt (z. B. wie häufig es passiert, dass ein gezogenes Los ein „Freilos“ ist).

„Das Ergebnis Freilos hat die …

- *… Wahrscheinlichkeit 0“* bedeutet:
Das Ergebnis Freilos tritt niemals ein. (Es gibt keine Freilose.)
- *… Wahrscheinlichkeit 1“* bedeutet:
Das Ergebnis Freilos tritt immer ein. (Jedes Los ist ein Freilos.)

- „*Wahrscheinlichkeit* $\frac{1}{2}$ *(= 0,5 = 50 %)*" bedeutet:

  Durchschnittlich bei der Hälfte der gezogenen Lose tritt das Ergebnis Freilos ein. Bei 10 Versuchen im Durchschnitt also 5-mal.
  Anders gesagt: Unter 10 gezogenen Losen sind durchschnittlich 5 Freilose.
- „*Wahrscheinlichkeit* $\frac{2}{3}$ *(= 0,$\overline{66}$ = 66,$\overline{6}$ %)*" bedeutet:

  Durchschnittlich $\frac{2}{3}$ der gezogenen Lose sind Freilose. Oder anders formuliert: Durchschnittlich 66,6 von 100 gezogenen Losen sind Freilose.

■ Oft wird die Wahrscheinlichkeit mit *P* bezeichnet (englisch: probability). Die Wahrscheinlichkeit kann als Bruch, als Dezimalzahl oder in Prozent angegeben werden.

Beispiel: Die Münze fällt beim Werfen durchschnittlich 1 von 2 Malen so, dass „Kopf" zu sehen ist. Die Wahrscheinlichkeit für „Kopf" ist also 0,5.

$P(Kopf) = 0{,}5 = \frac{1}{2} = 50\,\%$

Das Ergebnis „Zahl" ist natürlich genauso wahrscheinlich:

$P(Zahl) = P(Kopf) = 0{,}5 = \frac{1}{2} = 50\,\%$

3 Laplace-Wahrscheinlichkeit

Bei einigen Zufallsexperimenten sind alle Ergebnisse gleich wahrscheinlich. Diese Zufallsexperimente heißen nach dem französischen Mathematiker Pierre Simon de Laplace auch **Laplace-Experimente**. Für sie gilt:

> **MERKE** Wenn alle Ergebnisse des Zufallsexperiments gleich wahrscheinlich sind, dann gilt:
> Bei *n* möglichen Ergebnissen beträgt die Wahrscheinlichkeit für jedes Ergebnis $P = \frac{1}{n}$

Beispiel: Beim Würfeln mit einem Würfel sind alle Ergebnisse gleich wahrscheinlich. Da es 6 mögliche Augenzahlen gibt, ist die Wahrscheinlichkeit für jede Augenzahl $\frac{1}{6}$.

4 Ereignis

Manchmal fasst man mehrere Ergebnisse zu einem **Ereignis** zusammen.

Beispiel:

a) Das Ereignis „Augenzahl gerade" tritt beim Würfeln bei den Ergebnissen 2, 4 und 6 ein.

b) Das Ereignis „Augenzahl kleiner als 3" tritt bei den Ergebnissen 1 und 2 ein.

Ein Ergebnis kann also durchaus zu verschiedenen Ereignissen gehören.

■ Bei Laplace-Experimenten (d. h. bei gleich wahrscheinlichen Ergebnissen) gilt für die Wahrscheinlichkeit eines Ereignisses A:

$$P(A) = \frac{\text{Anzahl der für das Ereignis } A \text{ günstigen Ergebnisse}}{\text{Anzahl der möglichen Ergebnisse}}$$

Beispiel: Das Ereignis „Augenzahl gerade" tritt bei 3 von 6 möglichen Ergebnissen ein.
Es hat also die Wahrscheinlichkeit $P = \frac{3}{6} = 0{,}5$.

Test

1 **Betrachte ein Fußballspiel zwischen den Mannschaften *A* und *B* als Zufallsexperiment. Welche 3 Ergebnisse sind möglich?**

2 **Eine zufällig ausgewählte Person wird nach ihrem Geburtsmonat gefragt. Gib die möglichen Ergebnisse an.**

3 **Mit welchen Ergebnissen treten folgende Ereignisse beim Würfeln ein?**

a) „Die gewürfelte Augenzahl ist ungerade."
b) „Die gewürfelte Augenzahl ist mindestens 3."
c) „Die gewürfelte Augenzahl ist Primzahl."
d) „Die gewürfelte Augenzahl ist eine rationale Zahl."
e) „Die gewürfelte Augenzahl ist durch 7 teilbar."

4 **Eine Urne enthält 7 rote und 3 schwarze Kugeln. Eine Kugel wird zufällig gezogen. Gib die Wahrscheinlichkeiten für folgende Ergebnisse an:**

a) „Die gezogene Kugel ist rot."
b) „Die gezogene Kugel ist schwarz."

5 **Beim Schafkopfspiel spielt man mit 32 Karten, darunter 4 Unter-Karten. Wie groß ist die Wahrscheinlichkeit, dass eine aus einem gut gemischten Kartenspiel gezogene Karte ein Unter ist?**

6 **Im langjährigen Durchschnitt kommen auf 1000 Lebendgeborene 514 Jungen. Wie groß ist Wahrscheinlichkeit für die Geburt eines Mädchens?**

7 **Die drei Turner Akahira (A), Bulgakov (B) und Charlton (C) müssen nacheinander antreten. Ihre Reihenfolge wird ausgelost.**

a) Gib die möglichen Ergebnisse des Auslosens an. Du kannst als Abkürzung auch die Buchstaben A, B und C verwenden.
b) Mit welcher Wahrscheinlichkeit wird eine bestimmte Reihenfolge, z. B. Akahira – Charlton – Bulgakov (ACB) ausgelost?

Verzeichnis der Zeichen und Abkürzungen

Bedeutung	Bezeichnungen in diesem Buch	abweichende Bezeichnung in anderen Büchern
Menge der natürlichen Zahlen	$\mathbb{N} = \{1; 2; 3; \dots\}$	$\mathbb{N} = \{0; 1; 2; \dots\}$ $\mathbb{N}^* = \{1; 2; 3; \dots\}$
Menge der ganzen Zahlen	$\mathbb{Z} = \{\dots -2; -1; 0; 1; 2; \dots\}$	
Menge der rationalen Zahlen	$\mathbb{Q}$	
Grundmenge	$\mathbb{G}$	G
Lösungsmenge	L	$\mathbb{L}$
Definitionsmenge	$\mathbb{D}$	D
Wertemenge	$\mathbb{W}$	W
Leere Menge	$\{\,\}$	$\varnothing$
… ist Teilmenge von …	$\subset$	$\subseteq, \subseteqq$
Aus *A* folgt *B*	$A \Rightarrow B$	
Betrag von *a*	$\lvert a \rvert$	
Hauptnenner	HN	
Punkt mit Koordinaten	$P(2; 3)$	$P(2 \mid 3)$
Lineare Funktion	$y = m \cdot x + n$	$y = a \cdot x + b$
Prozent	%	
Promille	‰	
Wahrscheinlichkeit	P	
Strecke von *A* nach *B*	$\overline{AB}$	$[AB]$
Länge der Strecke *AB*	$\overline{AB}$	$\lvert AB \rvert$
Gerade *AB*	AB	
Winkel von *A* nach *B* im Scheitelpunkt *S*	$\sphericalangle ASB$	
F_1 ist kongruent zu F_2	$F_1 \cong F_2$	
Dreieck	$\triangle$	
Höhe, die senkrecht auf der Seite *a* steht	h_a	
Umfang	u	
Flächeninhalt	A	A_O
… ist senkrecht zu …	$\perp$	
… ist parallel zu …	$\parallel$	
Ebene	E	$\mathbb{E}$
Grundfläche	G	A_G
Mantelfläche	M	A_M
Oberfläche	O	A_O
Volumen	V	
Alpha, Beta, Gamma, Delta	$\alpha, \beta, \gamma, \delta$	
Epsilon, Lambda, Phi, Omega	$\varepsilon, \lambda, \varphi, \omega$	

Lösungen

S. 127 Test

1. a) 1 Ei ≙ 20 ct (direkt proportional)

b) 4 Eier ≙ 80 ct

d)

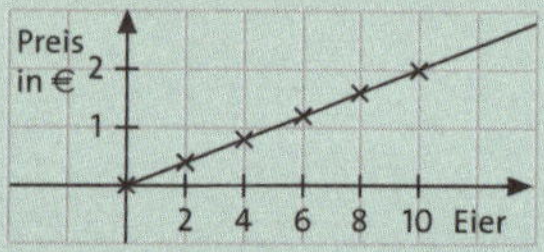

c)

Eier	0	1	2	3	4	5	6	7	8	9	10
Preis in €	0	0,20	0,40	0,60	0,80	1,–	1,20	1,40	1,60	1,80	2,–

2. a) 1 Person ≙ 12 Tage (indirekt proportional)

b) 4 Personen ≙ 3 Tage

d)

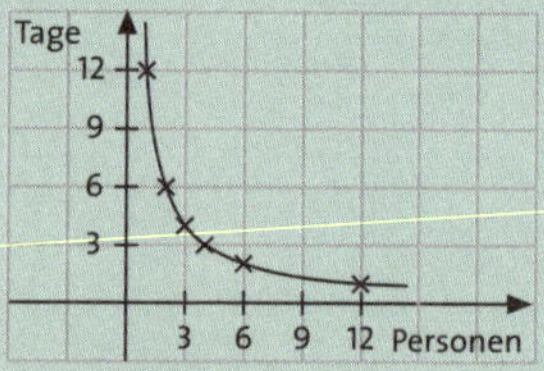

c)

Personen	1	2	3	4	5	6	7	8	9	10	11	12
Tage	12	6	4	3	2,4	2	$\frac{12}{7}$	1,5	$1\frac{1}{3}$	1,2	$\frac{12}{11}$	1

3. a) direkt proportional

x	2	3	4	5	6
y	3	4,5	6	7,5	9

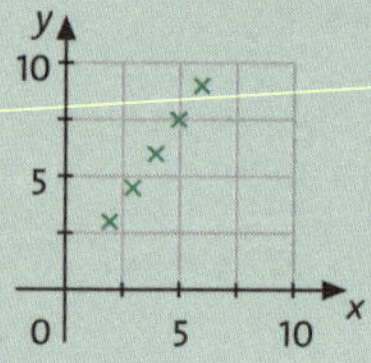

b) indirekt proportional

x	1	2	4	5	8
y	8	4	2	1,6	1

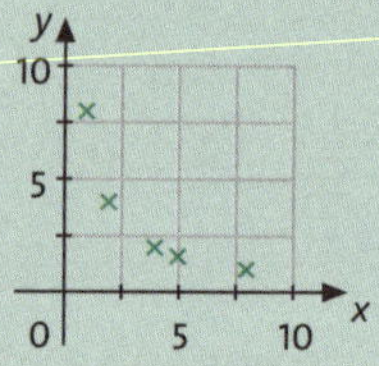

c) indirekt proportional

x	1	2	3	4	6
y	6	3	2	1,5	1

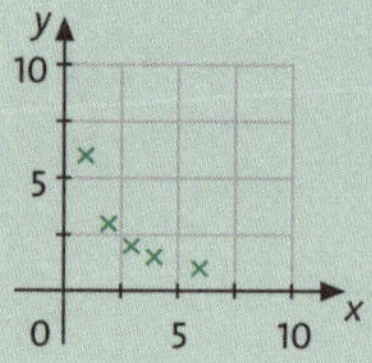

d) direkt proportional

x	0	2	4	6	10
y	0	1	2	3	5

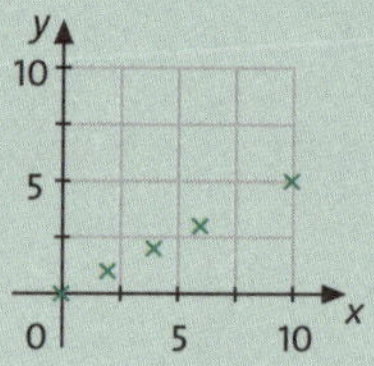

4. a) Es handelt sich um indirekte Proportionalität.

(:2)	2 Mähdrescher ≙ 24 h	(·2)
	1 Mähdrescher ≙ 48 h	
(·3)	3 Mähdrescher ≙ 16 h	(:3)

3 Mähdrescher würden 16 Stunden brauchen.

b) Es liegt direkte Proportionalität vor.

(:3)	12 Kühe ≙ 9000 l	(:3)
	4 Kühe ≙ 3000 l	
(·2)	8 Kühe ≙ 6000 l	(·2)

Bei 8 Kühen erwartet man 6000 l Milch.

c) Weg und Zeit sind proportional zueinander.

(:20)	20 km ≙ 60 min	(:20)
	1 km ≙ 3 min	
(·55)	55 km ≙ 165 min	(·55)

165 min = 120 min + 45 min = 2 h 45 min

Der Radler braucht 2 h 45 min für die Umrundung des Starnberger Sees.

S. 131 f. Test

1. a) $\frac{1}{4} = \frac{25}{100} = 25\,\%$

b) $\frac{3}{10} = \frac{30}{100} = 30\,\%$

c) $\frac{1}{50} = \frac{2}{100} = 2\,\%$

d) $\frac{3}{15} = \frac{1}{5} = \frac{20}{100} = 20\,\%$

2.

Prozentsatz *p* %	Prozentwert *W*	Grundwert *G*
3 %	15 €	500 €
5 %	200 m	4000 m
2,5 %	20 kg	800 kg

3. $\frac{150 \text{ Mio. km}^2}{500 \text{ Mio. km}^2} = \frac{150}{500} = \frac{30}{100} = 30\,\%$ Land, also 70 % Meer.

4. a) $p\,\% = 35\,\%$; $W = 700\,€$; $G = \frac{700\,€ \cdot 100\,\%}{35\,\%} = 2000\,€$

Das Monatsgehalt beträgt 2000 €.

b) Im Januar bekommt sie insgesamt 2700 € ausgezahlt.

5.

Kapital	Zinssatz	Jahreszins	Tageszins
580 €	4 %	23,20 €	0,06 €
5000 €	1,5 %	75 €	0,21 €
12 000 €	2 %	240 €	0,67 €
13 500 €	4 %	540 €	1,50 €

6. a) Zinsen: 480 €

b) Zinsen: 1200 €

7. a) 70 % von 70 kg sind 49 kg.
b) $G = 49\,kg$;
$W = 20\,g = 0{,}02\,kg$

$p\,‰ = \frac{0{,}02\,kg}{49\,kg} \cdot 1\,000\,‰ \approx 0{,}4\,‰$

Der Blutalkoholwert ist 0,4 ‰.

c) Grundwert Körperflüssigkeit:
$G = 60\,\%$ von $65\,kg = 39\,kg$
$W = 40\,g = 0{,}04\,kg$

$p\,‰ = \frac{0{,}04\,kg}{39\,kg} \cdot 1\,000\,‰ \approx 1{,}0\,‰$

Ihr Blutalkoholwert ist 1,0 ‰.

S. 140 Test

1. a) $-71 < -21 < -20 < -17 < -10 < 0 < 13 < 17$
b) $-14 < -3{,}5 < -3{,}0 < 2 < 5{,}15 < 5{,}2$

2.

	x	y	$x + y$	$x - y$	$y - x$	$x \cdot y$	$x : y$	$y : x$
a)	−65	13	−52	−78	78	−845	−5	−0,2
b)	−90	−10	−100	−80	80	900	9	$\frac{1}{9}$
c)	4,2	−6	−1,8	10,2	−10,2	−25,2	−0,7	$-1\frac{3}{7}$
d)	−0,8	2,4	1,6	−3,2	3,2	−1,92	$-\frac{1}{3}$	−3
e)	35	−0,5	34,5	35,5	−35,5	−17,5	−70	$-\frac{1}{70}$
f)	−2,7	−0,3	−3	−2,4	2,4	0,81	9	$\frac{1}{9}$
g)	−0,4	0,5	0,1	−0,9	0,9	−0,2	−0,8	−1,25
h)	$\frac{1}{4}$	$-\frac{3}{8}$	$-\frac{1}{8}$	$\frac{5}{8}$	$-\frac{5}{8}$	$-\frac{3}{32}$	$-\frac{2}{3}$	−1,5

3. a) 0 b) $-\frac{6}{5}$ c) $-\frac{5}{6}$
d) nicht möglich e) $\frac{5}{6}$ f) $\frac{6}{5}$

4. a) $47 - 56 = -9$ b) $-27 + (-20) = -47$ c) $-7 + 18 = 11$
d) $6 + 5 = 11$ e) $\frac{7}{9}$ f) $-\frac{1}{10} + (-\frac{3}{10}) = -\frac{2}{5}$

5. a) $-10\,000$ b) $6 \cdot 1 \cdot 21 = 126$ c) 4 d) $-48 : (-24) = 2$

6. a) $(3{,}9 + 6{,}1) + 4{,}8 = 10 + 4{,}8 = 14{,}8$
b) $(5{,}7 - 4{,}7) + 23{,}2 = 1{,}0 + 23{,}2 = 24{,}2$
c) $2 \cdot (-50) \cdot (-13) = -100 \cdot (-13) = 1300$
d) $5 \cdot 20 \cdot (-157) = 100 \cdot (-157) = -15\,700$

7. a) $(81 + 9) \cdot 7 = 90 \cdot 7 = 630$
b) $17 \cdot (56 + 44) = 17 \cdot 100 = 1700$
c) $12 \cdot (-1{,}1 - 0{,}9) = 12 \cdot (-2{,}0) = -24$
d) $2{,}9 \cdot (-4{,}2 - 5{,}8) = 2{,}9 \cdot (-10) = -29$

S. 146 Test

1.

x	-1	0	1	2	3
Wert des Terms	1	0	3	10	21

2. **a)** $8a \cdot 4b = 32ab$

b) $-2u^2 \cdot 5u \cdot (-6u^2) = [(-2) \cdot 5 \cdot (-6)] \cdot (u^2 \cdot u \cdot u^2) = 60u^5$

c) $28vw^2 \cdot 5v^3w^2 = (28 \cdot 5) \cdot (v \cdot v^3) \cdot (w^2 \cdot w^2) = 140v^4w^4$

d) $(-5xyz) \cdot (8xy^2) = (-5 \cdot 8) \cdot (xyz \cdot xy^2) = -40x^2y^3z$

3. **a)** $5p + 9p = 14p$ **b)** $3x^2 - 7x^2 + 9x^2 = 5x^2$

c) $4u^2 - 3u + 9u - 2u^2 = 2u^2 + 6u$ **d)** $-a + 12 + 7a - 13 = 6a - 1$

e) $-4st + 11s^2t + 5ts + 7s^2t = 18s^2t + st$

f) $13xy + 8x^2y - 5yx^2 + 7xy^2 = 13xy + 3x^2y + 7xy^2$

4. **a)** $x(x + 2) = x^2 + 2x$ **b)** $4(5r + 2s - 7t) = 20r + 8s - 28t$

c) $5u^2w(9w - 4uw + 12uw^2) = 45u^2w^2 - 20u^3w^2 + 60u^3w^3$

d) $(9s - 8t) \cdot 2s = 18s^2 - 16st$ **e)** $(52p - 39) : 13 = 4p - 3$

f) $(7u - 2w^3)^2 = 49u^2 - 28uw^3 + 4w^6$

5. **a)** $(3a + 5b)\,(2a + b) = 6a^2 + 3ab + 10ab + 5b^2 = 6a^2 + 13ab + 5b^2$

b) $(7q - 5)\,(10 - 3q) = 70q - 21q^2 - 50 + 15q = 85q - 21q^2 - 50$

c) $(3 + 4x)\,(2 - 5x) = 6 - 15x + 8x - 20x^2 = 6 - 7x - 20x^2$

d) $(6s^2 - 7s - 5t)\,(2s - 3t) = 12s^3 - 18s^2t - 14s^2 + 21st - 10st + 15t^2$

$= 12s^3 - 18s^2t - 14s^2 + 11st + 15t^2$

e) $(r^2 + 4)\,(r^2 - 4) = r^4 - 16$

f) $(x^4 + x^3 + x^2 + x + 1)\,(x - 1)$

$= x^5 + x^4 + x^3 + x^2 + x - x^4 - x^3 - x^2 - x - 1 = x^5 - 1$

6. **a)** $(x - 2)^2 = x^2 - 2 \cdot x \cdot 2 + 2^2 = x^2 - 4x + 4$

b) $(3p + 7)^2 = (3p)^2 + 2 \cdot 3p \cdot 7 + 7^2 = 9p^2 + 42p + 49$

c) $(8x + y)^2 = 64x^2 + 16xy + y^2$

d) $(9u - 1)^2 = 81u^2 - 18u + 1$

e) $(4s - 5t)\,(4s + 5t) = (4s)^2 - (5t)^2 = 16s^2 - 25t^2$

f) $(3a + b)\,(3a - b) = 9a^2 - b^2$

7. **a)** $30z + 45 = 15(2z + 3)$ **b)** $p^3 - 3p = p(p^2 - 3)$

c) $36s^2 - 6st = 6s(6s - t)$ **d)** $v^4 - v^3 + v^2 = v^2(v^2 - v + 1)$

e) $r^2 + 16r + 64 = (r + 8)^2$

f) $39x^3y - 52x^2y^2 + 26x^2yz = 13x^2y(3x - 4y + 2z)$

8. **a)** $u^2 - 16 = (u - 4)\,(u + 4)$

b) $x^2 + 4y^2$ geht nicht, da keine Differenz vorliegt.

c) $4a^2 - 25b^2 = (2a - 5b)\,(2a + 5b)$

d) $x^2 + 10xy + 25y^2 = (x + 5y)^2$

S. 152 Test

1. a) $2x + 6 = 26 \quad | -6$
$2x = 20 \quad | :2$
$x = 10$
$L = \{10\}$

b) $0{,}5x - 2 = 10 \quad | +2$
$0{,}5x = 12 \quad | \cdot 2$
$x = 24$
$L = \{24\}$

c) $3x + 4 = 0 \quad | -4$
$3x = -4 \quad | :3$
$x = -\frac{4}{3}$
$L = \{-\frac{4}{3}\}$

d) $10x - 11 \leq 4 \quad | +11$
$10x \leq 15 \quad | :10$
$x \leq 1{,}5$
$L = \{x \in \mathbb{Q} \mid x \leq 1{,}5\}$

2. a) $\{0\}$ b) $\{\,\}$ c) $\mathbb{Q}$ d) $\{\,\}$

3. a) $L = \{-8\}$ b) $L = \{10\}$ c) $L = \{x \in \mathbb{Q} \mid x \leq -\frac{3}{4}\}$
d) $L = \mathbb{Q}$ e) $L = \{z \in \mathbb{Q} \mid z < 4\}$ f) $L = \{36\}$

4. a) Sohn: x Jahre; Vater: $4x$ Jahre $\quad 4x - x = 33;\ x = 11;\ y = 4x = 44$
Der Sohn ist 11 und der Vater 44 Jahre alt.
b) $x + 3x + 5x = 135;\ x = 15$ $\quad$ Die Zahl heißt 15.

S. 157 Test

1. a) $\frac{3}{7x}$; $\mathbb{D} = \mathbb{Q}\backslash\{0\}$ oder $\mathbb{D} = \{x \in \mathbb{Q} \mid x \neq 0\}$

b) $\frac{d}{d-11}$; $\mathbb{D} = \mathbb{Q}\backslash\{11\}$ oder $\mathbb{D} = \{d \in \mathbb{Q} \mid d \neq 11\}$

c) $\frac{3y-5}{8y+24}$; $\mathbb{D} = \mathbb{Q}\backslash\{-3\}$ oder $\mathbb{D} = \{y \in \mathbb{Q} \mid y \neq -3\}$

d) $\frac{2z-3}{(5z-7)(3z+5)}$; $\mathbb{D} = \mathbb{Q}\backslash\{\frac{7}{5}; -\frac{5}{3}\}$ oder $\mathbb{D} = \{z \in \mathbb{Q} \mid z \neq \frac{7}{5}; z \neq -\frac{5}{3}\}$

2. a) $\frac{5ab}{bc} = \frac{5a}{c}$

b) $\frac{72x}{21y} = \frac{24x}{7y}$

c) $\frac{98e^2f^6}{49e^6f^2} = \frac{2f^4}{e^4}$

d) $\frac{32u - 18u^3}{6u} = \frac{2u(16u^2-9)}{6u} = \frac{16u^2-9}{3}$

e) $\frac{3}{5x} \cdot \frac{6y}{15} = \frac{3 \cdot 2y}{5x \cdot 5} = \frac{6y}{25x}$

f) $\frac{6ab}{5c} : \frac{12}{c^2} = \frac{6ab}{5c} \cdot \frac{c^2}{12} = \frac{1ab \cdot c}{5 \cdot 2} = \frac{abc}{10}$

g) $5x \cdot \frac{2}{25x^2} = \frac{5x \cdot 2}{25x^2} = \frac{2}{5x}$

h) $3a : \frac{a^2}{2b} = \frac{3a}{1} \cdot \frac{2b}{a^2} = \frac{3 \cdot 2b}{a} = \frac{6b}{a}$

3. a) Term 1: $\frac{a}{5b} = \frac{a}{5b} \cdot \frac{7a}{7a} = \frac{7a^2}{35ab}$ Term 2: $\frac{b}{7a} = \frac{b}{7a} \cdot \frac{5b}{5b} = \frac{5b^2}{35ab}$

b) Term 1: $\frac{u}{u-5} = \frac{u}{u-5} \cdot \frac{u}{u} = \frac{u^2}{u(u-5)}$ Term 2: $\frac{3-u}{u} = \frac{3-u}{u} \cdot \frac{u-5}{u-5} = \frac{(3-u)(u-5)}{u(u-5)}$

4. a) $\frac{2}{a} - \frac{3}{ab} = \frac{2b}{ab} - \frac{3}{ab} = \frac{2b-3}{ab}$

b) $\frac{x}{y} + \frac{1-x}{y+1} = \frac{x(y+1)}{y(y+1)} + \frac{(1-x)y}{(y+1)y} = \frac{xy + x + y - xy}{y(y+1)} = \frac{x+y}{y(y+1)}$

c) $\frac{1}{4} - \frac{p}{4p+7} = \frac{(4p+7)-4p}{4(4p+7)} = \frac{7}{4(4p+7)}$

5. a) $\frac{4}{x+6} = 2 \rightarrow L = \{-4\};\ \mathbb{D} = \mathbb{Q}\setminus\{-6\}$

b) $\frac{6}{x-4} = \frac{8}{x-3} \rightarrow L = \{7\};\ \mathbb{D} = \mathbb{Q}\setminus\{4;\ 3\}$

c) $\frac{1}{x} + \frac{2}{5} = \frac{1}{2x} \rightarrow L = \{-\frac{5}{4}\};\ \mathbb{D} = \mathbb{Q}\setminus\{0\}$

d) $\frac{x-2}{x-4} = 3 \rightarrow L = \{5\};\ \mathbb{D} = \mathbb{Q}\setminus\{4\}$

e) $\frac{3}{2z} = \frac{3}{z+3} \rightarrow L = \{3\};\ \mathbb{D} = \mathbb{Q}\setminus\{-3;\ 0\}$

f) $\frac{1}{a+6} - \frac{5}{3-a} = 0 \rightarrow L = \{-\frac{9}{2}\};\ \mathbb{D} = \mathbb{Q}\setminus\{-6;\ 3\}$

S. 163 Test

1.

	x	-3	-1	$-\frac{1}{2}$	0	$\frac{1}{2}$	1	3
a)	$y = x^2$	9	1	0,25	0	0,25	1	9
b)	$y = \frac{1}{5}x$	−0,6	−0,2	−0,1	0	0,1	0,2	0,6
c)	$y = \frac{1}{x}$	$-0,\overline{33}$	−1	−2	/	2	1	$0,\overline{33}$

Ebenso richtig sind die entsprechenden Bruchzahlen als Ergebnis.

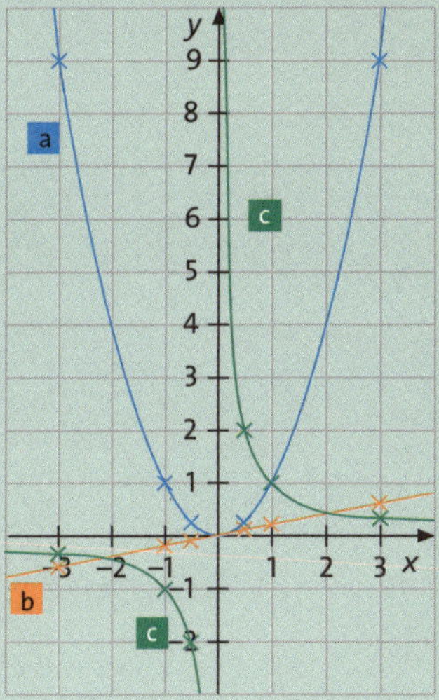

2.

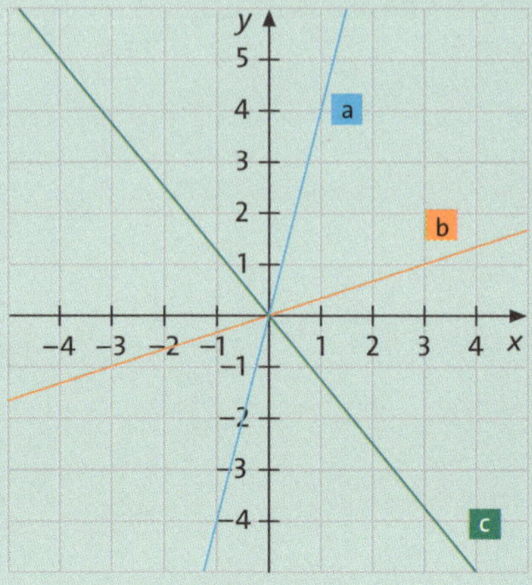

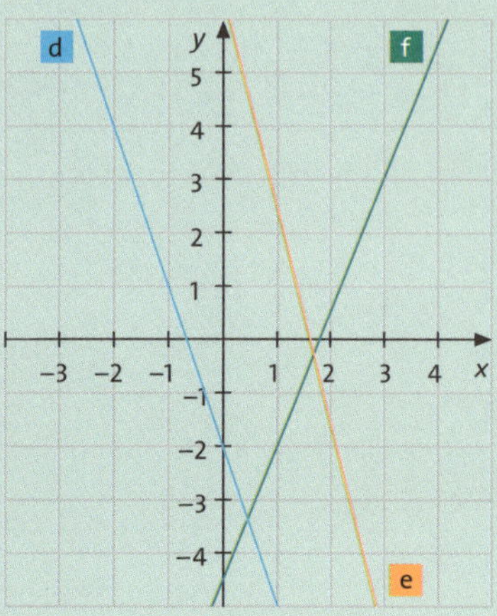

3. **a)** Gerade fällt, Schnittpunkt mit y-Achse $S\,(0; 5)$

b) Gerade steigt, $S\,(0; -1{,}5)$ **c)** Gerade fällt, $S\,(0; 0)$

d) Gerade steigt, $S\,(0; -\frac{2}{5})$ **e)** Gerade konstant, $S\,(0; -11)$

f) Gerade fällt, $S\,(0; 0)$

4. **a)** Gerade b ($y = 2{,}4x - 1{,}5$) **b)** Gerade a ($y = -2x + 5$)

c) Gerade d ($y = \frac{3}{5}x - \frac{2}{5}$) **d)** Gerade c ($y = -\frac{1}{3}x$)

5. **a)** Steigung $m = \frac{4-0}{1-0} = 4$; $y = 4x$

b) Steigung $m = \frac{-2-0}{-3-0} = \frac{2}{3}$; $y = \frac{2}{3}x$

c) Steigung $m = \frac{-6-0}{2-0} = -3$; $y = -3x$

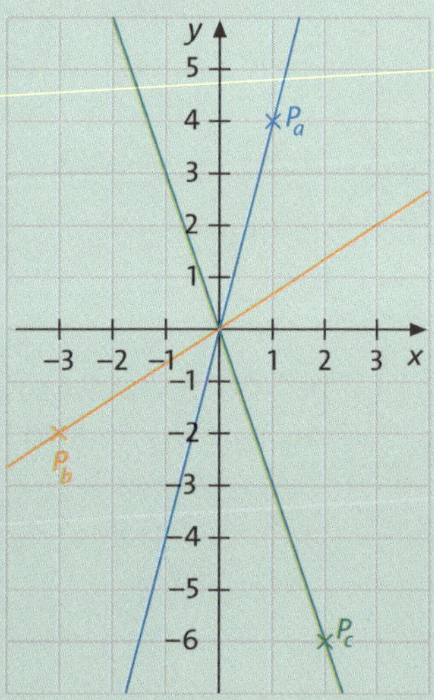

6. a) $x_0 = -\frac{3}{2} = -1{,}5$ b) $x_0 = 2$ c) keine Nullstelle

7. a) $m = \frac{2-3}{0-4} = \frac{1}{4}$

$y = \frac{1}{4}x + n;$

$P_1(0;\,2)$ einsetzen:

$2 = n$; also f: $y = \frac{1}{4}x + 2$

b) $m = \frac{2-(-4)}{-3-(-1)} = -3$

$y = -3x + n;$

$Q_1(-3;\,2)$ einsetzen:

$2 = -3 \cdot (-3) + n \Rightarrow -7 = n;$

also f: $y = -3x - 7$

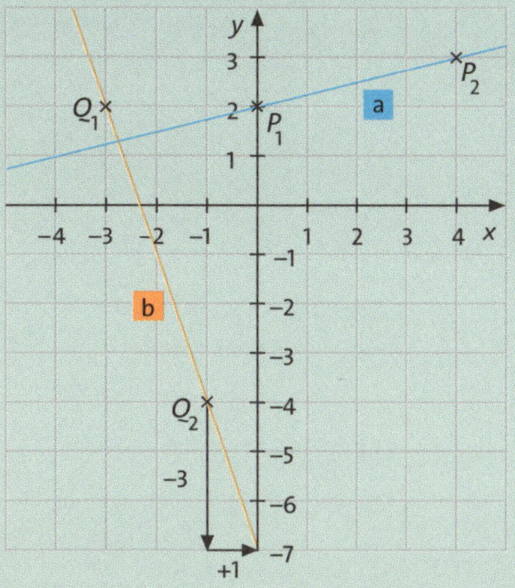

S. 169 Test

1.

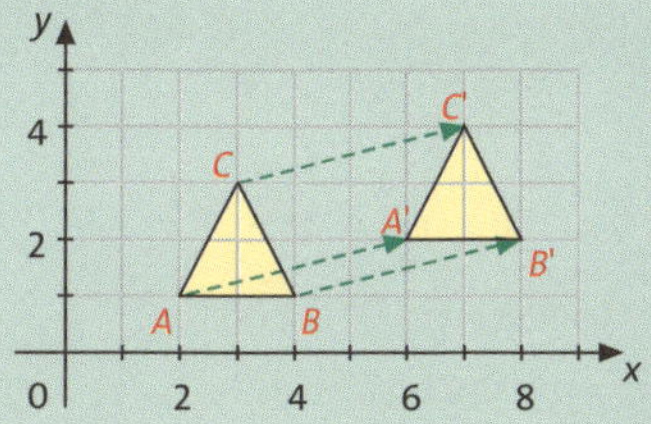

$\overrightarrow{v} = C' - C = \begin{pmatrix}7\\4\end{pmatrix} - \begin{pmatrix}3\\3\end{pmatrix} = \begin{pmatrix}7-3\\4-3\end{pmatrix} = \begin{pmatrix}4\\1\end{pmatrix}$

2.

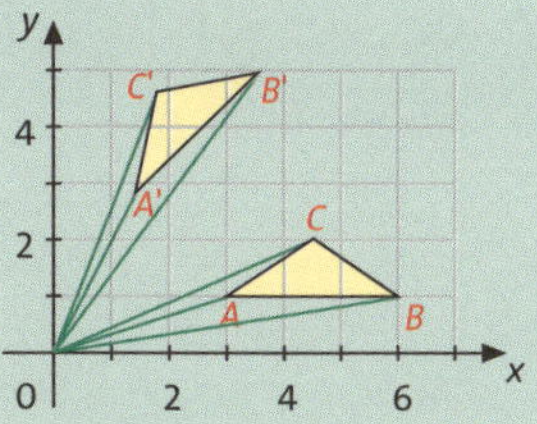

3.

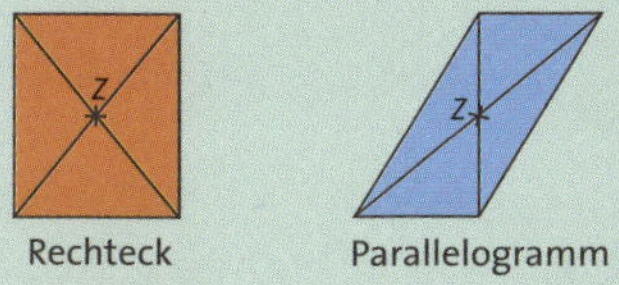

Das Rechteck und das Parallelogramm sind punktsymmetrisch.

4.

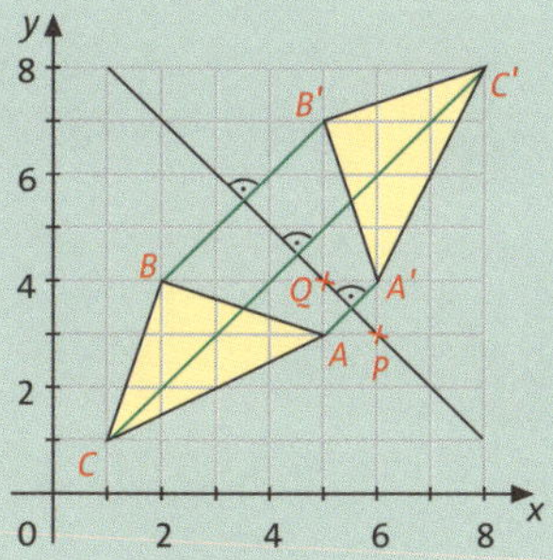

5. $\overrightarrow{v} = \overrightarrow{AA''} = \begin{pmatrix} 4 - (-1) \\ 2 - 1 \end{pmatrix} = \begin{pmatrix} 5 \\ 1 \end{pmatrix}$

Für Fortgeschrittene:

$\overrightarrow{v} = \overrightarrow{v_1} + \overrightarrow{v_2} = \begin{pmatrix} 2 + 3 \\ 2 + (-1) \end{pmatrix} = \begin{pmatrix} 5 \\ 1 \end{pmatrix}$

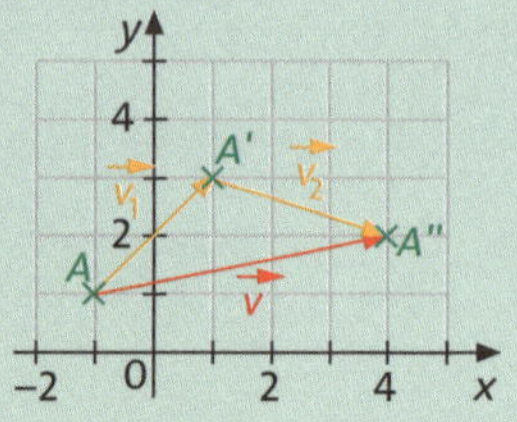

6.

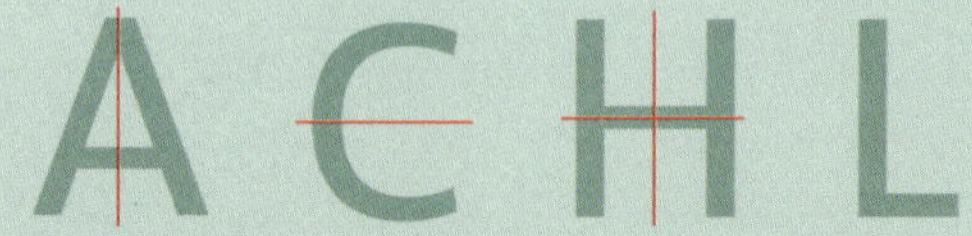

S. 173 Test

1. α, β, γ sind Neben- bzw. Scheitelwinkel von λ:

$\lambda = 130°; \alpha = 50°; \beta = 130°; \gamma = 50°;$

δ und λ sind Stufenwinkel an Parallelen: $\delta = 130°; \varepsilon = 50°; \varphi = 130°; \omega = 50°$

2. a) Wie schauen uns die Innenwinkel in dem Viereck an. Entgegen dem Uhrzeigersinn: 70° (gegeben), 130° (Gegenwinkel von 130°), 60° (Nebenwinkel von 120°), α (Gegenwinkel von α). Es gilt also: $70° + 130° + 60° + \alpha = 360°$. Also: $\alpha = 360° - (70° + 130° + 60°) = 100°$

b) Du kannst hier entsprechend vorgehen. Ergebnis: $\beta = 45°$.

3. Ein Fünfeck lässt sich in 3 Dreiecke zerlegen. Also ist die Summen der Innenwinkel 3-mal so groß wie beim Dreieck: $3 \cdot 180° = 540°$.

S. 188 Test

1. Für die Bilder a) bis d) gilt: Maßstab 1 : 2.

a)

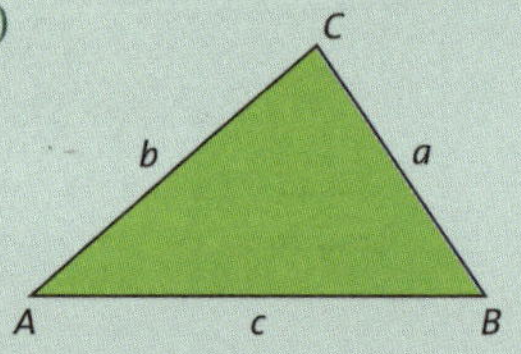

b)

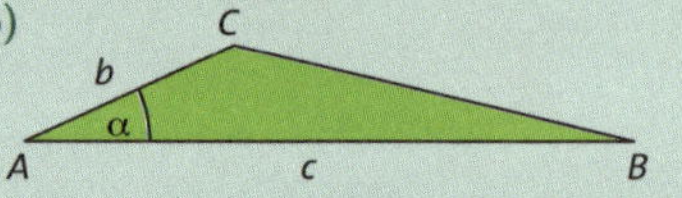

c)

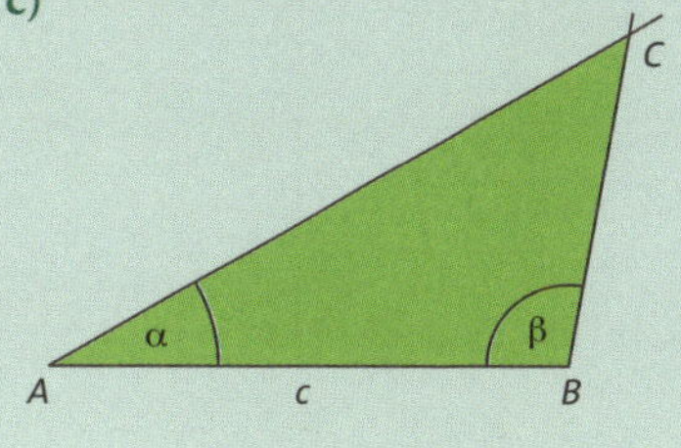

d)

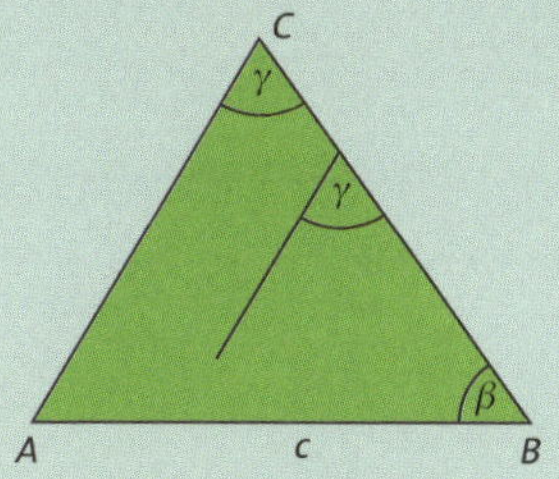

oder mit $\alpha = 180° - 55° - 65° = 60°$

2. **a)** kongruent (Kongruenzsatz sws)

b) kongruent (Kongruenzsatz wsw)

c) unklar, ob kongruent (Denn man kann keinen Kongruenzsatz anwenden.)

d) kongruent (Da α der größte Winkel ist, ist $\overline{BC}$ die längste Seite. Also kann man den Kongruenzsatz Ssw anwenden.)

e) unklar, ob kongruent (Die Angaben entsprechen „ssw". Da unbekannt ist, ob $\overline{AC}$ oder $\overline{BC}$ länger ist, bleibt unklar, ob man den einzigen in Frage kommenden Kongruenzsatz Ssw anwenden darf.)

f) kongruent (Kongruenzsatz sss)

3. Alle Streckenlängen sind hier auf 1 Nachkommastelle gerundet.

a) 4 cm + 5 cm + 6 cm = 15 cm

b) 5,4 cm + 3 cm + 8 cm = 16,4 cm

c) 4,6 cm + 9 cm + 7 cm = 20,6 cm

d) 6,2 cm + 5,9 cm + 6,5 cm = 18,6 cm

4. **a)** $A = 20\,cm^2$

b) $A = 38{,}5\,cm^2$

S. 194 Test

1.

Eigenschaften	T	P	Re	Q	Rh	D
mindestens 1 Paar Seiten parallel	x	x	x	x	x	–
2 Paar Seiten parallel	–	x	x	x	x	–
mindestens 1 Paar Seiten gleich lang	–	x	x	x	x	x
2 Paar Seiten gleich lang	–	x	x	x	x	x
Gegenseiten gleich lang	–	x	x	x	x	–
alle Seiten gleich lang	–	–	–	x	x	–
mindestens 1 Paar Gegenwinkel gleich groß	–	x	x	x	x	x
2 Paar Gegenwinkel gleich groß	–	x	x	x	x	–
Nachbarseiten zueinander senkrecht	–	–	x	x	–	–
Diagonalen gleich lang	–	–	x	x	–	–
Diagonalen halbieren einander	–	x	x	x	x	–
Diagonalen zueinander senkrecht	–	–	–	x	x	x
mindestens eine Symmetrieachse	–	–	x	x	x	x
mindestens zwei Symmetrieachsen	–	–	x	x	x	–
4 Symmetrieachsen	–	–	–	x	–	–

2. a) $A_D = 14\ \text{cm}^2$

b) $A_P = 18\ \text{cm}^2$

c) $A_T = 11{,}25\ \text{cm}^2$

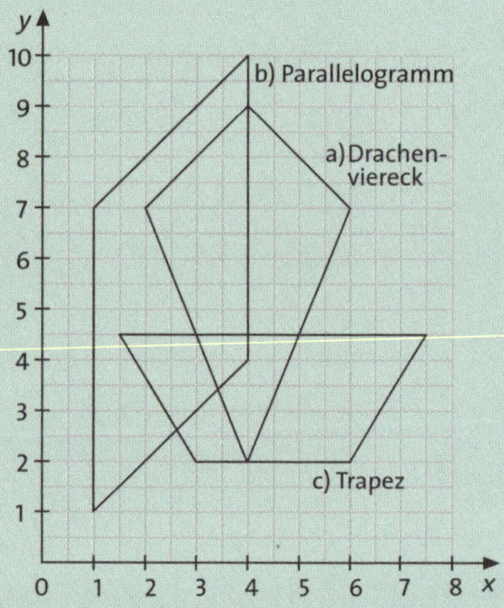

S. 200 Test

1. Für die Bilder **a)**, **b)**, **c)** gilt: Maßstab 1 : 2.

a)

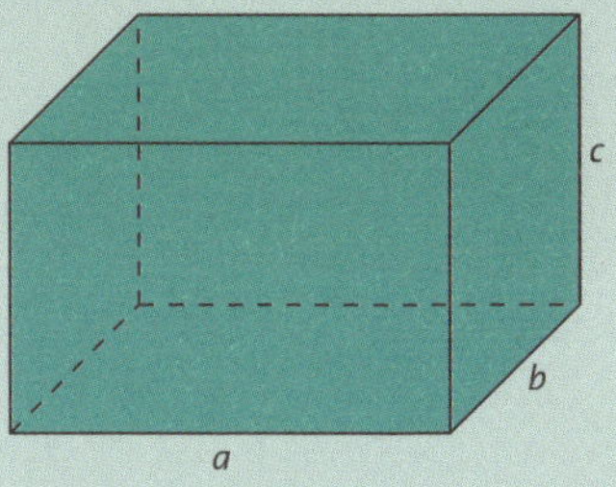

b)
c)

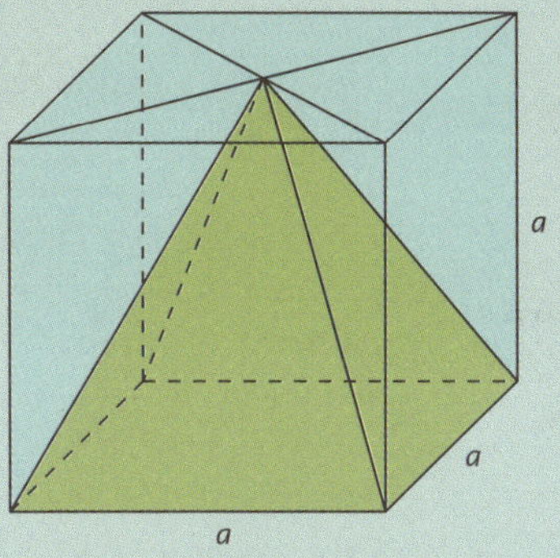

2. Grundfläche $G = 5\,\text{cm} \cdot 2\,\text{cm} = 10\,\text{cm}^2$
Umfang der Grundfläche $u_G = 2 \cdot 5\,\text{cm} + 2 \cdot 3\,\text{cm} = 16\,\text{cm}$
Volumen $V = G \cdot h = 10\,\text{cm}^2 \cdot 10\,\text{cm} = 100\,\text{cm}^3$
Oberfläche $O = 2 \cdot G + u_G \cdot h = 20\,\text{cm}^2 + 16\,\text{cm} \cdot 10\,\text{cm} = 180\,\text{cm}^2$

3. $G = \frac{8\,\text{m} + 2\,\text{m}}{2} \cdot 2{,}5\,\text{m} = 12{,}5\,\text{m}^2$
$V = G \cdot h = 12{,}5\,\text{m}^2 \cdot 50\,\text{m} = 625\,\text{m}^3$
Man braucht $625\,\text{m}^3$ Erde.

S. 204 Test

1. *A* gewinnt; *B* gewinnt; unentschieden

2. Januar; Februar; März; … ; Dezember (12 mögliche Ergebnisse)

3. **a)** 1; 3; 5 **b)** 3; 4; 5; 6
c) 2; 3; 5 (1 ist keine Primzahl!) **d)** 1; 2; 3; 4; 5; 6
e) mit keinem Ergebnis

4. **a)** $P\,(\text{Kugel ist rot}) = \frac{7}{10}$ oder auch $P\,(\text{Kugel ist rot}) = 70\,\%$

b) $P\,(\text{Kugel ist schwarz}) = \frac{3}{10}$ oder auch $P\,(\text{Kugel ist schwarz}) = 30\,\%$

5. $P\,(\text{Unter}) = \frac{4}{32} = \frac{1}{8}$ oder auch $P\,(\text{Unter}) = 12{,}5\,\%$

6. Auf 1000 Lebendgeborene 514 Jungen.
Also: Auf 1000 Lebendgeborene 1000 – 514 = 486 Mädchen

$P\,(\text{Mädchen}) = \frac{486}{1000} = 0{,}486 = 48{,}6\,\%$

7. **a)** *ABC*; *ACB*; *BAC*; *BCA*; *CAB*; *CBA*.

b) $P = \frac{1}{6}$, weil es 6 gleich wahrscheinliche Ergebnisse gibt.

Englisch

7./8. Klasse

Inhaltsverzeichnis

Verben

Wortarten

Satzgefüge

Wortschatz

Anhang

Verben *(Verbs)*

1 Wiederholung der Zeitformen (*Revision of the tenses)*

1.1 Das *simple present* und das *present progressive* *(The simple present und present progressive)*

■ Wir benutzen das *simple present* für Zustände und für Handlungen, die immer wieder passieren:

Joe Hunt ***lives*** *in New York.*
Joe Hunt wohnt in New York.

Joe and Kim sometimes ***go*** *to the movies.*
Manchmal gehen Joe und Kim ins Kino.

■ Wir verwenden das *present progressive* für Handlungen, die im Moment des Sprechens oder Schreibens tatsächlich im Gange sind, und für Bildbeschreibungen:

Kim ***is watching*** *TV at the moment.*
Im Moment sieht Kim fern.

The boys in the photo ***are playing*** *basketball.*
Die Jungen auf dem Foto spielen Basketball.

Übung

■ **Setze die richtige Form des *simple present* oder des *present progressive* in die Sätze ein. Schreibe auf einen Zettel.**

1 Joe ____ (have) a shower at the moment.
2 Kim isn't here. She ____ (take) her dog for a walk.
3 Look at this photo. Joe and Clare ____ (kiss) each other.
4 ____ (often + you/play) computer games?
5 The Clarks ____ (not have) a car.
6 The girl in the photo ____ (sit) on a horse.

1.2 Das *simple past* und das *past progressive* *(The simple past and the past progressive)*

■ Wir benutzen das *simple past* für Situationen und Handlungen, die völlig abgeschlossen sind:

Joe ***played*** *basketball* ***yesterday.***
Gestern spielte Joe Basketball.

The Hunts ***flew*** *to Miami Beach* ***last weekend.***
Letztes Wochenende sind die Hunts nach Miami Beach geflogen.

■ Wir verwenden das *past progressive* für Handlungen, die zu einem bestimmten Zeitpunkt oder während eines bestimmten Zeitraumes in der Vergangenheit im Gange waren:

We ***were doing*** *our homework when Mum came home.*
Wir machten (gerade) unsere Hausaufgaben, als Mama nach Hause kam.

The accident happened because the driver ***was phoning.***
Der Unfall passierte, da der Fahrer gerade telefonierte.

Übung

■ **Setze die richtige Form des *simple past* oder des *past progressive* in die Sätze ein. Schreibe auf einen Zettel.**

1 The police stopped the car as it ____ (leave) the car park.
2 We ____ (go) on holiday to Italy last year.
3 This time last week we ____ (fly) to Miami Beach.
4 Dad ____ (not answer) the phone last night because he was watching TV.
5 We saw Mel Gibson when we ____ (wait) at the airport yesterday.
6 Mandy ____ (fall) off her bike as she was going round a corner.

1.3 Das *present perfect (The present perfect)*

■ Wir benutzen das *present perfect*, um zu sagen, dass etwas in der Vergangenheit passiert ist, ohne aber den Zeitpunkt zu nennen.

*Kim **has gone** home.*
Kim ist nach Hause gegangen.

*The Hunts **have bought** Joe a new bike.*
Die Hunts haben Joe ein neues Rad gekauft.

■ Wir verwenden das *present perfect* auch für Situationen und Handlungen, die in der Vergangenheit begonnen haben, aber noch andauern:

*Joe **has lived** in New York all his life.*
Joe wohnt sein ganzes Leben in New York.

*Kim **has** still **not tidied** her room.*
Kim hat ihr Zimmer immer noch nicht aufgeräumt.

Übung

■ **Setze die richtige Form des *present perfect* in die Sätze ein. Schreibe auf einen Zettel.**

1 The Hunts ____ (live) in New York all their lives.
2 Our bus ____ (still + not come).
3 ____ (you/see) the new Batman film?
4 I ____ (not eat) Chinese food before.
5 Lee ____ (have) three burgers.
6 ____ (you/be) to Europe?

1.4 Das *will*- und *going to*-Futur *(The will- and going to-future)*

■ Wir benutzen das *will*-Futur für …
… Situationen und Handlungen, die mit Sicherheit passieren werden:

Hurry up or you ***will miss*** *your bus.*
Beeil dich oder du wirst deinen Bus verpassen.

… Erwartungen, Vermutungen und Vorhersagen:

I suppose I ***will see*** *you tomorrow.*
Ich nehme an, dass ich dich morgen sehen werde.

It says here that it ***will rain*** *at the weekend.*
Hier steht, dass es am Wochenende regnen wird.

… spontane Entscheidungen:

Has the bus gone? Don't worry. I ***will take*** *you home.*
Ist der Bus schon weg? Mach dir keine Sorgen! Ich werde dich nach Hause fahren.

■ Wir verwenden das *going to*-Futur für zukünftige Pläne, normalerweise ohne Zeitangabe:

I am going to look for *a holiday job.*
Ich habe vor, einen Ferienjob zu suchen.

Test

1 **Setze die richtige Form des *going to*-Futur oder des *will*-Futur in die Sätze ein. Schreibe auf einen Zettel.**

1 ____ (you/watch) the sci-fi movie on TV?
2 Hank ____ (take) Mandy to the party.
3 Look at the sky. I think it ____ (snow).
4 Kim hasn't got any money so she ____ (not/buy) a car.
5 Let's meet at 8.00. I ____ (wait) for you outside the cinema

2 **Mit dieser E-Mail schickt Torsten Keller aus Heidelberg einige Digitalfotos an seinen Freund Olaf Jannsen aus Oslo. Lies Torstens E-Mail an Olaf und suche alle Verben heraus.**
Dann nenne die Zeitform der Verben. Schreibe auf einen Zettel.

An

Von: Torsten Keller
An: Olaf Jannsen

Betreff: Holiday pictures

Hi Olaf
I hope you got home all right. I did. Here are the photos we took on the beach at Bibione. You will find them in the attachment.
Do you remember Marina, the Italian girl we met at the beach disco? I know you really liked her, so you'll be happy that she's in several of the pictures. In one of them, she's dancing with you! Anyhow, I saw her again the day after you left for home. Did you know that she can understand quite a lot of German? The picture I like best is the one where your sister is falling off the surfboard. Will you email me soon with all your news? I'll answer at once – promise!
Take care, Torsten

2 Weitere Zeitformen *(Further tenses)*

2.1 Das *simple present* und das *present progressive* mit zukünftiger Bedeutung *(The simple present and present progressive with future meaning)*

Beispiel:

1 The lesson **starts** at 10 o'clock **tomorrow.**
Die Stunde beginnt morgen um 10 Uhr.

2 We **are visiting** Cape Kennedy **next Saturday.**
Am nächsten Samstag besuchen wir Cape Kennedy.

■ Im Englischen wie im Deutschen verwenden wir das *simple present* für *Vorgänge oder Ereignisse*, die in Fahrplänen, Stundenplänen, Kinoprogrammen usw. bekanntgemacht werden [1].

■ Das *present progressive* mit einem Adverb der zukünftigen Zeit benutzen wir für fest geplante Ereignisse und Verabredungen [2].

2.2 Das *going to*-Futur für Voraussagen *(The going to-future for predictions)*

Beispiel:

1 Joe **is going to have** a lot of trouble if he's not careful.
Joe wird viel Ärger bekommen, wenn er nicht aufpasst.

2 Look at the sky. It's **going to snow.**
Schau dir den Himmel an! Es wird gleich schneien.

■ Wir können das *going to*-Futur verwenden, um vorauszusagen, dass irgendein Ereignis oder irgendeine Situation fast unweigerlich eintreten wird [1] [2].

TIPP Dies gilt vor allem dann, wenn es bereits im Moment des Sprechens **klare Anzeichnen** für das zukünftige Ergebnis gibt [2].

2.3 Das *present perfect* mit *for/since* (*The present perfect with for/since*)

Beispiel:

1 Greg Hooper **has lived** here **for over 60 years.**
Greg Hooper wohnt hier seit über 60 Jahren.

2 We **have not had** a rainy day **since Christmas.**
Seit Weihnachten haben wir keinen Regentag gehabt.

■ Oft verwenden wir das *present perfect* für Handlungen und Situationen, die in der Vergangenheit angefangen haben, **aber noch andauern**. Sie sind also **noch nicht völlig abgeschlossen**. Im Deutschen verwenden wir in solchen Fällen das Präsens [1] [2].

TIPP Bei der noch nicht abgeschlossenen Vergangenheit kommen folgende **Zeitadverbien** häufig vor:

I have never seen this movie ***before.***
Ich habe diesen Film **bisher** nicht gesehen.

We have lived here ***for three years.***
Wir wohnen hier **seit drei Jahren.**

We have lived here ***since last May.***
Wir wohnen hier **seit letztem Mai.**

Have you ***already*** *met Mary?*
Hast du Mary **schon** kennen gelernt?

I have ***not*** *finished* ***yet.***
Ich bin **noch nicht** fertig.

Have you ***ever*** *been to Europe?*
Warst du **schon** (einmal) in Europa?

They have ***never*** *been on holiday.*
Sie sind **noch nie** im Urlaub gewesen.

Hank has ***still not*** *got up.*
Hank ist **immer noch nicht** aufgestanden.

We have had a lot of fun ***till now.***
Bis jetzt haben wir viel Spaß gehabt.

2.4 Das *present perfect progressive* (*The present perfect progressive*)

Beispiel:

1 I **have been waiting** for you since 5 o'clock.
Ich warte seit 5 Uhr auf dich.

2 Joe **has been playing** computer games for nearly three hours.
Joe spielt seit fast drei Stunden Computerspiele.

3 They **have not been working** all the time.
Sie haben nicht die ganze Zeit gearbeitet.

4 **Have you been waiting** long?
Warten Sie schon lange?

Form

■ Das *present perfect progressive* bilden wir mit *have/has* + *been* + der -*ing*-Form des Vollverbs [1] [2].

■ Wir bilden die Verneinung durch das Einfügen von *not/n't* unmittelbar nach *have/has* [3].

■ Wollen wir Fragen bilden, tauschen wir *have/has* und das Subjekt einfach aus [4].

Gebrauch

■ Wir verwenden das *present perfect progressive* für länger andauernde Handlungen und Situationen, die zum Zeitpunkt des Sprechens noch andauern [1] [2].

TIPP Im Deutschen benutzen wir in solchen Fällen meist das Präsens mit ‚schon', um zu verdeutlichen, dass die Handlung bzw. Situation bereits länger andauert:

*Dad **has been sleeping** for nearly ten hours.*
Papa schläft schon seit fast zehn Stunden.

*Clare and Joe **have been dancing** the whole time.*
Clare und Joe tanzen schon die ganze Zeit.

▶ **BEACHTE** Die folgenden Verben haben meist **keine** *progressive* Form, da sie keine Tätigkeiten, sondern Zustände und Gefühle ausdrücken:

believe	glauben	*mean*	meinen
dislike	nicht mögen	*notice*	bemerken
hate	hassen	*see*	(mit dem Auge) sehen
know	wissen, kennen	*seem*	scheinen
like	mögen	*want*	wollen
love	lieben, sehr mögen	*wish*	wünschen

Übungen

1 Setze *for* (+ Zeitraum) oder *since* (+ Zeitpunkt) ein.
Schreibe auf einen Zettel.

1 ____ an hour
2 ____ Christmas
3 ____ last May
4 ____ our last holiday
5 ____ over 40 years
6 ____ years

2 Vervollständige die englische Übersetzung mit der fehlenden Form des *present perfect* oder des *present perfect progressive*.
Schreibe auf einen Zettel.

1 *Wir wohnen in New York seit 2004.*
▶ We ____ in New York since 2004.
2 *Ich stehe hier schon seit einer Stunde.*
▶ I ____ here for an hour.
3 *Kim war noch nie in Europa.*
▶ Kim ____ to Europe.
4 *Du trägst dieses Hemd seit zwei Wochen.*
▶ You ____ this shirt for two weeks.
5 *Wie lange kennst du die Hunts?*
▶ How long ____ the Hunts?
6 *Joe liest dieses Buch schon seit Monaten.*
▶ Joe ____ this book for months.

Test

1 Setze die richtige Form des *present perfect* oder des *present perfect progressive* in die Sätze ein. Schreibe auf einen Zettel.

1 Kim ____ (read) all the Harry Potter books two or three times.
2 Joe ____ (wait) to see the coach for over an hour now.
3 How long ____ (the Hunts/live) in Kennedy Road?
4 Dad and Joe ____ (clean) the car all day.
5 I ____ (not see) Mel Gibson's latest movie yet.
6 Sally ____ (write) those letters for days.

2 Setze die richtige Form des *simple past* oder *present perfect* in die Sätze ein. Schreibe auf einen Zettel.

1 I ____ (never be) to Switzerland.
2 I ____ (not see) the film at the Roxy yet.
3 Kim ____ (enjoy) jazz dance when she was younger.
4 Dad ____ (not go) to work last Monday.
5 We ____ (live) here since last August.
6 ____ (you/see) the dog this morning?

3 Setze die richtige Form des *simple past* oder *present perfect* in die Sätze ein. Schreibe auf einen Zettel.

1 I ____ (just + buy) a new bike.
2 Andy can't do sport today. He ____ (hurt) his hand.
3 Old Mr Gregg ____ (never + be) to London.
4 ____ (our team / win) the game last Saturday?
5 They ____ (not watch) the film on TV yesterday.
6 We ____ (catch) the bus just in time this morning.

2.5 Das *past perfect (The past perfect)*

Beispiel:

1 When we arrived, the film **had** already **started.**
Als wir ankamen, hatte der Film schon begonnen.

2 The train **had gone** when I reached the station.
Der Zug war schon weg, als ich den Bahnhof erreichte.

3 Jane **had not/hadn't finished** when I saw her.
Jane war noch nicht fertig, als ich sie sah.

4 **Had the lesson started** when you arrived?
Hatte die Stunde schon angefangen, als du ankamst?

Form

■ Wir bilden das *past perfect* mit *had* + Partizip Perfekt (3. Form). Das *past perfect* ist bei allen Personen gleich.
▶ BEACHTE Bei **regelmäßigen Verben** endet das Partizip Perfekt (3. Form) immer auf ***-ed*** [1]. Bei **unregelmäßigen Verben** hat das Partizip Perfekt eine besondere Form, die du dir einfach merken musst [2].

■ Wir bilden die Verneinung durch das Einfügen von *not/n't* unmittelbar nach *had* [3].

■ Um Fragen zu bilden, tauschen wir *had* und das Subjekt einfach aus [4].

Gebrauch

■ Im Englischen wie im Deutschen verwenden wir das *past perfect*, um zu verdeutlichen, dass eine vergangene Handlung bereits abgeschlossen war, als eine andere Handlung anfing [1] – [4].
Zum Vergleich:

*When Kim got home, her mother **went** to work.*
Als Kim nach Hause kam, ging ihre Mutter zur Arbeit.

*When Kim got home, her mother **had gone** to work.*
Als Kim nach Hause kam, war ihre Mutter bereits zur Arbeit gegangen.

3 Das Hilfsverb *used to (The auxiliary used to)*

Beispiel:

1 We **used to do** a lot of cycling.
Früher sind wir viel geradelt.

2 This disco **used to be** a church.
Damals war diese Disco eine Kirche.

3 Mr Green **used to work** for my father.
Herr Green hat früher für meinen Vater gearbeitet.

■ Das Hilfsverb *used to* bezieht sich ausschließlich auf die entfernte Vergangenheit. Es hat dieselbe Form in allen Personen.

TIPP Im modernen Englisch wird ***used to*** vor allem dann benutzt, wenn der Sprecher ausdrücken will, dass die Handlung bzw. Situation sich höchstwahrscheinlich nie wiederholen wird:

*Grandad **used to play** football for Scotland.*
Damals spielte Opa Fußball für Schottland.

4 Das Passiv *(The passive)*

4.1 Die Form und der Gebrauch des Passivs *(The form and use of the passive)*

Beispiel:

1 This car **is made** in China.
Dieses Auto wird in China hergestellt.

2 Cars **were invented** by many engineers.
Autos wurden von vielen Ingenieuren erfunden.

3 The puppies **have not been sold** yet.
Die Welpen sind noch nicht verkauft worden.

4 **Was this house built** by your parents?
Wurde dieses Haus von deinen Eltern gebaut?

Form

■ In den Sätzen oben sind *is made*, *were invented*, *have not been sold* usw. Formen des Passivs.

■ Wir bilden die Passivzeiten mit einer Form von *be* und dem Partizip Perfekt (3. Form).

Hier ist eine **Übersicht der gängigsten Zeiten:**

Zeit	Form von be	Partizip Perfekt
simple present	*am/is/are*	*made*
present progressive	*am/is/are being*	*made*
simple past	*was/were*	*shown*
past progressive	*was/were being*	*shown*
present perfect	*have/has been*	*taught*
past perfect	*had been*	*taught*
will-Futur	*will be*	*played*
going to-Futur	*am/is/are going to be*	*played*

■ Wir bilden die Verneinung durch das Einfügen von *not/n't* genau wie bei dem Verb *be* [3].

■ Um Fragen zu bilden, tauschen wir die Form von *be* und das Subjekt einfach aus [4].

Gebrauch

■ Ist der Verursacher einer Handlung unbekannt oder zweitrangig, verwenden wir das Passiv. Die Tat – also nicht der Verursacher – steht im Vordergrund.

▶ **BEACHTE** Wir benutzen das Passiv im Englischen viel häufiger als im Deutschen. Oft verwenden wir im Deutschen das Aktiv mit ‚man', wenn wir im Englischen das Passiv gebrauchen:

Goulash ***is*** *often* ***eaten*** *with rice.*
Oft isst man Gulasch mit Reis.

Übung

■ **Setze die Verben in die richtige Form des *Passivs*.**
Verwende dabei die *angegebene Zeit*. Schreibe auf einen Zettel.

1	These CDs ____ (be recorded) in London.	*simple past*
2	Don't sit on that chair. It ___ (be painted).	*present perfect*
3	___ (the best kiwis/be grown) in New Zealand.	*simple present*
4	Of course we ____ (not be given) the text before the test.	*will*-Futur
5	Everything ____ (be done) to save the child's life.	*present progressive*
6	When we got to the car park, we saw that our car ____ (be damaged).	*past perfect*
7	English ____ (be spoken) all over the world.	*simple present*
8	This house ____ (be built) in 1443.	*simple past*

4.2 Der *by-agent (The by-agent)*

Beispiel:

1 The Harry Potter books are written **by J. K. Rowling.**
Die Harry-Potter-Bücher werden von J. K. Rowling geschrieben.

2 The first car was made **by Carl Benz.**
Das erste Auto wurde von Carl Benz hergestellt.

3 The crash was caused **by a bird.**
Der Absturz wurde durch ein Vogel verursacht.

■ Möchten wir den Verursacher einer Handlung in einem Passivsatz doch erwähnen, verwenden wir einen *by-agent*.

■ Der *by-agent* ist meist eine namentlich erwähnte Person [1] bzw. Gruppe [2] oder nennt die sachliche Ursache eines Ereignisses [3].

▶ **BEACHTE** Der *agent* wird immer mit *by* eingeleitet.

4.3 Passivsätze mit Modalverben *(Passive sentences with modal verbs)*

Beispiel:

1 Books **must be brought back** within 14 days.
Bücher müssen binnen 14 Tagen zurückgebracht werden.

2 Tickets **can** only **be bought** from ticket machines.
Fahrkarten können nur an Fahrkartenautomaten gekauft werden.

3 Cars **should not be parked** on the pavement.
Autos sollten nicht auf dem Bürgersteig abgestellt werden.

4 **Can** drinks **be taken** into the stadium?
Können Getränke in das Stadion mitgenommen werden?

■ Mit Modalverben bilden wir Passivsätze mit dem Modalverb + *be* + Partizip Perfekt (3. Form).

▶ **BEACHTE**, dass *be* als **Infinitiv ohne *to*** erscheint.

4.4 Passivsätze mit zwei Objekten *(Passive sentences with two objects)*

Beispiel:

1 Somebody sent **Kim a nasty letter.**
Jemand schickte Kim einen bösen Brief.

2 **Kim** was sent **a nasty letter.**
Kim wurde ein böser Brief geschickt.

■ Satz 1 oben ist Aktiv. Das Verb *send* hat jedoch zwei Objekte, nämlich ein direktes Objekt – *a nasty letter* (‚wen'/‚was') und ein indirektes Objekt – *Kim* (‚wem'/‚was')

■ Soll das indirekte Objekt – also der Empfänger – im Vordergrund stehen, dann können wir einen Passivsatz bilden.
Dies erfolgt, indem das indirekte Objekt *(Kim)* zum Subjekt des Passivsatzes wird. Das direkte Objekt *(a nasty letter)* bleibt dabei als einziges Objekt des Passivsatzes erhalten [2].
Geläufige Verben, die oft zwei Objekte haben, sind:

	Subjekt	Verb	indirektes Objekt	direktes Objekt
ask	*The teacher* Der Lehrer	*asked* stellte	*Clare* Clare	*a question.* eine Frage.
give	*Joe* Joe	*gave* gab	*Clare* Clare	*a kiss.* einen Kuss.
promise	*Joe's dad* Joes Papa	*promised* versprach	*him* ihm	*a laptop.* einen Laptop.
send	*They* Sie	*sent* schickten	*her* ihr	*a present.* ein Geschenk.
show	*The teacher* Der Lehrer	*showed* zeigte	*the class* der Klasse	*a movie.* einen Film
tell	*Clare* Clare	*told* erzählte	*Kim* Kim	*a joke.* einen Witz.

Test

1 Schreibe die Aktivsätze ins Passiv um. Verwende einen *by-agent* nur, wenn er wirklich notwendig oder von besonderem Interesse ist. Schreibe auf einen Zettel.

Beispiele:

▶ Somebody gave Hank a lift home.
▷ Hank **was given** a lift home.

▶ J. K. Rowling wrote the Harry Potter books.
▷ The Harry Potter books **were written by J. K. Rowling.**

1 Do people often visit the patients in this hospital?
2 Has anybody found your bike yet?
3 In Britain, you can even buy stamps in pubs.
4 Local farmers sell fresh vegetables at the market.
5 People must bring their empty bottles to the bottle bank.
6 Mexicans do most of the hard work in California.
7 The garage will repair the car in time for our holiday.
8 They showed us a video about their holiday in Norway.
9 They make the best computers in the USA.
10 When we got to the car, we saw that somebody had damaged it.
11 People speak English all over the world.
12 My grandparents built our house.

2 Setze die richtige Form des Passivs in die Sätze ein. Verwende die angegebenen Zeiten. Schreibe auf einen Zettel.

1 Furniture ____ (make) here for generations. *present perfect*
2 I think the beauty contest ____ (win) by the Russian girl. *will-future*
3 The bridge ____ (damage) by a truck. *simple past*
4 These DVD players ____ (make) in the Netherlands. *simple present*
5 This church ____ (build) over a thousand years ago. *simple past*
6 Three shops ____ (break) into at the weekend. *simple past*
7 Of course you ____ (not pay) for doing the shopping. *will-Futur*
8 Where's my bike? I hope it ____ (not steal). *present perfect*
9 These CDs ____ (record) in London. *simple past*
10 Don't sit on that chair. It ____ (paint). *present perfect*

Test

3 Stelle Fragen zu den *unterstrichenen* Satzteilen.
Schreibe auf einen Zettel.

Beispiele:

- ▶ This car was made in Detroit. (where?)
- ▷ Where was this car made?
- ▶ An American was given the job. (who?)
- ▷ Who was given the job?

1 DVD players are switched off by pressing a button. (how?)
2 Most computers are made in China. (where?)
3 Ten pairs of shoes were bought by one person. (how many?)
4 The island can be reached by boat. (how?)
5 The winner will be given a house. (what?)
6 This house was built in 1911. (when?)
7 The Oscar was won by Clint Eastwood. (who?)
8 The Harry Potter books were written by J. K. Rowling. (what?)
9 The match will be stopped when the fans become violent. (when?)
10 Jane's mobile phone was stolen at the disco. (whose?)
11 Most accidents are caused by fast driving. (how?)
12 Twenty cars were damaged in the accident. (how many?)

4 Bilde Passivsätze mit den angegebenen Modalverben.
Benutze einen Zettel.

1 Cars ____ (must/not park) on the pavement.
2 Dictionaries ____ (may/not use) in tests.
3 Dogs ____ (need/not put) on leads in this park.
4 In Britain, dogs ____ (not be allowed/take) into restaurants.
5 Luckily, the computer ____ (be able to/repair) very cheaply.
6 Our photos ____ (can/collect) in an hour.
7 Plates ____ (must/take) back to the kitchen.
8 Tickets ____ (can/buy) at any bookshop.
9 We left without Jenny because she ____ (could/not find) anywhere.
10 Your homework ____ (should/hand) in by Friday.

5 Der Infinitiv *(The infinitive)*

5.1 Die Formen des Infinitivs *(Forms of the infinitive)*

Beispiel:

1 Kim **wants to buy** a pullover.
Kim will einen Pulli kaufen.

2 We **must save** money.
Wir müssen Geld sparen.

3 Joe **wants** his bike **to be repaired.**
Joe will, dass sein Rad repariert wird.

4 Joe's bike **must be repaired.**
Joes Rad muss repariert werden.

■ Mit Ausnahme der modalen Hilfsverben – *can*, *must*, *should usw.* – können alle Verben den Infinitiv bilden, entweder mit oder ohne to [1] [2].

■ Wir benutzen den Infinitiv mit *to* nach vielen Vollverben (→ Der Infinitiv nach bestimmten Verben, S. 243) [1].

■ Den Infinitiv ohne *to* verwenden wir nach Modalverben [2].

■ Wir bilden den Infinitiv Passiv mit *be* + Partizip Perfekt (3. Form). Wir benutzen den Infinitiv Passiv mit *to* [3] und ohne *to* [4] genau wie den Infinitiv Aktiv.

5.2 Der Infinitiv nach bestimmten Verben *(The infinitive after certain verbs)*

Beispiel:

1 Kim and Clare **plan to go** camping.
Kim und Clare wollen zum Camping fahren.

2 They **hope to find** a campsite in the mountains.
Sie hoffen, einen Campingplatz in den Bergen zu finden.

■ Oft verwenden wir ein Verb – z. B. *plan* [1] und *hope* [2] – in Verbindung mit anderen Verben.

■ Im Deutschen ist dies problemlos, da wir immer den Infinitiv benutzen. Im Englischen dagegen benötigt eine Gruppe von Verben den Infinitiv mit *to* und eine andere Gruppe das Gerundium (→ **Das Gerundium nach bestimmten Verben,** S. 245).

■ **Verben + Infinitiv mit *to***

TIPP Da es keine zuverlässige Regel gibt, musst du die folgende Liste **auswendig** lernen.

afford	*We can't **afford to go** on holiday.* Wir können es uns nicht leisten, in den Urlaub zu fahren.
choose	*Kim **chose to learn** Spanisch.* Kim entschied sich, Spanisch zu lernen.
decide	*Joe **decided to buy** a new laptop.* Joe entschied sich, einen neuen Laptop zu kaufen.
hope	*I **hope to arrive** on time.* Ich hoffe, rechtzeitig anzukommen.
plan	*The Hunts **plan to buy** a holiday home.* Die Hunts planen, eine Ferienwohnung zu kaufen.
promise	*I **promise to be** home by 11.* Ich verspreche, bis 11 Uhr zu Hause zu sein.

5.3 Der Infinitiv nach Fragewörtern
(The infinitive after question words)

Beispiel:

1 Joe can't decide **what to do** at the weekend.
Joe kann sich nicht entscheiden, was er am Wochenende tun soll.

2 Can you tell me **how to get** to the station?
Können Sie mir sagen, wie ich zum Bahnhof komme?

3 I have no idea **where to park** in Orlando.
Ich habe keine Ahnung, wo ich in Orlando parken kann.

■ Im modernen Englisch verwenden wir den **Infinitiv mit *to* nach Fragewörtern**, statt einen von einem Fragewort eingeleiteten Nebensatz [1] – [3].

Zum Vergleich:

Joe can't decide	***what he should do*** Nebensatz mit *what* ***what to do*** *what* + *to*-Infinitiv	*at the weekend.*
Can you tell me	***how I could get to*** Nebensatz mit *how* ***how to get to*** *how* + *to*-Infinitiv	*the station?*
I have no idea	***where I can park*** Nebensatz mit *where* ***where to park*** *where* + *to*-Infinitiv	*in Orlando.*

6 Das Gerundium *(The gerund)*

6.1 Die Formen des Gerundiums *(Forms of the gerund)*

Beispiel:

1 I like **reading.**
Ich lese gerne.

2 Nobody enjoys **being searched** by security guards.
Niemandem gefällt es, von Sicherheitskräften durchsucht zu werden.

■ Wir bilden die Aktivform des Gerundiums mit dem Infinitiv des Verbs + *-ing* [1].

■ Die Passivform des Gerundiums bilden wir mit *being* + Partizip Perfekt (3. Form) [2].

6.2 Das Gerundium nach bestimmten Verben *(The gerund after certain verbs)*

Beispiel:

1 Have you **finished doing** your homework?
Bist du mit deinen Hausaufgaben fertig?

2 The man **admits taking** the money.
Der Mann gibt zu, dass er das Geld genommen hat.

■ Wir verwenden einige Verben in Verbindung mit dem Gerundium [1] [2].

■ Das Verb + Gerundium

TIPP Da es keine zuverlässige Regel gibt, ist es am besten, diese Liste **auswendig** zu lernen:

admit *Do you **admit cheating** in the test?*
Gibst du zu, dass du in dem Test gemogelt hast?

avoid *Dad **avoids doing** overtime.*
Dad vermeidet, Überstunden zu machen.

deny	*The man* ***denies taking*** *the money.* Der Mann bestreitet, dass er das Geld genommen hat.
enjoy	*Do you* ***enjoy learning*** *English?* Gefällt es dir, Englisch zu lernen?
finish	*I* ***finished doing*** *my homework at 9.* Ich war um 9 Uhr mit meinen Hausaufgaben fertig.
hate	*Clare* ***hates flying.*** Clare hasst es zu fliegen.
imagine	***Imagine winning*** *a million dollars!* Stell dir vor, eine Million Dollar zu gewinnen!
keep	*He* ***keeps shouting*** *at other drivers.* Er schreit andere Fahrer dauernd an.
like	*I* ***like watching*** *TV.* Ich sehe gerne fern.
love	*She* ***loves shopping.*** Sie liebt es, einkaufen zu gehen.
mention	*Did I* ***mention meeting*** *Ann in town?* Habe ich erwähnt, dass ich Ann in der Stadt traf?
mind	*Do you* ***mind opening*** *a window?* Haben Sie etwas dagegen, ein Fenster zu öffnen?
miss	*I* ***missed seeing*** *this movie last year.* Ich verpasste es, diesen Film letztes Jahr zu sehen.
practise	*He often* ***practises playing*** *basketball.* Er übt oft Basketballspielen.
suggest	*Mum* ***suggests going*** *shopping this afternoon.* Mama schlägt vor, dass wir heute Nachmittag einkaufen gehen.

6.3 Das Gerundium nach Präpositionen
(The gerund after prepositions)

Beispiel:

1 Kim bought the computer game **after seeing** an ad.
Kim kaufte das Computerspiel, nachdem sie eine Anzeige gesehen hatte.

2 Joe **didn't succeed in winning** the game.
Es gelang Joe nicht, das Spiel zu gewinnen.

3 Kim's not **interested in getting** a dog.
Kim hat kein Interesse, einen Hund anzuschaffen.

4 We're **looking forward to going** to Vienna.
Wir freuen uns darauf, nach Wien zu fahren.

- Wir verwenden das **Gerundium** nach Präpositionen [1] – [4].

- Weitere Beispiele sind:

Verb + Präposition + Gerundium

insist on	*He **insisted on seeing** the doctor immediately.* Er bestand darauf, den Arzt sofort zu sehen.
think of	*The Hunts are **thinking of moving.*** Die Hunts überlegen, ob sie umziehen sollten.
worry about	*Joe is **worried about losing** the match.* Joe macht sich Sorgen, dass er das Match verliert.

be + Adjektiv + Gerundium

be afraid of	*I'm not **afraid of flying.*** Ich habe keine Angst vor dem Fliegen.
be bad at	*Our team is **bad at losing.*** Unsere Mannschaft kann nicht gut verlieren.
be crazy about	*Kim's **crazy about dancing.*** Kim ist ganz wild aufs Tanzen.
be famous for	*Benz is **famous for inventing** the car.* Benz ist berühmt, weil er das Auto erfunden hat.

be good at	*Are you **good at skiing?*** Kannst du gut Ski fahren?
be proud of	*We are **proud of winning** the game.* Wir sind stolz, dass wir das Spiel gewonnen haben.
be tired of	Mum's ***tired of working*** such long hours. Mama hat es satt, so viele Stunden zu arbeiten.

Übung

Wähle die richtige Alternative, a) oder b). Schreibe auf einen Zettel.

1 Some pupils hate **a)** to do – **b)** doing homework.
2 Are you worried about **a)** lose – **b)** losing the match?
3 Do you like **a)** to read – **b)** reading?
4 Tony is crazy about **a)** cycle – **b)** cycling.
5 Tom hopes **a)** to see – **b)** see Mandy at your party.
6 I don't know who **a)** to ask – **b)** asking about this problem.
7 Is Mandy good at **a)** dance – **b)** dancing?
8 I've finished **a)** doing – **b)** to do my homework.
9 I go **a)** to swim – **b)** swimming on Fridays.
10 The boys promised **a)** to try – **b)** try harder.
11 The Garners decided not **a)** to go – **b)** go away at Christmas.
12 They are thinking of **a)** moving – **b)** move to Australia.

7 Verb + Infinitiv oder Gerundium je nach Bedeutung *(Verb + infinitive or gerund according to meaning)*

Wir benutzen die folgenden Verben je nach Bedeutung mit dem *to*-Infinitiv oder mit dem Gerundium.

7.1 *remember, forget*

Beispiel:

1 **Remember to buy** some bread, please.
Bitte denke daran, Brot zu kaufen.

2 Please **don't forget to call** your aunt.
Vergiss bitte nicht, deine Tante anzurufen.

3 **Do you remember seeing** Mel Gibson?
Erinnerst du dich, wie wir Mel Gibson gesehen haben?

4 Joe **has forgotten** ever **dancing** with Mandy.
Joe hat vergessen, je mit Mandy getanzt zu haben.

■ Wenn es sich bei *remember* und *forget* um die Gegenwart oder die Zukunft handelt, verwenden wir den *to*-Infinitiv [1] [2].

■ Bezieht sich der Satz auf die Vergangenheit, benutzen wir das Gerundium [3] [4].

7.2 *stop*

Beispiel:

1 We **stopped to buy** some bread.
Wir hielten an, um Brot zu kaufen.

2 You **must stop eating** so many sweets.
Du musst aufhören, so viele Süßigkeiten zu essen.

■ Bedeutet *stop* ‚kurz anhalten, um etwas zu erledigen', verwenden wir den *to*-Infinitiv [1].

■ Bedeutet *stop* ‚aufhören, etwas zu tun', dann benutzen wir das Gerundium [2].

Test

1 Verwende den Infinitiv oder das Gerundium. Schreibe auf einen Zettel.

1. We can't afford ____ (go) on holiday this year.
2. You can't avoid ____ (see) Jeff when he's at your school.
3. Tom has decided ____ (stay) at school after all.
4. The class enjoys ____ (watch) English DVDs.
5. Susan still hasn't finished ____ (read) that book.
6. I hope ____ (dance) with Chelsea at your party.
7. Don't keep ____ (talk) to me during the film.
8. Kate promised ____ (help) me with my homework.
9. We like ____ (eat) at pizzerias best.
10. Ben wants ____ (come) to the cinema with us.
11. Would you mind ____ (shut) the door, please?
12. Is the firm planning ____ (build) a new factory?

2 Versvollständige die Sätze entweder mit einem Infinitiv oder mit einem Gerundium. Schreibe auf einen Zettel.

1. Alison is worried about ... (do) badly in the test.
2. Barbara hasn't decided who ... (ask) to her party yet.
3. Can you tell me how ... (open) this can?
4. Charlie is interested in ... (learn) to dance.
5. I don't know what ... (do) about Jack. He's awful.
6. Josh is thinking of ... (buy) a new bike.
7. Let's talk about where ... (meet) later.
8. Mum couldn't sleep after ... (watch) a thriller on TV.

3 Verwende den Infinitiv mit *to* oder das Gerundium. Schreibe auf einen Zettel.

1. Some customers forget ____ (pay) their bills (Rechnungen).
2. Dad stopped ____ (ask) the way several times.
3. Do you remember ____ (visit) that old castle last year?
4. Grant should stop ____ (be) so rude to Mr Sun.
5. Please don't forget ____ (buy) some milk, Wayne.
6. Remember ____ (phone) Grandma on her birthday, okay?

Wortarten *(Word classes)*

1 Pronomen *(Pronouns)*

1.1 *Self*-Pronomen *(Self-pronouns)*

Beispiel:

1 Mum **cut herself** when she was opening a can.
Mama hat sich geschnitten, als sie eine Dose öffnete.

2 Babies **can't look after themselves.**
Babys können nicht für sich selbst sorgen.

3 Jack Hooper **made** this table **himself.**
Jack Hooper machte diesen Tisch selbst.

4 We **can't repair** the computer **ourselves.**
Wir können den Computer nicht selbst reparieren.

■ *Self*-Pronomen beziehen sich auf das Subjekt des Satzes. Wir verwenden sie also, wenn Subjekt und Objekt identisch sind [1] [2].

■ Im Englischen verwenden wir *Self*-Pronomen auch, wenn wir verdeutlichen wollen, dass das Subjekt des Satzes irgendetwas selbst tut oder getan hat. Bei diesem Gebrauch verwenden wir im Deutschen ‚selbst' bzw. ‚selber' [3] [4].

Übersicht der Self-Pronomen

I	***myself***	*we*	***ourselves***
you	***yourself***	*you*	***yourselves***
he	***himself***	*they*	***themselves***
she	***herself***		
it	***itself***		

TIPP Die folgenden geläufigen deutschen Verben werden im Englischen **ohne *Self*-Pronomen** verwendet:

sich ändern	*change*
sich beeilen	*hurry*
sich beklagen	*complain*
sich bewegen	*move*
sich duschen	*shower*
sich erinnern	*remember*
sich entschuldigen	*apologise*
sich entspannen	*relax*
sich fragen	*wonder*
sich freuen auf	*look forward to*
sich fühlen	*feel*
sich fürchten	*be afraid*
sich hinlegen	*lie down*
sich hinsetzen	*sit down*
sich rasieren	*shave*
sich Sorgen machen	*worry*
sich treffen	*meet*
sich verändern	*change*
sich etwas vorstellen	*imagine*

Aber

sich amüsieren	*enjoy oneself*

Übung

Setze die richtigen *Self*-Pronomen in die Sätze ein. Schreibe auf einen Zettel.

1 Joe is teaching ____ how to drive.
2 We all enjoyed ____ at the party.
3 I hurt ____ when I was playing basketball.
4 The Hoopers grow all their vegetables ____
5 Did Kim repair her bike ____?
6 Come on, boys. Surely you can cook ____ a meal!

1.2 Die Pronomen *each other, one another* *(The pronouns each other, one another)*

Beispiel:

1 Life is much easier if people help **each other.**
Das Leben ist viel leichter, wenn die Leute einander helfen.

2 The two drivers were shouting at **one another.**
Die beiden Fahrer haben sich (gegenseitig) angeschrien.

■ Die beiden Pronomen *each other* und *one another* haben dieselbe Bedeutung und die gleiche Form für alle Personen.

■ Wollen wir eine **wechselseitige Beziehung** ausdrücken, benutzen wir *each other* oder *one another* statt eines *Self*-Pronomens [1] [2].

TIPP Wenn du im Deutschen ‚einander' bzw. ‚miteinander' verwenden kannst, dann musst du im Englischen ***each other*** oder ***one another*** verwenden.

Übung

■ **Setze *each other* oder ein Reflexivpronomen in die Sätze ein. Schreibe auf einen Zettel.**

1 Cats spend a lot of time cleaning ____.
2 In our street everybody knows ____.
3 Children learn a lot by playing with ____.
4 Just go and look at ____ in the mirror, Joe. Your face is dirty.
5 Please do the test ____.
6 Of course identical twins look like ____.

1.3 Die Mengenangaben *no/none, nobody/no one, nothing, nowhere* *(The quantifiers no/none, nobody/no one, nothing, nowhere)*

Beispiel:

1 We have **no bread** and **no milk** either.
Wir haben kein Brot und auch keine Milch.

2 Sam: How much milk did you buy?
Wie viel Milch hast du gekauft?
Joe: **None.**
Keine.

3 **None of the boys** had done their homework.
Keiner der Jungs hatte seine Hausaufgaben gemacht.

4 Pam: Do you know anything about the accident?
Weißt du irgendetwas über den Unfall?
Jill: No, **nothing.**
Nein. Nichts.

5 There was **nobody/no one** in the room.
Es war niemand in dem Zimmer.

6 The child was **nowhere** in the park.
Das Kind war nirgendwo im Park.

■ Wir können die Mengenangabe ***no*** im Sinne von ‚kein'/‚keine' nur vor einem **Nomen** verwenden [1]. Um eine Wiederholung von vorangegangenen Nomen zu vermeiden, verwenden wir ***none*** [2].

■ Wir verwenden ***none*** auch vor ***of*-Fügungen** [3].

■ Die **Zusammensetzungen** von ***no*** sind ***nothing*** [4], ***nobody/no one*** [5] und ***nowhere*** [6].

1.4 *Each, every* und seine Zusammensetzungen *[everybody/everyone, ...]* *(Each, every and its compounds [everybody/everyone, ...])*

Beispiel:

1 Jane visits her grandparents **each/every weekend.**
Jane besucht ihre Großeltern jedes Wochenende.

2 **Each/every pupil** in the school has a laptop.
Jeder Schüler in der Schule hat einen Laptop.

3 **Each team** scored three goals.
Jede Mannschaft erzielte drei Tore.

4 **Each of the children** had an ice-cream.
Jedes Kind aß ein Eis.

5 These T-shirts cost 20 € **each.**
Diese T-Shirts kosten 20 € pro Stück.

■ Da im modernen Englisch *each* und *every* von der Bedeutung her fast identisch sind, kannst du die beiden Wörter beliebig verwenden – **vorausgesetzt**, dass sie **unmittelbar vor einem Nomen** stehen [1] [2].

■ Es gibt aber Fälle, in denen wir nur *each* benutzen können, und zwar, wenn *each* die einzige Möglichkeit **bei einer Auswahl von zweien** ist [3].
▸ Da wir *every* nur zusammen mit einem Nomen verwenden können, ist *each* die einzige Möglichkeit vor einer *of*-Fügung [4]. Wenn das Wort allein – also ohne Nomen – steht, verwenden wir *each* [5].

1.5 *All [the]* und *both (All [the] and both)*

Beispiel:

1a **All cars** must stop.
Alle Autos müssen anhalten.

1b **All passengers** must have a ticket.
Alle Passagiere müssen eine Fahrkarte haben.

2a **All the boys in the team** played well.
Alle Jungs in der Mannschaft spielten gut.

2b **All the passengers** on the bus had a ticket.
Alle Passagiere im Bus hatten eine Fahrkarte.

3a **Both drivers** were going much too fast.
Beide Fahrer fuhren viel zu schnell.

3b **Both boys** missed the Maths test.
Beide Jungs haben die Mathearbeit verpasst.

4a Are **the two girls** in your class?
Sind die beiden Mädchen in deiner Klasse?

4b **The two boys** missed the Maths test.
Die beiden Jungs haben die Mathearbeit verpasst.

■ *All* ohne Artikel bedeutet ‚alle ohne Ausnahme aus einer unbegrenzten Zahl' [1a, 1b]. *All* mit Artikel heißt, alle ohne Ausnahme aus einer begrenzten Zahl' [2a, 2b].
▶ **BEACHTE** Ein häufiger Fehler ist das Weglassen des bestimmten Artikels bei einer begrenzten Zahl, weil wir im Deutschen in solchen Fällen keinen Artikel verwenden.

■ Anders als bei dem deutschen Wort ‚beide' kann das englische Wort *both* nie mit einem Artikel verwendet werden [3a, 3b]. Wollen wir ‚die beiden' sagen, heißt es *the two* [4a, 4b].

Test

1 Vervollständige die Sätze mit *each* bzw. *every* oder *all (the)* bzw. *both*. Schreibe auf einen Zettel.

1 Do these CDs only cost $ 2 ...?
2 ____ French people we met on holiday were very friendly.
3 ____ passengers must have a ticket before getting on to the bus.
4 In tennis, ____ of the two players have a tennis racket.
5 The police arrested two men. They said that ____ of them were drunk.
6 In this game ____ person needs seven cards.
7 The two cars in the accident were ____ Rovers.
8 We take our dog for a long walk ____ day.

2 Vervollständige die Sätze mit dem richtigen *Self*-Pronomen. Schreibe auf einen Zettel.

1 I am teaching ____ French.
2 Did you two enjoy ____ in Paris?
3 Joe cut ____ when he was opening a tin of tuna.
4 Jane makes all her clothes ____.
5 Old people cannot look after ____ without help.
6 We can easily repair our car ____, can't we?

3 Vervollständige die Sätze mit *each other* bzw. einem Reflexivpronomen. Schreibe auf einen Zettel.

1 Small schools are best because the pupils and teachers know ____.
2 Work in pairs and help ____ to do the exercise.
3 Ask the doctor ____, Hanna. He won't tell me anything.
4 That funny man keeps talking to ____.
5 I always repair my bike ____.
6 The Smiths are shouting at ____ again.

4 Vervollständige die Sätze mit *no/none, nobody, nothing* oder *nowhere*. Schreibe auf einen Zettel.

1 Annie fell off her bike but ____ stopped to help her.
2 ____ of our neighbours came to the barbecue.
3 We can't go on holiday. We have ____ money.
4 Ask Joe. I'm afraid I know ____ about computers.
5 We went ____. We stayed at home at the weekend.

2 Der bestimmte Artikel *the* bei abstrakten Nomen *(The definite article with 'abstract nouns')*

Beispiel:

1 **Life** is hard without **money.**
Das Leben ist hart ohne Geld.

2 **The life** of the poor is hard.
Das Leben der Armen ist hart.

3 We can't live without **water.**
Ohne Wasser können wir nicht leben.

4 **The water** in the North Sea is dirty.
Das Wasser in der Nordsee ist dreckig.

■ Wenn wir sie im allgemeinen Sinn benutzen, stehen abstrakte Nomen, die Ideen bzw. geistige Konzepte benennen, ohne bestimmten Artikel [1].

■ Wenn sie näher bestimmt sind, stehen abstrakte Nomen mit bestimmtem Artikel [2].

■ Genau das Gleiche gilt für Stoffe und Materialien [3] [4].

Übung

■ **Setze den bestimmten Artikel *the* nur dann ein, wenn er unbedingt notwendig ist. Schreibe auf einen Zettel.**

1 We don't pay enough for ____ 1 food we get from ____ 2 poor farmers in Africa.
2 One of ____ 1 biggest problems in our cities is ____ 2 crime.
3 Do ____ 1 football players really earn ____ 2 money they get from ____ 3 TV?
4 Is it true that ____ 1 bears can live ____ 2 weeks without ____ 3 food?
5 As ____ 1 skiing is so important in ____ 2 Alps, they need ____ 3 snow in ____ 4 winter.
6 Some say that ____ 1 girls are better at ____ 2 languages than ____ 3 boys, but ____ 4 girls in my class are no better than ____ 5 boys.

3 Adverbstellung *(Adverb position)*

3.1 Adverbien der Art und Weise *(Adverbs of manner)*

Beispiel:

1 Kim works **hard.**
Kim arbeitet hart.

2 She sings folk songs **beautifully.**
Sie singt Volkslieder schön.

■ Hat das Verb kein Objekt, stehen Adverbien der Art und Weise unmittelbar nach dem Verb [1]. Hat das Verb ein Objekt, dann steht das Adverb unmittelbar nach dem Objekt [2].

▶ BEACHTE Im Englischen ist es nicht möglich, **ein Verb von seinem Objekt** durch ein **Adverb** zu trennen.

3.2 Satzadverbien *(Sentence adverbs)*

Beispiel:

1 **Luckily** we had a mobile phone with us.
Glücklicherweise hatten wir ein Handy dabei.

2 **Of course** we will come to your party.
Natürlich werden wir zu deiner Fete kommen.

■ Satzadverbien, die den ganzen Satz bestimmen, stehen an erster Stelle [1] [2].

■ Weitere Satzadverbien sind:

actually	tatsächlich
as a rule	in der Regel
fortunately	glücklicherweise
in fact	in der Tat
maybe	vielleicht
naturally	natürlich
obviously	offensichtlich
perhaps	vielleicht
unfortunately	leider
unluckily	unglücklicherweise

3.3 Adverbien des Ortes und der Zeit *(Adverbs of place and time)*

Beispiel:

1 The Hunts live **in New York.**
Die Hunts wohnen in New York.

2 Joe didn't get up **until 11.30.**
Joe ist erst um 11 Uhr 30 aufgestanden.

3 Dad goes **to work at 6 o'clock.**
Papa geht um 6 Uhr zur Arbeit.

■ In der Regel stehen Ortsadverbien (Wo? Wohin?) [1] und Zeitadverbien (Wann?) [2] am Satzende.

■ Stehen ein Ortsadverb und ein Zeitadverb zusammen am Satzende, dann gilt die Reihenfolge Ort vor Zeit (Alphabet: **O vor Z**) [3].

■ Kommt ein Adverb der Art und Weise hinzu, dann gilt die Reihenfolge Art und Weise – Ort – Zeit:

*Clare danced **wonderfully in the competition last night.***
Clare tanzte wunderschön beim Wettbewerb gestern Abend.

Übung

■ **Wähle die richtige Stellung der Zeit und Ortsadverbien a) oder b). Schreibe auf einen Zettel.**

Beispiel:

▶ We had a great time **a)** at the party last night – **b)** last night at the party.

▷ **a**

1 We went **a)** to Italy last summer – **b)** last summer to Italy.
2 I will be **a)** at 3 home – **b)** home at 3.
3 There was **a)** on TV last night a great concert – **b)** a great concert on TV last night.
4 Mr Budd lives **a)** in a caravan in this road – **b)** in this road in a caravan.
5 Can you drive **a)** in the USA at 16 – **b)** at 16 in the USA?
6 I'll meet you **a)** at the café at 4:30 pm next Saturday – **b)** at 4:30 at the café next Saturday, okay?
7 The last Olympics were **a)** in 2004 in Athens – **b)** in Athens in 2004.
8 I had to go **a)** to Berlin last weekend – **b)** last weekend to Berlin.

3.4 Häufigkeitsadverbien *(Adverbs of frequency)*

Beispiel:

1 We **always** go to school on foot.
Wir gehen immer zu Fuß in die Schule.

2 You can **often** see fish in this river.
Oft kannst du Fische in diesem Fluss sehen.

3 Joe is **sometimes** late.
Joe ist manchmal spät dran.

4 Jack polishes his car **every Saturday.**
Jack poliert sein Auto jeden Samstag.

5 We only go to church **now and then.**
Wir gehen nur ab und zu in die Kirche.

■ Besteht ein Häufigkeitsadverb aus nur einem Wort, steht es unmittelbar vor dem Vollverb [1] [2] oder unmittelbar nach einer Form von *be* [3].

■ Besteht das Häufigkeitsadverb aus mehr als einem Wort, steht es am Satzende [4] [5].

3.5 Gradadverbien *(Adverbs of degree)*

Beispiel:

1 The dog **nearly caused** a bad accident.
Der Hund verursachte fast einen schlimmen Unfall.

2 Joe can be **rather strange,** but he's **really nice.**
Joe kann ziemlich seltsam sein, aber er ist wirklich nett.

■ Gradadverbien stehen unmittelbar vor dem Verb [1] bzw. Adjektiv [2], das sie bestimmen.

■ Weitere Gradadverbien sind:

a bit	ein bisschen
absolutely	absolut
completely	völlig
hardly	kaum
pretty	ziemlich
very	sehr

Test

1 Setze die Wörter und Audrücke in die richtige Reihenfolge. Schreibe auf einen Zettel.

1 always/at the weekend/breakfast/in bed/have/Mum and Dad
2 for school/is/Kim/late/never
3 goes/Joe/now and then/to the movies
4 his bus/missed/nearly/this morning/Wayne
5 angry/is/Mandy/very/with Joe
6 Ann/not very/in/interested/is/computers.

2 Setze die Adverbien in die richtige Reihenfolge. Schreibe auf einen Zettel.

1 We went *last summer to Brittany.*
2 Alison says she's going *next term to another school.*
3 There was a good film *last night on TV.*
4 I had coffee and toast *yesterday for breakfast.*
5 Let's meet *at the café tonight at about 8 o'clock*, okay?
6 Our flat is *at the end of the road in the new house.*

3 Übersetze ins Englische.

1 Gestern sah ich dich in der Stadt.
2 Die nächsten Olympischen Spiele sind 2008 in China.
3 Einmal in der Woche besuchen wir meine Oma.
4 Ab und zu sehe ich Mandy in der Schule.
5 Beeil dich! Du bist immer so langsam!
6 Mandy kann ziemlich seltsam sein.

Satzgefüge *(Compound sentences)*

1 Die indirekte Rede *(Indirect speech)*

1.1 Aussagen *(Statements)*

Beispiel:

Kim: "I **bought** a new pullover **yesterday.**"
Kim: „Ich kaufte gestern einen neuen Pulli."

1 Kim **says** (that) she **bought** a new pullover **the day before.**
Kim sagt, dass sie am Tag zuvor einen neuen Pulli kaufte.

2 Kim **said** (that) she **had bought** a new pullover **the day before.**
Kim sagte, dass sie am Tag zuvor einen neuen Pulli gekauft hatte.

■ Möchten wir jemandem mitteilen, was während eines Gespräches gesagt wurde, benutzen wir die indirekte Rede.

■ Um zu zeigen, dass wir über etwas berichten, verwenden wir ein einleitendes Verb wie *say, tell, answer, think* usw. Die Anführungszeichen entfallen.

■ Um das Ausgangsgespräch inhaltlich genau wiederzugeben, müssen wir in der indirekten Rede die folgenden Änderungen durchführen:
▸ Steht das einleitende Verb im Präsens, bleiben die Zeiten des Ausgangsgespräches unverändert [1].
▸ Steht das einleitende Verb in der Vergangenheit, verschieben sich die Zeiten [2].

Übersicht der Zeitverschiebung

direkte Rede	indirekte Rede
simple present *play, plays* present progressive *am/is/are playing*	simple past *played* past progressive *was/were playing*
simple past *played*	past perfect *had played*
present perfect *have/has played*	past perfect *had played*
past perfect *had played*	(keine Änderung) *had played*
will-Futur *will play* *going to-Futur* *am/is/are going to play*	would + Infinitiv *would play* *was/were going to + Infinitiv* *was/were going to play*
can *can play* may *may play* must *must play* mustn't *mustn't play*	could *could play* might *might play* had to *had to play* was/were not allowed to *was/were not allowed to play*
should *should play* ought to *ought to play*	should have + Partizip Perfekt *should have played* ought to have + Partizip Perfekt *ought to have played*
could *could play* might *might play*	could have + Partizip Perfekt *could have played* might have + Partizip Perfekt *might have played*

TIPP Du kannst dir für die indirekte Rede vier Regeln merken:

1. Alles was *present* ist, wird *past* (bei mehrteiligen Verben das erste Wort):

is	**was**
plays	played
has seen	**had** seen
is going	**was** going

2. Alles was *past* ist, geht zeitlich eine Stufe zurück:

past	past perfect
was	had been
played	had played

3. Modalverben gehen zeitlich eine Stufe zurück:

will	would
can	could
may	might
must	had to

4. *could*, *should, ought to, might, would* bleiben unverändert

Übersicht der Verschiebung der Zeit- und Ortsangaben

Beispiel:

Joe: "I want to buy a bike today."

Joe said (that) he wanted to buy a bike that day.
Joe sagte, dass er an jenem Tag ein Rad kaufen wollte.

direkte Rede	indirekte Rede
today	*that day*
tomorrow	*the next day*
yesterday	*the day before*
the day after tomorrow	*two days later*
the day before yesterday	*two days before*
last week/month/...	*the week/month/... before*
next week/month/...	*the following week/month/...*

direkte Rede	indirekte Rede
two/… days/weeks/… ago	*two/… days/weeks/… before*
now *at the moment*	*then* *at that moment*
here *this/these*	*there* *that/those*

Änderung der Angaben zu Personen

Beispiel:

(Clare) "I will see **you** later, Kim."
„Ich werde dich später sehen, Kim."

Clare said (that) **she** would see **Kim** later.
Clare sagte, dass sie Kim später sehen werde.

- Oft müssen wir Pronomen durch Nomen oder andere Pronomen ersetzen, um für inhaltliche Klarheit zu sorgen.

Übung

Verwende die indirekte Rede mit den angegebenen einleitenden Verben. Schreibe auf einen Zettel.

Beispiel **Joe** "I saw a cool movie last night." (said)
Joe **said** (that) **he had seen** a cool movie **the night before.**

1	**Kim**	"We can't come because we are away."	*told me*
2	**Ben**	"I'm going to surf the internet."	*said*
3	**Sheila**	"I'll never do such a thing again."	*promised her parents*
4	**Clare**	"I'm starting to like Joe more and more."	*said*
5	**Joe**	"I'm late because the bus didn't come."	*told the teacher*
6	**Julie**	"I wish you had told me that before."	*said*

1.2 Fragen *(Questions)*

Beispiel:

1 **Joe:** "**Where** is my coat?"
Joe: „Wo ist mein Mantel?"

Joe **asked where** his coat was.
Joe fragte, wo sein Mantel sei.

2 Kim: "Joe, **have you seen** my coat?"
*Kim: „Joe, hast du meinen Mantel gese*hen?"

Kim **asked** Joe **if/whether he had seen her** coat.
Kim fragte Joe, ob er ihren Mantel gesehen habe.

■ Bei **indirekten Fragen** unterscheiden wir zwischen **Fragen mit Fragewort** [1] und **Entscheidungsfragen** [2].

■ Bei **Fragen mit Fragewort** übernehmen wir das **Fragewort**, um die indirekte Frage auszudrücken. Das **Subjekt** steht wie bei Aussagen unmittelbar vor dem Verb und das **Fragezeichen** entfällt [1].
▶ **BEACHTE** Die Tatsache, dass es sich um eine Frage handelt, wird durch das **einleitende Verb** – meist *asked* – und das **Fragewort** selbst verdeutlicht.

■ Bei **Entscheidungsfragen** benutzen wir ***if*** bzw. ***whether*** (‚ob'), um zu zeigen, dass es sich um eine Frage handelt [2].

■ Genau wie bei Aussagen (siehe oben) müssen wir oft die **Zeiten, Zeit-/Ortsangaben** und die ursprünglichen **Pronomen** ändern.

1.3 Aufforderungen, Anweisungen und Bitten *(Orders, instructions and requests)*

Beispiel:

1 Mrs Hunt: "Joe, **switch off** the TV, please."
Mrs Hunt: „Joe, schalte den Fernseher bitte aus."
Mrs Hunt **asked Joe to switch** off the TV.
Mrs Hunt bat Joe, den Fernseher auszuschalten.

2 Joe: "**Bring back** my CDs, please, Grant."
Joe: „Bringe meine CDs bitte zurück, Grant."
Joe **asked Grant to bring back** his CDs.
Joe bat Grant, dass er seine CDs zurückbringen soll.

3 Coach: "**Don't forget** your sport's kit."
Coach: „Vergesst eure Sportsachen nicht."
The coach **told the players not to forget** their sport kit.
Der Trainer sagte den Spielern, dass sie ihre Sportsachen nicht vergessen sollen.

■ Wir leiten indirekte Aufforderungen mit ***asked*** [1] [2] bzw. ***told*** [3] im Sinne von ‚sagen' ein.

▶ **BEACHTE** Die Verben *ask* und *tell* haben **immer ein Objekt.** Daher **müssen** wir die angesprochene Person erwähnen.

■ Das Verb der direkten Aufforderung erscheint in Form des ***to*-Infinitivs** [1] [2]. Bei der Verneinung setzen wir ***not*** unmittelbar vor ***to***[3].

Test

1 Schreibe die Sätze in die indirekte Rede um. Verwende dabei das angegebene einleitende Verb. Schreibe auf einen Zettel.

Beispiel:

▶ **Ann** "We don't have any homework today, Wayne." *tell*

▷ **Ann** told Wayne (that) they did not have any homework that day.

▶ **Wayne** "Do you know Janna's phone number, Ann?" *wonder*

▷ **Wayne** wondered if/whether Ann knew Janna's phone number.

▶ **Jacko** Please don't tell anybody about the accident, Ann. *ask*

▷ **Jacko** asked Ann not to tell anybody about the accident.

1	**Ann**	"Who teaches you Biology, Mandy?"	*wonder*
2	**Becky**	"Please don't forget to water the plants, Grant."	*tell*
3	**Jacko**	"I'm sure you will find this story really exciting, Ann."	*say*
4	**Kim**	"We are visiting my grandparents in Boston next week."	*say*
5	**Kim**	"Did you hear the weather forecast last night, Dad?"	*ask*
6	**Mandy**	"I wish Hank had asked me for a date, Janna."	*tell*
7	**Teacher**	"Show me your homework, please, Wayne."	*tell*
8	**Reporter**	"The police arrested a man late last night."	*write*

2 Schreibe die Aussagen in die indirekte Rede um. Verwende dabei *said* als einleitendes Verb. Schreibe auf einen Zettel.

1	**Becky**	"I don't feel very well so I'm staying in bed today."
2	**Brian**	"My dad works for an oil company in Texas."
3	**Joe**	"We are hoping to go on holiday next August."
4	**Julie**	"I saw a great movie last night."
5	**Peter**	"The basketball match we went to yesterday was very exciting."
6	**Ann**	"My parents are giving a big party at the weekend."

Test

3 Schreibe die Fragen in die indirekte Rede um. Verwende dabei *asked* als einleitendes Verb. Schreibe auf einen Zettel.

1 **Mark** "Which team won the match?"
2 **Ted** "Have you seen my mobile anywhere?"
3 **Jack** "Did you go to Ann's party last Saturday?"
4 **Joe** "Are you going to get a holiday job next summer?"
5 **Julie** "Where do you go to school?"
6 **Peter** "When does the next train to Atlanta leave?"

4 Mr und Mrs Day fahren übers Wochenende weg. Sie sagen Becky und Josh, was sie während ihrer Abwesenheit alles (nicht) machen sollen. Lies dir die beiden Listen durch und benutze die Buchstaben A bis H, um die direkten Befehle mit den entsprechenden indirekten Befehlen zu verbinden.

1 **Mrs Day** "Don't forget to water the plants, Becky."
2 **Mr Day** "Cut the grass, please, Josh."
3 **Mrs Day** "Becky, remember to get some bread."
4 **Mr Day** "Josh, take out the rubbish, won't you?"
5 **Mr Day** "Don't forget to switch off the TV, you two."
6 **Mr Day** "Becky, don't open the door to strangers *(Fremde)*."
7 **Mrs Day** "Josh, help your sister, please."
8 **Mrs Day** "Please don't quarrel *(streiten)*, dears."

A Mrs Day told Josh to help his sister.
B Mr Day told Josh to cut the grass.
C Mrs Day asked them not to quarrel.
D Mrs Day told Becky not to forget to water the plants.
E Mrs Day told Becky to remember to get some bread.
F Mr Day told Becky not to open the door to strangers.
G Mr Day told Josh to take out the rubbish.
H Mr Day asked both not to forget to switch off the TV.

2 Relativsätze *(Relative clauses)*

2.1 Relativsätze mit *who/that, which/that, whose* *(Relative clauses with who/that, which/that, whose)*

Beispiel:

1 The girl **who/that won** the race is my sister.
Das Mädchen, das das Rennen gewann, ist meine Schwester.

2 The car **which/that caused** the accident was a black convertible.
Das Auto, das den Unfall verursachte, war ein schwarzes Cabriolet.

3 Mr Gregg is **the teacher whose car** was damaged.
Herr Gregg ist der Lehrer, dessen Auto beschädigt wurde.

4 Is this **the car whose driver** caused the accident?
Ist dies das Auto, dessen Fahrer den Unfall verursachte?

■ Ein Relativsatz ist ein Nebensatz, der durch ein Relativpronomen eingeleitet wird. Wir verwenden Relativsätze, um den Hauptsatz näher zu bestimmen.

■ Für Personen benutzen wir *who/that* [1] und für Sachen *which/that* [2].

■ Um Besitz anzuzeigen, verwenden wir *whose* für Personen [3] und Sachen [4] unmittelbar vor dem entsprechenden Nomen.

2.2 Relativsätze ohne *Relativpronomen (Contact clauses)*

Beispiel:

1 The dog **which/that bit** the child was white.
Der Hund, der das Kind biss, war weiß.

2 The bike **David bought** is very fast.
Das Fahrrad, das David kaufte, ist sehr schnell.

■ Ist das Subjekt des Hauptsatzes und des Relativsatzes dasselbe *(the dog)*, dann benötigen wir ein Relativpronomen [1].

■ Ist aber das Subjekt des Hauptsatzes *(the bike)* ein anderes als das Subjekt des Relativsatzes *(David)*, dann benötigen wir kein Relativpronomen [2].

■ Wir nennen Relativsätze ohne ein Relativpronomen *contact clauses,* da der Hauptsatz und der Relativsatz in ummittelbarem Kontakt stehen [2].

TIPP Kommt eine **Präposition** in einem *contact clause* vor, steht sie **unmittelbar nach dem Verb:**
The girl I ***spoke to*** *is Ben's sister.*
Das Mädchen, mit dem ich gesprochen habe, ist Bens Schwester.
The school we ***go to*** *is in Leeds.*
Die Schule, die wir besuchen, ist in Leeds.
The firm he ***works at*** *is American.*
Die Firma, in der er arbeitet, ist amerikanisch.

Übungen

1 Setze *who*, *which* oder *whose* in die Sätze ein.
Schreibe auf einen Zettel.

1 The man ____ was on TV last night lives in our street.
2 The fire ____ damaged the school started in the physics room.
3 The woman ____ won the quiz is my aunt.
4 The car ____ ran into the bus was blue.
5 Is Tom the boy ____ sister you go out with?
6 That's the shop ____ window was broken last weekend.

2 Wähle a) oder b), um möglichst viele *contact clauses* zu bilden.
Schreibe auf einen Zettel.

1 I'm happy with the bike **a)** that – **b)** ~~that~~ I bought last week.
2 All the young people **a)** who – **b)** ~~who~~ I know are fine.
3 The old woman **a)** who – **b)** ~~who~~ won the prize bought a house.
4 I won't pay for the food **a)** which – **b)** ~~which~~ was burnt.
5 Everybody **a)** who – **b)** ~~who~~ knows her likes her.
6 The email **a)** that – **b)** ~~that~~ I sent didn't arrive.

3 *If*-Sätze *(If-sentences)*

3.1 Allgemeine Merkmale *(General features)*

Beispiel:

1 If it **rains**, I **will stay** at home.
Wenn es regnet, werde ich zu Hause bleiben.

2 I **will stay** at home **if it rains.**
Ich werde zu Hause bleiben, wenn es regnet.

3 I **won't stay** at home if I **doesn't rain.**
Ich werde nicht zu Hause bleiben, wenn es nicht regnet.

4 **Will you stay** at home if it rains?
Wirst du zu Hause bleiben, wenn es regnet?

5 If it's sunny, we **can go** for a walk.
Wenn es sonnig ist, können wir einen Spaziergang machen.

6 You **should call** a doctor if you don't feel well.
Du solltest einen Arzt rufen, wenn du dich schlecht fühlst.

■ Ein *if*-Satz besteht aus zwei Teilen, einem *if*-Teil und einem Hauptteil. Der *if*-Teil drückt eine Bedingung aus, der Hauptteil eine Folge [1].

▶ **BEACHTE** Der ***if*-Teil** kann vor oder nach dem **Hauptteil** stehen. Steht er aber an erster Stelle, trennen wir ihn von dem Hauptteil durch ein **Komma** [1] [2].

■ Je nach Sinn können wir den *if*-Teil, den Hauptteil oder beide Teile [3] verneinen.

■ Bei Fragen können wir nur den Hauptteil als Frage bilden. Dann steht der Hauptteil vor dem *if*-Teil an erster Stelle [4].

■ Je nach Sinn können wir andere Hilfsverben im Hauptteil verwenden [5] [6].

3.2 Die Zeitenfolge in *if*-Sätzen *(Tense patterns in if-sentences)*

Beispiel:

1 If you **train** hard, you **will win** the game.
Wenn du hart trainierst, wirst du das Spiel gewinnen.

2 If you **trained** hard, you **would win** the game.
Wenn du hart trainieren würdest, würdest du das Spiel gewinnen.

3 If you **had trained** hard, you **would have won** the game.
Wenn du hart trainiert hättest, hättest du das Spiel gewonnen.

- Es gibt drei Typen von *if*-Sätzen mit unterschiedlichen Zeitenfolgen:

	if-Teil	Hauptteil
Typ 1	*if* + simple present	*will*-Futur [1] *can* *may* *should*
Typ 2	*if* + simple past	*would* + Infinitiv [2] *could* *might* *should*
Typ 3	*if* + past perfect	*would have* + Partizip Perfekt [3] *could have* *might have* *should have*

Übung

■ **Vervollständige die *if*-Sätze mit dem fehlenden Verb. Schreibe auf einen Zettel.**

1 Billy would have won if he ____ (try) harder.
2 If Joe worked harder, his teacher ____ (give) him better grades.
3 I'd buy a new bike if I ____ (have) enough money.
4 If you had got up earlier, you ____ (not miss) your bus.
5 If there ____ (be) a cinema in our town, I would go to it.
6 If you see Mandy, ____ (you/can tell) her to call me?
7 Of course I ____ (help) you if you want.
8 We will have a picnic tomorrow if it ____ (not rain).
9 ____ (Italy/win) if the referee had not been so unfair?
10 Would you visit the USA if you ____ (can)?

3.3 Der Gebrauch von *if*-Sätzen *(The use of if-sentences)*

Beispiel:

1 If I **find** a job, I **will/can/… leave** school.
Wenn ich einen Job finde, werde/kann … ich die Schule verlassen.

2 If I **found** a job, I **would/could/… leave** school.
Wenn ich einen Job fände, würde/könnte/… ich die Schule verlassen.

3 If I **had found** a job, I **would/could/… have left** school.
Wenn ich einen Job gefunden hätte, hätte/ könnte ich die Schule verlassen/verlassen können/…

■ Die drei Typen von *if*-Sätzen unterscheiden sich gemäß der Wahrscheinlichkeit der zu erwartenden Folge, und zwar:

Typ 1 Die Folge ist sicher oder mindestens sehr wahrscheinlich [1].

Typ 2 Die Folge ist möglich, aber eher unwahrscheinlich [2].

Typ 3 Die Folge ist völlig unmöglich, da wir das Ergebnis schon kennen [3].

Test

1 Lies dir die Dialoge durch und entscheide, um welchen Satztyp es sich handelt. Dann setze die Verben ein. Schreibe auf einen Zettel.

1 Sue: We were lucky that the fire-fighters came so quickly last night.
Bill: True. If they ____ (be) slower, the house ____ (burn) down.

2 Joe: Harry drives much too fast, but I'm afraid he'll never change.
Bob: You're right. If he ____ (not drive) so fast, he ____ (not have) so many accidents.

3 Sam: Hurry up. If we ____ (not go) now, we ____ (miss) our tain.
Jill: Sure. I'm on my way.

4 Joe: If they ____ (find) oil in Europe, petrol ____ (be) cheaper.
Bill: Yes, but I don't think that is very probable.

5 Pam: Do you think Josey will get the job?
Sue: No. If she ____ (have) better qualifications, she ____ (have) a chance, but I'm afraid her qualifications just aren't good enough.

6 Bill: Are you having a picnic at the weekend?
Phil: Well, Dad said that if the weather ____ (be) good, we ____ (definitely + have) one.

2 Setze das fehlende Verb in die Sätze ein. Schreibe auf einen Zettel.

1 If Frank ____ (not cheat) in the test, he would not have got such a good grade.
2 If I see Julie I ____ (give) her your message.
3 If I ____ (have) more time, I would help you.
4 I ____ (not buy) a mobile phone even if I had the money.
5 Our teacher will be angry if we ____ (be) late again.
6 Our team ____ (not lose) the game if the referee had been fairer.

3 Verbinde einen Satzteil von Liste A (1 – 8) mit einem von Liste B (a – h), um *if*-Sätze zu bilden. Schreibe auf einen Zettel.

A
1 If we don't train regularly,
2 If you miss your bus,
3 If Josh worked harder at school,
4 If it had snowed last weekend,

Test

5 If people didn't drive so fast,
6 If the play had been better,
7 If Hank got up earlier,
8 If the weather's good.

B
a Ann would have gone skiing.
b he would get better grades.
c he wouldn't be late for school.
d I'll come and collect you.
e people wouldn't have booed the actors.
f the roads would be safer.
g we can have a barbecue at the weekend.
h we won't win the match.

4 Lies dir zunächst die Hilfe im Kästchen durch. Dann lies die Dialoge und entscheide, um welchen Satztyp – also I, II oder III – es sich handelt. Dann setze die Verben ein. Schreibe auf einen Zettel.

Typ I *if* + simple present, Folge sicher
Typ II *if* + simple past, Folge möglich, aber unwahrscheinlich
Typ III *if* + past perfect, Folge unmöglich

1 Tim: It was lucky that the fire-fighters came so quickly last night.
Joe: Yes. If they ____ (be) slower, the house ____ (burn) down.

2 Sue: Harry drives much too fast, but I'm sure he'll never change.
Jill: You're right. If he ____ (not drive) so fast, he ____ (not have) so many accidents.

3 Sam: Hurry up, Wayne. If we ____ (not go) now, we ____ (miss) our tain.
Wayne: Okay. I'm coming now.

4 Helen: If we ____ (won) the match yesterday, we ____ (be) the champions, not you.
Pam: Of course. But you didn't win, did you? You lost by three goals!

5 Sam: Do you think Josey will get the job?
Joe: No. If she ____ (have) better qualifications, she ____ (have) a chance, but her qualifications just aren't good enough.

Wortschatz *(Vocabulary)*

1 Britisches und amerikanisches Englisch *(British and American English)*

Der wichtigste Unterschied zwischen britischem Englisch (BE) und amerikanischem Englisch (AE) besteht in der Aussprache. Es gibt auch eine relativ kleine Anzahl von Abweichungen im Bereich Vokabeln sowie in der Rechtschreibung.

Wegen des Einflusses der amerikanischen Medien kann man eine wachsende Annäherung zu Gunsten des amerikanischen Englisch verzeichnen. Auch im britischen Englisch werden immer mehr amerikanische Wörter verwendet und die von früher bekannten Abweichungen, wie zum Beispiel *shop* (BE)/*store* (AE), *lorry* (BE)/*truck* (AE), *film* (BE)/*movie* (AE) und *flat* (BE)/*apartment* (AE) sind nicht mehr klar getrennt.

Daher treten im folgenden Verzeichnis eine Reihe von Wörtern auf, die zunehmend auch im britischen Englisch zu finden sind. Im Laufe der Zeit werden diese Wörter möglicherweise ganz in das britische Englisch übernommen.

1.1 Unterschiede im Bereich Wortschatz

BE	AE	D	Bemerkungen
angry	*mad*	verärgert	s. auch BE *mad*
autumn	*fall*	Herbst	
biscuit	*cookie*	Keks	*cookie* auch BE
boot (of car)	*trunk*	Kofferraum	
chips	*french fries*	Pommes frites	*french fries* auch BE
crisps	*chips*	Kartoffelchips	s. auch BE *chips*
city centre	*downtown*	Stadtzentrum	
head (of school)	*principal*	Schulleiter(in)	*principal* auch BE
holidays	*vacation*	Ferien	*vacation* auch BE

BE	AE	D	Bemerkungen
lift	*elevator*	Aufzug	*elevator* auch BE
mad	*crazy*	verrückt	s. auch BE *angry*
main road	*highway*	Verkehrsstraße	*highway* auch BE
mobile (phone)	*cell phone*	Handy	
motorway	*freeway*	Autobahn	
nasty	*mean*	böse	
pavement	*sidewalk*	Bürgersteig	
petrol	*gas*	Benzin	
pocket-money	*allowance*	Taschengeld	*allowance* auch BE
post	*mail*	Post	*mail* auch BE
pupil	*student*	Schüler(in)	*student* auch BE
queue	*stand in line*	anstehen	
railway	*railroad*	Bahn	
rubbish	*trash, garbage*	Müll	*trash/garbage* auch BE
shopping arcade	*shopping mall*	Einkaufspassage	*shopping mall* auch BE
stupid	*dumb*	dumm	
suppose	*guess*	glauben	
sweet	*candy*	Bonbon	*candy* auch BE
terraced house	*row house*	Reihenhaus	
trousers	*pants*	Hose	s. auch BE *pants*
underground, Tube	*subway*	U-Bahn	
year (school)	*grade*	Jahrgang	

1.2 Unterschiede in der Rechtschreibung

Eine Anzahl von Wörtern endet auf *-our* im BE und auf *-or* im AE, z. B. *colour/color*. Einige Wörter enden auf *-re* im BE und auf *-er* im AE, z. B. *kilometre/kilometer*. Alle Verben, die auf *-ize* im AE enden, z. B. *organize, realize*, enden im BE üblicherweise auf *-ise*, z. B. *organise, realise*.

Die geläufigsten Wörter mit unterschiedlicher Rechtschreibung sind:

BE	AE	D	Bemerkungen
catalogue	*catalog*	Katalog	AE-Form immer üblicher im BE
centre	*center*	Zentrum	
colour	*color*	Farbe	
favour	*favor*	Gefallen	
jewellery	*jewelry*	Schmuck	AE-Form immer üblicher im BE
kilometre	*kilometer*	Kilometer	
Maths (Schulfach)	*math*	Mathe	
pajamas	*pyjamas*	Schlafanzug	AE-Form immer üblicher im BE
practise (Verb)	*practice/practise*	üben	nur *-ise*-Endung möglich im BE
programme	*program*	Programm	BE: *computer program*
theatre	*theater*	Theater	
traveller	*traveler*	Reisende	
tyre	*tire*	Reifen	

2 Häufige ‚falsche Freunde' *(Common 'false friends')*

Bei *false friends* handelt es sich um die unterschiedliche Bedeutung von Wörtern, die im Deutschen und im Englischen ähnlich aussehen, z. B. ‚miserabel' und *miserable*.

Hier ist eine Liste der geläufigsten *false friends*. Links siehst du das deutsche Wort. In der Mitte steht ein Beispielsatz mit der richtigen Anwendung der englischen Entsprechung und deren deutsche Übersetzung. Rechts findest du den typischen Fehler, den du auf alle Fälle vermeiden sollst – daher ist er durchgestrichen.

2.1 Verben

aufstehen	*You must get up now, Hank.* Du muss jetzt aufstehen, Hank. (aus dem Bett)	~~*stand up*~~
fahren	*Janna goes to school by bus.* Janna fährt mit dem Bus zur Schule.	~~*drives*~~
meinen	*I think you will pass the exam.* Ich meine, dass du die Prüfung bestehen wirst.	~~*mean*~~
machen	*I'd like to take a photo, please.* Ich würde gerne ein Foto machen.	~~*make*~~
	I haven't done my homework yet. Ich habe meine Hausaufgabe noch nicht gemacht.	~~*made*~~
starten	*The plane takes off at 10.* Das Flugzeug startet um 10 Uhr.	~~*starts*~~

2.2 Nomen

Chips	*Hank ate two packets of* ***crisps****.* Hank aß zwei Tüten Chips.	~~*chips*~~
Fremde	*Small children shouldn't talk to* ***strangers****.* Kleinkinder sollten nicht mit Fremden sprechen.	~~*foreigners*~~
Pause	*You can have a* ***break*** *now.* Jetzt könnt ihr eine Pause machen.	~~*pause*~~
Preis	*Janna won a* ***prize*** *of $100.* Janna gewann einen Preis von $100.	~~*price*~~
Rezept	*Can I have a* ***prescription*** *for painkillers?* Kann ich ein Rezept für Schmerzmittel haben?	~~*recipe*~~
See	*There are a lot of* ***lakes*** *in Mecklenburg.* In Mecklenburg gibt es viele Seen.	~~*seas*~~

brav	*Be a good boy, okay?* Sei ein braver Junge, okay?	~~brave~~
dick	*A lot of pets are too fat.* Viele Haustiere sind zu dick.	~~thick~~
eventuell	*Maybe I'll see you at Hank's party.* Eventuell sehe ich dich bei Hanks Fete.	~~eventually~~
miserabel	*The food was absolutely awful.* Das Essen war absolut miserabel.	~~miserable~~
nächste	*Where's the nearest kiosk?* Wo ist der nächste Kiosk?	~~next~~
neueste	*Have you heard the latest weather forecast?* Hast du die neueste Wettervorhersage gehört?	~~newest~~
sympathisch	*Janna is a very nice girl.* Janna ist ein sehr sympathisches Mädchen.	~~sympathetic~~

Übung

Wähle das richtige Wort, a) oder b). Schreibe auf einen Zettel.

1 Can you tell me where the **a)** nearest – **b)** next bus stop is, please?
2 Dad **a)** means – **b)** thinks it might rain later.
3 Did you take my **a)** prescription – **b)** recipe to the chemist's?
4 Have you heard the **a)** latest – **b)** newest news about Mandy?
5 My mum always **a)** gets up – **b)** stands up very early.
6 Julie often **a)** does – **b)** makes her homework late.
7 Our dog is very well-behaved. He's really **a)** brave – **b)** good.
8 Some people won't take part in quizzes unless there's a **a)** price – **b)** prize.
9 The movie was no good at all. In fact it was **a)** awful – **b)** miserable.
10 We **a)** made – **b)** took a lot of photos in Hamburg.

3 Leicht verwechselbare Wörter *(Easily confused words ('confusibles'))*

Bei *confusibles* handelt es sich um englische Wortpaare, die leicht verwechselt werden können, z. B. *lie* und *lay*.

3.1 Verben

become	*Janna wants to **become** a vet.* Janna will Tierärztin werden.	werden
get	*Can I **get** stamps here?* Kann ich hier Briefmarken bekommen?	bekommen
borrow	*Hank **borrowed** Janna's bike.* Hank hat sich Jannas Rad ausgeliehen.	sich etwas leihen
lend	*Can you **lend** me $10, please?* Kannst du mir $10 leihen?	jmdm. etwas leihen
bring	***Bring** your workbooks with you tomorrow.* Bringt eure Arbeitshefte morgen mit.	mitbringen
take	*Can you **take** me to school, please?* Kannst du mich zur Schule bringen?	irgendwo hinbringen

■ Die beiden Verbpaare *borrow/lend* und *bring/take* sind – wie *come* und *go* – **richtungsbedingt**. Läuft die Richtung **zum Sprecher hin**, benutzen wir *borrow/bring*. Geht die Richtung **vom Sprecher weg**, dann verwenden wir *lend* und *take*.

lay	*Janna **laid** the shopping on the table.* Janna legte die Einkäufe auf den Tisch.	legen
lie	*I'm going to **lie** down for an hour.* Ich lege mich für eine Stunde hin.	liegen
lie	*Don't **lie** to me. I saw everything.* Lüge mich nicht an! Ich habe alles gesehen.	lügen

■ Das Verb *lay* hat immer ein direktes Objekt und ist unregelmäßig – *lay, laid, laid*. Das Verb *lie* hat zwei Bedeutungen. Im Sinne von ‚liegen' ist es unregelmäßig – *lie, lay, lain* – aber in der Bedeutung von ‚*lügen*' regelmäßig – *lie, lied, lied*.

3.2 Nomen

play	*I prefer plays to movies.* Ich ziehe Theaterstücke Filmen vor.	Theaterstück
game	*Monopoly is a very popular game.* Monopoly ist ein sehr beliebtes Spiel.	Spiel
recipe	*Do you have a good recipe for fruit salad?* Haben Sie ein gutes Rezept für Obstsalat?	Kochrezept
prescription	*You need a prescription for this medicine.* Sie benötigen ein Rezept für dieses Medikament.	Arztrezept
receipt	*Can I have a receipt, please?* Kann ich bitte eine Quittung haben?	Quittung

3.3 Adjektive, Adverbien

finished	*Have you finished your homework?* Hast du deine Hausaufgaben erledigt?	erledigen
ready	*Please be ready when I call.* Sei bitte fertig, wenn ich vorbeikomme.	fertig

■ Wollen wir sagen, dass ein Vorgang zu Ende gegangen ist, verwenden wir *finish*. Handelt es sich um ‚fertig' im Sinne von ‚bereit sein', dann benutzen wir *ready*.

happy	*We are happy in our new apartment.* Wir sind glücklich in unserer neuen Wohnung.	glücklich
lucky	*You were lucky to get the job.* Du hast Glück gehabt, die Stelle zu bekommen.	Glück haben

■ Das Adjektiv ***happy*** können wir immer durch *satisfied* (‚zufrieden') sinnvoll ersetzen. Wenn dies nicht möglich ist, dann solltest du ***lucky*** verwenden.

heavy	*This case is too heavy to carry.* Der Koffer ist zu schwer zu tragen.	schwer
difficult	*This exercise is much too difficult for me.* Diese Aufgabe ist viel zu schwer für mich.	schwer schwierig
high	*Mount Everest is the world's highest mountain.* Mount Everest ist der höchste Berg der Welt.	hoch
tall	*How tall are you?* Wie groß bist du?	groß, hoch

■ Wir benutzen *tall* für Personen, Bäume, Gebäude mit vielen Stockwerken und andere Strukturen, die außerordentlich hoch und schmal sind, z. B. *factory chimneys* (Schornsteine einer Fabrik). Sonst verwenden wir ***high***.

Verschiedenes

advice	*Treat his advice with care.* Gehe vorsichtig mit seinem Rat um.	Rat
advise	*I advise you to go the doctor's at once.* Ich rate dir, sofort einen Arzt aufzusuchen.	(be)raten
practice	*The practice is more difficult than the theory.* Die Praxis ist schwieriger als die Theorie.	Praxis
practise	*He practises the piano for four hours a day.* Er übt vier Stunden Klavier am Tag.	üben

■ Im britischen Englisch endet in den beiden oben genannten Fällen das Nomen auf *-ice* und das Verb auf *-ise*.

loose	*Tighten all loose screws.* Ziehe alle losen Schrauben fest an.	lose
lose	*I lost the money in town.* Ich habe das Geld in der Stadt verloren.	verlieren

Übung

■ **Wähle das richtige Wort a) oder b). Schreibe auf einen Zettel.**

1 I want to **a)** bring – **b)** take the car to the garage.
2 Is Julie **a)** happy – **b)** lucky at her new school?
3 Is lunch **a)** finished – **b)** ready yet?
4 Let's have a **a)** game – **b)** play of cards.
5 Mr Sun **a)** laid – **b)** lay the books on the desk.
6 The police found that a wheel of the truck was **a)** loose – **b)** lose.
7 Where can we **a)** become – **b)** get some burgers?
8 You'll never get better if you don't **a)** practice – **b)** practise.

Übersichten

1 Unregelmäßige Verben *(Irregular verbs)*

be	*was/were*	*been*	sein
beat	*beat*	*beaten*	schlagen, besiegen
become	*became*	*become*	werden
begin	*began*	*begun*	anfangen
bet	*bet*	*bet*	wetten
blow	*blew*	*blown*	blasen
break	*broke*	*broken*	brechen, zerbrechen
bring	*brought*	*brought*	bringen
build	*built*	*built*	bauen
buy	*bought*	*bought*	kaufen
catch	*caught*	*caught*	fangen
choose	*chose*	*chosen*	wählen, auswählen, aussuchen
come	*came*	*come*	kommen
cost	*cost*	*cost*	kosten
cut	*cut*	*cut*	schneiden
do	*did*	*done*	tun, machen, erledigen
draw	*drew*	*drawn*	zeichnen
drink	*drank*	*drunk*	trinken, saufen
drive	*drove*	*driven*	fahren
eat	*ate*	*eaten*	essen, fressen
fall	*fell*	*fallen*	fallen, hinfallen
feed	*fed*	*fed*	füttern
feel	*felt*	*felt*	sich fühlen
fight	*fought*	*fought*	kämpfen, bekämpfen
find	*found*	*found*	finden

fly	*flew*	*flown*	fliegen
forget	*forgot*	*forgotten*	vergessen
freeze	*froze*	*frozen*	frieren, einfrieren
get	*got*	*got*	bekommen, erhalten
give	*gave*	*given*	geben, schenken
go	*went*	*gone*	gehen
grow	*grew*	*grown*	wachsen
hang	*hung*	*hung*	hängen, aufhängen
have	*had*	*had*	haben, besitzen
hear	*heard*	*heard*	hören
hit	*hit*	*hit*	schlagen, aufprallen
hold	*held*	*held*	halten, festhalten
hurt	*hurt*	*hurt*	verletzen
keep	*kept*	*kept*	(be)halten
know	*knew*	*known*	kennen, wissen
lay	*laid*	*laid*	legen, verlegen, hinstellen
lead	*led*	*led*	führen, leiten
leave	*left*	*left*	verlassen
lend	*lent*	*lent*	ausleihen, verleihen
let	*let*	*let*	lassen
lie	*lay*	*lain*	liegen
light	*lit*	*lit*	anzünden
lose	*lost*	*lost*	verlieren
make	*made*	*made*	machen
mean	*meant*	*meant*	bedeuten
meet	*met*	*met*	sich treffen
overtake	*overtook*	*overtaken*	überholen
pay	*paid*	*paid*	(be)zahlen
put	*put*	*put*	setzen, stellen, legen
read	*read*	*read*	lesen
retell	*retold*	*retold*	nacherzählen

ride	*rode*	*ridden*	reiten, Rad fahren
ring	*rang*	*rung*	läuten, klingeln, anrufen
rise	*rose*	*risen*	ansteigen, aufsteigen, aufgehen (Sonne)
run	*ran*	*run*	laufen, rennen
say	*said*	*said*	sagen
see	*saw*	*seen*	sehen
sell	*sold*	*sold*	verkaufen
send	*sent*	*sent*	senden, schicken
shake	*shook*	*shaken*	schütteln
shine	*shone*	*shone*	scheinen, leuchten
shoot	*shot*	*shot*	erschießen, anschießen
show	*showed*	*shown*	zeigen
shut	*shut*	*shut*	schließen, zumachen
sing	*sang*	*sung*	singen
sink	*sank*	*sunk*	sinken, versenken
sit	*sat*	*sat*	sitzen
sleep	*slept*	*slept*	schlafen
smell	*smelt*	*smelt*	riechen, duften
speak	*spoke*	*spoken*	sprechen
spend	*spent*	*spent*	(Geld) ausgeben, (Zeit) verbringen
stand	*stood*	*stood*	stehen
steal	*stole*	*stolen*	stehlen
stick	*stuck*	*stuck*	kleben
swim	*swam*	*swum*	schwimmen
take	*took*	*taken*	nehmen
teach	*taught*	*taught*	unterrichten, lehren
tear	*tore*	*torn*	reißen, zerreißen
tell	*told*	*told*	erzählen, mitteilen, sagen
think	*thought*	*thought*	denken, meinen
throw	*threw*	*thrown*	werfen
understand	*understood*	*understood*	verstehen

wake up	*woke up*	*woken up*	aufwachen
wear	*wore*	*worn*	tragen, anhaben
win	*won*	*won*	gewinnen
write	*wrote*	*written*	schreiben

2 Alphabetische Liste der grammatischen Begriffe *(Alphabetic list of grammatical terms)*

abstraktes Nomen	*abstract noun*	fun, life, technology
Aktiv	*active*	Joe's dad repairs cars.
Adjektiv	*adjective*	Bonzo is a nice dog.
Adverb	*adverb*	Bonzo runs very quickly.
▸ Häufigkeitsadverb	*adverb of frequency*	We often watch TV.
▸ Ortsadverb	*adverb of place*	I live in York.
▸ Satzadverb	*sentence adverb*	Of course I like you.
▸ Zeitadverb	*adverb of time*	Kim comes home at4.30.
Artikel	*article*	
▸ bestimmter Artikel	– *definite article*	The dog is in the garden.
▸ unbestimmter Artikel	– *indefinite article*	An apple is a kind of fruit.
Aussage	– *statement*	
▸ bejahte Aussage	– *affirmative statement*	Bonzo is the Hunt's dog.
▸ verneinte Aussage	– *negative statement*	Ben cannot ski very well.
Fragewort	*question word*	Where is Bonzo?
Futur	*future*	
▸ *going to*-Futur	– going to-*future*	We are going to buy a house.
▸ *will*-Futur	– will-*future*	I will see you later.
Gegenwart	*present*	
▸ einfache Form der Gegenwart	*simple present*	We go to school every day.

▸ Verlaufsform der Gegenwart	*present progressive*	Dad is washing the car.
Genitiv	*genitive*	
▸ -'*s*-Genitiv	– -'s-*genitive*	Kim is Joe's sister.
▸ *of*-Genitiv	– of-*genitive*	What's the name of the town?
Imperativ (Befehlsform)	*imperative*	Sit down and be quiet, please.
Infinitiv	*infinitive*	We want to go home now.
Konjunktion (Bindewort)	*conjunction*	We can watch TV or play a game.
konkretes Nomen	*concrete noun*	car, dog, house, school
Konsonant	*consonant*	b, c, d, f, g, h, j, k, l and so on
Nomen	*noun*	My dad is a reporter.
Objekt	*object*	
▸ direktes Objekt	– *direct Object*	Children love ice-cream.
▸ indirektes Objekt	– *indirect Object*	Mum gave Kim some ice-cream.
Partizip Perfekt (3. Form)	*past participle*	Has Mum gone to work yet?
Person	*person*	The first person plural is we.
Personalpronomen	*personal pronoun*	We met them in town.
▸ Objektform/ -pronomen	– *object form*	Ben saw her in town.
▸ Subjektform/ -pronomen	– *subject form*	He plays football.
Plural	*plural*	We have two dogs and three mice.
Possessivbegleiter	*possessive adjective*	This is my brother, Joe.

Prädikat	*predicate*	We are doing our homework.
Präposition	*preposition*	
▸ Präposition des Ortes	*preposition of place*	The Hunts are in New York.
▸ Präposition der Zeit	*preposition of time*	We go to school at 8.30.
Pronomen	*pronoun*	We saw him take it.
Singular	*singular*	I ate an apple and a banana.
Subjekt	*subject*	My English teacher is quite nice.
Vergangenheit	*past*	
▸ einfache Form der Vergangenheit	*simple past*	I went to the movies yesterday.
▸ Verlaufsform der Vergangenheit	*past progressive*	Kim was cooking the lunch.
Verneinung	*negative form*	I don't like fish much.
Vokal	*vowel*	a, e, i, o, u

3 Länder, Staaten, Kontinente *(Countries, states, continents)*

Staat, Kontinent		Adjektiv	Nomen (Person)
Afrika	*Africa*	*African*	*an African*
Ägypten	*Egypt*	*Egyptian*	*an Egyptian*
Amerika	*America*	*American*	*an American*
Asien	*Asia*	*Asian*	*an Asian*
Australien	*Australia*	*Australian*	*an Australian*
Belgien	*Belgium*	*Belgian*	*a Belgian*
Bosnien-Herzegowina	*Bosnia-Herzogovina*	*Bosnian*	*a Bosnian*
Bulgarien	*Bulgaria*	*Bulgarian*	*a Bulgarian*

China	*China*	*Chinese*	*a Chinese, pl. Chinese*
Dänemark	*Denmark*	*Danish*	*a Dane*
Deutschland	*Germany*	*German*	*a German*
England	*England*	*English*	*an Englishman, -woman*
Estland	*Estonia*	*Estonian*	*an Estonian*
Europa	*Europe*	*European*	*a European*
Europäische Union	*European Union*	–	
Finnland	*Finland*	*Finish*	*a Finn*
Frankreich	*France*	*French*	*a Frenchman, -woman*
Griechen-land	*Greece*	*Greek*	*a Greek*
Groß-britannien	*Britain*	*British*	*a Briton*
Indien	*India*	*Indian*	*an Indian*
Irland	*Ireland*	*Irish*	*an Irishman, -woman*
Island	*Iceland*	*Icelandic*	*an Icelander*
Israel	*Israel*	*Israeli*	*an Israeli*
Italien	*Italy*	*Italian*	*an Italian*
Japan	*Japan*	*Japanese*	*a Japanese, pl. Japanese*
Kanada	*Canada*	*Canadian*	*a Canadian*
Kenia	*Kenya*	*Kenyan*	*a Kenyan*
Kroatien	*Croatia*	*Croatian*	*a Croatian*
Lettland	*Latvia*	*Latvian*	*a Latvian*
Litauen	*Lithuania*	*Lithuanian*	*a Lithuanian*
Malta	*Malta*	*Maltese*	*a Maltese, pl. Maltese*
Mexiko	*Mexico*	*Mexican*	*a Mexican*
Neuseeland	*New Zealand*	*New Zealand*	*a New Zealander*
die Nieder-lande	*the Netherlands*	*Dutch*	*a Dutchman, -woman*
Nigeria	*Nigeria*	*Nigerian*	*a Nigerian*

Norwegen	*Norway*	*Norwegian*	*a Norwegian*
Österreich	*Austria*	*Austrian*	*an Austrian*
Pakistan	*Pakistan*	*Pakistani*	*a Pakistani*
Polen	*Poland*	*Polish*	*a Pole*
Portugal	*Portugal*	*Portuguese*	*a Portuguese, pl. Portuguese*
Rumänien	*Romania*	*Romanian*	*a Romanian*
Russland	*Russia*	*Russian*	*a Russian*
Schottland	*Scotland*	*Scottish*	*a Scot*
Schweden	*Sweden*	*Swedish*	*a Swede*
die Schweiz	*Switzerland*	*Swiss*	*a Swiss, pl. Swiss*
die Slowakei	*Slovakia*	*Slovakian*	*a Slovakian*
Slowenien	*Slovenia*	*Slovenian*	*a Slovenian*
Spanien	*Spain*	*Spanish*	*a Spaniard*
Südafrika	*South Africa*	*South African*	*a South African*
Südkorea	*South Korea*	*South Korean*	*a South Korean*
Tschechien	*the Czech Republic*	*Czech*	*a Czech*
die Türkei	*Turkey*	*Turkish*	*a Turk*
Ungarn	*Hungary*	*Hungarian*	*a Hungarian*
die USA	*the USA*	*American*	*an American*
Wales	*Wales*	*Welsh*	*a Welshman, -woman*
Zypern	*Cyprus*	*Cypriot*	*a Cypriot*

4 Deutschsprachige Ortsnamen auf Englisch *(German place names in English)*

Städte	*Towns*
Basel (CH)	*Basle*
Bern (CH)	*Berne*
Braunschweig	*Brunswick*
Genf (CH)	*Geneva*
Hameln	*Hamlyn*
Hannover	*Hanover*
Köln	*Cologne*
Konstanz	*Constance*
Luxembourg (L)	*Luxemburg*
München	*Munich*
Nürnberg	*Nuremberg*
Wien (A)	*Vienna*

Bundesländer	*Federal states*
Baden-Württemberg	*Baden-Wurttemberg*
Bayern	*Bavaria*
Berlin	*Berlin*
Brandenburg	*Brandenburg*
Bremen	*Bremen*
Hamburg	*Hamburg*
Hessen	*Hesse*
Mecklenburg-Vorpommern	*Mecklenburg-Vorpommern*
Niedersachsen	*Lower Saxony*
Nordrhein-Westfalen	*North Rhine-Westphalia*
Rheinland-Pfalz	*the Rhineland-Palatinate*
Saarland	*Saarland*
Sachsen	*Saxony*
Sachsen-Anhalt	*Saxony-Anhalt*
Schleswig-Holstein	*Schleswig-Holstein*
Thüringen	*Thuringia*

Landschaften, Regionen	*Regions*
Alpen	*the Alps*
Bayerischer Wald	*Bavarian Forest*
Franken	*Franconia*
Friesland	*Frisia*
Friesische Inseln	*Frisian Islands*
Helgoland	*Heligoland*
Lüneburger Heide	*Luneburg Heath*
Mecklenburgische Seenplatte	*Mecklenburg Lake District*
Mittelgebirge	*Central Uplands*
Norddeutsche Ebene	*North German Plain*
Schwaben	*Swabia*

Flüsse, Seen, Meere	*Rivers, lakes, seas*
Bodensee	Lake Constance
Donau	Danube
Nordsee	North Sea
Ostsee	Baltic Sea
Rhein	Rhine

5 Zeitenübersicht *(Summary of tenses)*

1 Simple present *(einfache Form der Gegenwart)*

Active *(aktiv)*	Passive *(passiv)*
▸ Janna **gets up** at 7 o'clock. ▸ Janna and Hank **live** in Los Angeles.	▸ English **is spoken** everywhere. ▸ These cars **are made** in Japan.

2 Present progressive *(Verlaufsform der Gegenwart)*

Active *(aktiv)*	Passive *(passiv)*
▸ Luna **is playing** in the park. ▸ Janna and Hank **are having** lunch.	▸ My computer **is being repaired** today. ▸ The rolls **are being baked** at the moment.

3 Simple past *(einfache Form der Vergangenheit)*

Active *(aktiv)*	Passive *(passiv)*
▸ Luna **went** to the vet's yesterday. ▸ The Greens **worked** in the garden yesterday.	▸ Hank's computer **was repaired** by a friend. ▸ These houses **were built** by my grandfather.

4 Past progressive *(Verlaufsform der Vergangenheit)*

Active *(aktiv)*	Passive *(passiv)*
▸ Luna **was playing** in the garden. ▸ The cars **were going** much too fast when the accident happened.	▸ The castle **was being repaired** when we visited it. ▸ The players **were being trained** at the time.

5 Present perfect simple *(einfache Form des Perfekts)*

Active *(aktiv)*	Passive *(passiv)*
▸ Janna **has finished** her homework now. ▸ They **have lived** in France for 12 years.	▸ The house **has** just **been sold** to a family from London. ▸ These computers **have been repaired** several times.

6 Present perfect progressive *(Verlaufsform des Perfekts)*

Active *(aktiv)*	Passive *(passiv)*
▸ Mrs Snow **has been waiting** for hours. ▸ They **have been doing** their exams all week.	▸ This road **has been being repaired** for months. ▸ The men **have been being interviewed** by the police all night.

7 Past perfect simple *(einfache Form des Plusquamperfekts)*

Active *(aktiv)*	Passive *(passiv)*
▸ Janna **had gone** home when I called. ▸ When we arrived, they **had begun** the lesson.	▸ The scooter **had been sold** when I called. ▸ The letters **had been sent** to the wrong address.

8 Past perfect progressive *(Verlaufsform des Plusquamperfekts)*

Active *(aktiv)*	Passive *(passiv)*
▸ The child **had been waiting** for ages before a doctor came. ▸ Tom said they **had been doing** exams the whole week.	▸ She told us that the road **had been being repaired** for months. ▸ The TV report said that the men **had been being interviewed** by the police all night.

9 Will-future (future simple) *(will-Futur [einfache Form des will-Futurs])*

Active *(aktiv)*	Passive *(passiv)*
▸ I **will see** you at school, okay? ▸ I hope that we **will win** the match.	▸ I expect my room **will be decorated** by my dad. ▸ We **will be taken** to our hotel by bus.

10 Going to-future *(going to-Futurs)*

Active *(aktiv)*	Passive *(passiv)*
▸ It **is going to snow** tonight. ▸ The Greens **are going to sell** their house.	▸ My room **is going to be decorated** by my dad. ▸ These old houses **are going to be pulled down** soon.

11 Conditional 1 *(Konditional 1)*

Active *(aktiv)*	Passive *(passiv)*
▸ I **would come** to your party if I had the time. ▸ We **would go** on holiday if we had the money.	▸ This car **would be sold** if it cost less. ▸ They **would be paid** more if they worked harder.

12 Conditional 2 *(Konditional 2)*

Active *(aktiv)*	Passive *(passiv)*
▸ I **would have come** to your party if I had had the time. ▸ We **would have gone** on holiday if we had won the lottery.	▸ This car **would have been sold** if it had cost less. ▸ They **would have been paid** more if they had worked harder.

Lösungen

S. 225 Übung

1 is having, 2 is taking, 3 are kissing, 4 Do you often play …? 5 do not have, 6 is sitting

S. 226 Übung

1 was leaving, 2 went, 3 were flying, 4 did not answer, 5 were waiting, 6 fell

S. 227 Übung

1 have lived, 2 has still not come, 3 Have you seen …? 4 have not eaten, 5 has had, 6 Have you been …?

S. 228 Test

1 1 Are you going to watch …? 2 is going to take, 3 is going to snow, 4 is going to buy, 5 will wait for you, 6 Are the Hunts going to move …?

2 1 hope *simple present* – got home *simple past* – did *simple past* – promised *simple past* – took *simple past* – will find *will*-Futur – Do you remember …? *simple present* – met *simple past* – know *simple present* – liked *simple past* – will be *will*-Futur – is *simple present* – is dancing *present progressive* – saw *simple past* – Did you know …? *simple present* – can understand *simple present* – was *simple past* – lived *simple past* – was working *past progressive* – has forgotten *present perfect* – has become *present perfect* – like *simple present* – is falling *present progressive* – like *simple present* – are trying *present progressive* – Will you email …? *will*-Futur – will answer *will*-Futur – promise *simple present*

S. 232 Übungen

1 1 for, 2 since, 3 since, 4 since, 5 for, 6 for

2 1 have lived, 2 have been standing, 3 has never been, 4 have been wearing, 5 have you known …? 6 has been reading

S. 233 Test

1 1 has read, 2 has been waiting, 3 have the Hunts lived …? 4 have been cleaning, 5 have not seen, 6 has been writing

2 1 have never been, 2 haven't seen, 3 enjoyed, 4 didn't go, 5 have lived, 6 Did you see

3 1 have just bought, 2 has hurt, 3 has never been, 4 Did our team win, 5 didn't watch, 6 caught

S. 237 Übung

1 1 were recorded, 2 has been painted, 3 The best kiwis are grown …? 4 will not be given, 5 is being done, 6 had been damaged, 7 is spoken, 8 was built

S. 240 f. Test

1 1 Are the patients often visited? 2 Has your bike been found yet? 3 In Britain, stamps can even be bought at pubs. 4 Fresh vegetables are sold at the market by local farmers. 5 Empty bottles must be brought to the bottle bank. 6 In California most of the hard work is done by Mexicans. 7 The car will be repaired in time for our holiday. 8 We were shown a video about their holiday in Norway. 9 The best computers are made in the USA. 10 the car had been damaged by someone. 11 English is spoken all over the world. 12 Our house was built by our grandparents.

2 1 has been made, 2 will be won, 3 was damaged, 4 are made, 5 was built, 6 were broken into, 7 will not be paid, 8 has not been stolen, 9 were recorded, 10 has been painted.

3 1 How are DVD players switched off? 2 Where are most computers made? 3 How many shoes were bought by one person? 4 How can the island be reached? 5 What will the winner be given? 6 When was this house built? 7 Who was the oscar won by? 8 What books were written by J. K. Rowland? 9 When will the match be stopped? 10 Whose mobile phone was stolen at the disco. 11 How are most accidents caused? 12 How many cars were damaged in the accident?

4 1 must not be parked, 2 may not be used, 3 need not be put, 4 are not allowed to be taken, 5 was able to be repaired, 6 can be collected, 7 must be taken, 8 can be bought, 9 could not be found, 10 should be handed

S. 248 Übung

1 b, 2 b, 3 b, 4 b, 5 a, 6 a, 7 b, 8 a, 9 b, 10 a, 11 a, 12 a

S. 250 Test

1 1 to go, 2 seeing, 3 to stay, 4 watching, 5 reading, 6 to dance, 7 talking, 8 to help, 9 eating, 10 to come, 11 shutting, 12 to build

2 1 doing, 2 to ask, 3 to open, 4 learning, 5 to do, 6 buying, 7 to meet, 8 watching

3 1 to pay, 2 to ask, 3 visiting, 4 being, 5 to buy, 6 to phone

S. 252 Übung

1 himself, 2 ourselves, 3 myself, 4 themselves, 5 herself, 6 yourselves

S. 253 Übung

1 themselves, 2 each other, 3 each other, 4 yourself, 5 yourselves, 6 each other

S. 257 Test

1 1 each, 2 All the, 3 All, 4 both, 5 both, 6 each, 7 both, 8 every

2 1 myself, 2 yourself, 3 himself, 4 herself, 5 themselves, 6 ourselves

3 1 each other, 2 each other, 3 yourself, 4 himself, 5 myself, 6 each other

4 1 nobody, 2 None, 3 no, 4 nothing, 5 nowhere

S. 258 Übung

1^1 the, 1^2 X, 2^1 the, 2^2 X, 3^1 X, 3^2 the, 3^3 X, 4^1 X, 4^2 X, 4^3 X, 5^1 X, 5^2 the, 5^3 X, 5^4 X, 6^1 X, 6^2 X, 6^3 X, 6^4 the, 6^5 the

S. 261 Übung

1 a, 2 b, 3 b, 4 a, 5 b, 6 a, 7 b, 8 a

S. 263 Übungen

1 1 Mum and Dad always have breakfast in bed at the weekend. 2 Kim is never late for school. 3 Joe goes to the movies now and then. 4 Wayne nearly missed his bus this morning. 5 Mandy is very angry with Joe. 6 Ann is not very interested in computers.

2 1 We went to Britanny last summer. 2 Alison says she is going to another school next term. 3 There was a good film on TV last night. 4 We're going to spend Christmas this year at my brother's in Bristol. 5 Let's meet at the café tonight at about 8 o'clock, okay? 6 Our flat is in the new house at the end of the road.

3 1 I saw you in town yesterday.
2 The next Olympic games are in China in 2008.
3 We visit my grandma once a week.
4 I see Mandy in school now and then.
5 Hurry up. You are always so slow.
6 Mandy can be rather strange.

S. 267 Übung

1 Kim told me (that) they couldn't come because they were away.
2 Ben said (that) he was going to surf the internet. 3 Sheila promised her parents (that) she would never do such a thing again. 4 Clare said (that) she was starting to like Joe more and more. 5 Joe told the teacher (that) he was late because the bus had not come. 6 Julie said (that) she wished I had told her that before.

S. 270 f. Test

1 1 Ann wondered who taught Mandy Biology. 2 Becky told Grant not to forget to water the plants. 3 Jacko said (that) he was sure Ann would find this story really exciting. 4 Kim said (that) they were visiting her grandparents in Boston the following week. 5 Kim asked her dad if/whether he had heard the weather forecast the night before. 6 Mandy told Janna (that) she wished Hank had asked her for a date. 7 The teacher told Wayne to show her/him his homework. 8 The reporter wrote (that) the police had arrested a man late the night before.

2 1 Becky said (that) she didn't feel very well so she was staying in bed that day.
2 Brian said (that) his dad worked for an oil company in Texas.
3 Joe said (that) they were hoping to go on holiday next August.
4 Julie said (that) she had seen a great movie the night before.
5 Peter said (that) the basketball match they had been to the day before had been very exciting.
6 Ann said (that) her parents were giving a party at that weekend.

3 1 Mark asked which team had won the match.
2 Ted asked whether you had seen his mobile anywhere.
3 Jack asked whether you had gone to Ann's party last Saturday.
4 Joe asked whether you were going to get a holiday job next summer.
5 Julie asked where you had gone to school.
6 Peter asked when the next train to Altlanta left.

4 1 D, 2 B, 3 E, 4 G, 5 H, 6 F, 7 A, 8 C,

S. 273 Übungen

1 1 who, 2 which, 3 who, 4 which, 5 whose, 6 whose

2 1 b, 2 b, 3 a, 4 a, 5 a, 6 b

S. 276 Übung

1 had tried, 2 would give, 3 had, 4 would not have missed, 5 were, 6 can you tell, 7 will help, 8 doesn't rain, 9 Would Italy have won, 10 could

S. 277 f. Test

1 1 had been, would have burnt, 2 did not drive, would not have, 3 do not go, will miss, 4 found, would be, 5 had, would have, 6 is, will definitely have

2 1 had not cheated, 2 will give, 3 had, 4 would not, 5 are, 6 would not have lost

3 1 h, 2 d, 3 b, 4 a, 5 f, 6 e, 7 c, 8 g

4 1 had been, would have burnt, 2 did not drive, would not have, 3 do not go, will miss, 4 had won, would have been, 5 had, would have

S. 284 Übung

1 a, 2 b, 3 a, 4 a, 5 a, 6 a, 7 b, 8 b, 9 a, 10 b

S. 288 Übung

1 b, 2 a, 3 b, 4 a, 5 a, 6 a, 7 b, 8 b

Stichwortverzeichnis

Deutsch • Mathe • Englisch

A

B

C

D

E

F

G

H

I

J

K

O

P

Q

R

S

T

X

Y

Z